Andreas Werner

Social Media –
Analytics & Monitoring

Verfahren und Werkzeuge zur Optimierung des ROI

dpunkt.verlag

Andreas Werner
aw@datenonkel.com

Lektorat: Dr. Michael Barabas
Copy-Editing: Annette Schwarz, Ditzingen
Herstellung: Birgit Bäuerlein
Umschlaggestaltung: Helmut Kraus, www.exclam.de
Druck und Bindung: M.P. Media-Print Informationstechnologie GmbH, 33100 Paderborn

Bibliografische Information der Deutschen Nationalbibliothek
Die Deutsche Nationalbibliothek verzeichnet diese Publikation in der Deutschen Nationalbibliografie;
detaillierte bibliografische Daten sind im Internet über http://dnb.d-nb.de abrufbar.

ISBN 978-3-86490-023-5

1. Auflage 2013
Copyright © 2013 dpunkt.verlag GmbH
Ringstraße 19 B
69115 Heidelberg

Read Me

Wenn Sie dieses Buch in die Hand nehmen – gleich, ob es sich um die Papierversion oder das eBook handelt – haben Sie sich bereits mit Social Media beschäftigt und einige Erfahrungen damit gesammelt. Facebook kennen Sie schon recht gut und sind wahrscheinlich auch den Umgang mit den Facebook Insights gewöhnt. Höchstwahrscheinlich ist das nicht Ihre einzige Aktivität im Bereich Social Web.

Die Grundlagen und Vorzüge der verschiedenen Social-Media-Plattformen und -Verfahren müssen deshalb von mir nicht mehr ausführlich erläutert werden. In diesem Buch geht es um Messen und Optimieren. Es geht darum, wie man als Basis für eine Entscheidung eine entsprechende Datenlage schaffen kann. Sicher – Daten sollten nicht die einzige Entscheidungsgrundlage sein. Besonders in Unternehmensprozessen erleichtern diese jedoch das Arbeiten ungemein und ersparen unnötige und langwierige Diskussionen. Man kann auf diesem Weg effizienter arbeiten. Das betrifft kleine wie große Unternehmen, Dienstleister wie Auftraggeber. Mit Daten zu arbeiten macht Entscheidungen einfacher.

Ich richte mich mit diesem Buch an alle, die ihre Entscheidungen auf eine solide Datenbasis stellen wollen. Dabei sind meine Erläuterungen praktisch gehalten. Wissenschaftler können das Buch auch gerne zu Rate ziehen – allerdings entspricht die benutzte Sprache nicht dem, was in Deutschland in einem wissenschaftlichen Buch im wirtschafts- und sozialwissenschaftlichen Bereich üblich ist. Ich rede Sie mitunter direkt an, ich stelle Behauptungen auf, ohne diese im wissenschaftlichen Sinne ausreichend zu belegen. Es geht mir um Lesbarkeit, zudem schreibe ich viele Primärerfahrungen aus der täglichen Beratungsarbeit auf. Das sollte für Sie hilfreich sein.

Dabei ist das Buch für rein ökonomische Fragestellungen vielleicht ein wenig technisch geraten und für Praktiker werden möglicherweise zu viele ökonomische Zusammenhänge angesprochen, die Ihnen ohnehin bewusst sind. Lesen Sie bitte darüber hinweg. Es ist ein Schnittstellenbuch. Ich versuche, die Verbindung zwischen den technischen und ökonomischen Rahmenbedingungen herzustellen, um eine Optimierung zu vereinfachen. An einigen Stellen ist etwas technisches Verständnis erforderlich. Ich hoffe, dass meine Erläuterungen in diesen Fällen ausreichend sind.

Meine Kollegen fangen in ihren Büchern häufig mit der Auswahl von Social-Media-Plattformen an – so, als beginne man gerade mit Social Media und als könne man sich frei entscheiden. Das kann man nicht: Es gibt eben Plattformen, die gesetzt sind, die man selbst bespielen muss, daneben gibt es Plattformen, deren Nutzung man lediglich fördern sollte und solche, die man lediglich beobachten muss. Analytics und Monitoring sind in allen drei Fällen notwendig.

Am Anfang steht jedoch immer die Frage danach, ob der Aufwand der Bespielung einer Plattform, die Integration entsprechender Funktionalitäten in die eigene Website oder die möglicherweise notwendige Erweiterung von Analytics und Monitoring notwendig sind. Eine neu hinzukommende Plattform muss zunächst bewertet werden. Das wird beispielhaft an Pinterest aufgezeigt, das 2011 in den USA kräftig loslegte. Dabei wird erläutert, welche Werkzeuge und Quellen man mit welcher Zuverlässigkeit benutzen kann, um eine sich neu etablierende Plattform als relevant für die eigene Organisation zu erkennen.

Das Ziel der weiteren Datensammlung und der Auswertung dieser Daten besteht darin, diese einem geordneten Reporting zuzuführen und sie zu sichern. Die dabei von den Plattformen eingeführten Messwerte werden erläutert und in Relation gesetzt. Auf diese Weise können Sie schließlich den Wert eigener Social-Media-Aktionen beurteilen. Diese recht umfangreiche Detailarbeit versetzt Sie in die Lage, Dashboards entsprechend spezifischer Anforderungen zu entwickeln und mit genau abgestimmten Indikatoren zu bestücken – die sogenannten Key Performance Indicators (KPIs) sind natürlich auch dabei.

Aber halt – hier ist etwas anders. Im Anschluss an die Optimierung quantitativer Daten folgt die Analyse tendenziell qualitativer Daten – das Monitoring. Auch hierfür kann man KPIs bilden und einem Dashboard zuführen. Das Ziel sind integrierte Dashboards für Analytics- und Monitoring-Daten.

An dieser Stelle möchte ich mit auch noch bei einigen Menschen bedanken: Martina Witzel bin ich zu großem Dank verpflichtet. Sie hat mich überhaupt erst auf Social Media als Thema gestoßen. Nach mehr als 20 Jahren Leben mit dem Internet und der Erkenntnis, dass es von Anfang an »Social Media« war und seit einigen Jahren doch ein wenig anders ist als in seiner Anfangszeit. Ronald Stephan, mit dem ich die ersten beiden Auflagen von »Marketing-Instrument Internet« für dpunkt geschrieben habe, hat mich mit Einladungen zu den abgefahrensten Werkzeugen versorgt. An dieser Stelle herzlichen Dank dafür. Michael Barabas von dpunkt hat mich ein weiteres Mal vorzüglich auf der Verlagsseite betreut und stand mir mit Rat und Tat zur Seite. Sehr verpflichtet bin ich auch für die vielen Hinweise von Darius Zumstein, der das Manuskript kritisch durchgesehen hat. Natürlich hat auch Annette Schwarz ein großes Dankeschön verdient. Sie ist für das Copy-Editing verantwortlich.

Sehr geholfen haben mir auch die vielen Menschen, die auf Google+ und Twitter viel Schlaues kommuniziert haben. Es ist so ein wenig wie bei David Nicolls, der im Dankeswort für sein Buch »Zwei an einem Tag« Folgendes schreibt: »Es liegt in der Natur, dass einige clevere Bemerkungen und Beobachtungen eventuell über die Jahre von Freunden und Bekannten stibitzt worden sind, und ich hoffe, dass ein kollektives Dankeschön – bzw. eine Entschuldigung – ausreichen.«

Andreas Werner
Aachen, März 2013

Inhalt

1 Einordnung

Zu einer guten wissenschaftlichen Arbeit gehört immer die Einordnung in den Gesamtkontext. Damit möchte ich hier auch beginnen – auch wenn ich keinen wissenschaftlichen Anspruch hege. Es geht um die Einordnung des Themas – aber nicht nur. Es geht natürlich darum, was Social Media Analytics und Social Media Monitoring sind. Ebenso wichtig erscheint mir allerdings die Einordnung in das Geschehen in Unternehmen – in Prozesse. Auch wenn gerade der Prozessbegriff – übrigens ebenso wie der Strategiebegriff – schon sehr strapaziert ist.

Die Rolle von Analytics und Monitoring in organisationalen Zusammenhängen

In diesem Kapitel wird auch ein Sachverhalt thematisiert, der mich in der Praxis und im Umgang mit Werkzeugen schon sehr erstaunt hat. Die Teildisziplinen der Analytics und des Monitoring haben einen unterschiedlichen Ursprung. Nach meiner Einschätzung bedarf es für ein erfolgreiches Arbeiten jedoch dringend einer Vereinigung. Es handelt sich um verschiedene Datenquellen und um verschiedene Wege der Datenaufbereitung. Um die Social-Media-Unternehmenskommunikation effizient steuern zu können, muss man auf beide Datenklassen zurückgreifen und diese möglichst auch integrierten Reports entnehmen können.

Integration ist also notwendig; dennoch muss man gliedern und die Reihenfolge wählen, in der man Inhalte erläutert. Auch wenn ich für das Buch den grundsätzlichen Aufbau von den Analytics zum Monitoring gewählt habe, so erscheint es mir doch einfacher, hinsichtlich der Einordnung mit dem Monitoring zu beginnen, um dann die spezielleren Analytics-Aspekte anzusprechen.

1.1 Social Media Monitoring

»Social Media Monitoring« wird seit einigen Jahren heftig diskutiert und scheint zudem ein hart umkämpfter Markt zu sein. Ein Indikator dafür ist die Anzahl der Keyword-Anzeigen, die bei Google für die Phrase aktiv sind. Die Seite ist voll! Das Thema ist also sehr wichtig.

Gleichzeitig heißt das aber auch, dass es viele Anbieter gibt, es wahrscheinlich noch große Unterschiede zwischen den Werkzeugen gibt
und homogenes Verständnis des Begriffs »Social Media Monitoring«
vermutlich noch nicht existiert.

1.1.1 Begriffsklärung

Beginnen möchte ich an dieser Stelle mit einer Begriffsklärung – also
mit dem, was unter »Social Media Monitoring« verstanden wird.
Einerseits geht es um »Social Media« und andererseits um »Media
Monitoring«. Das ältere Begriffspaar ist »Media Monitoring«.

1.1.1.1 Media Monitoring

*Vom Pressespiegel zum
Social Media Monitoring*

In größeren Unternehmen gab es schon vor recht vielen Jahren Pressespiegel in Papierform, die täglich oder wöchentlich herumgereicht
wurden. Der Kopierer war hierfür sehr hilfreich. Die Presse wurde ausgewertet, damit Vermutungen darüber angestellt werden konnten, wie
das eigene Unternehmen und auch Konkurrenten in der öffentlichen
Kommunikation eingeschätzt werden. Die Datenerfassung wurde
zunächst in den PR-Abteilungen der Unternehmen vollzogen. PR-
Agenturen und spezialisierte Dienstleister übernahmen und übernehmen diese Aufgabe noch immer. Mittlerweile gehört es auch zum guten
Ton der PR-Dienstleister, die eigene Leistung mit entsprechenden Auswertungen zu belegen. Wenn beispielsweise der Wetterreporter eines
Fernsehsenders die Jacke eines Sponsors trägt, wird belegt, wie lange
die Jacke inkl. Logo des Herstellers im Bild war und wie viele Personen
laut GfK-Meter[1] vor den Bildschirmen saßen. Natürlich werden die
Daten noch qualifiziert – d.h., es kommen demographische Variablen
wie Alter und Geschlecht der Zuschauer sowie sonstige Daten hinzu.
Auf einem ähnlichen Weg werden übrigens die Werbeausgaben für
Print und TV gemessen. Für Presseerzeugnisse werden Anzeigenmilli-
meter vermessen, die mit Preisen multipliziert werden, und als Qualifi-
zierung kommen die Werbeträger und die Namen der Werbungtrei-
benden hinzu.

In jüngerer Zeit haben die Presseunternehmen begonnen, Pressespiegel elektronisch zu ermöglichen und die Auswertungen zu automatisieren. Zu diesem Zweck wurde ein eigenes Unternehmen gegründet
– die PMG Presse-Monitor GmbH (*http://www.pressemonitor.de*).

---

1.   Mit dem GfK-Meter werden in Deutschland die Einschaltquoten der Fernsehpro-
      gramme gemessen. Zu diesem Zweck wird in ca. 5.000 Haushalten, in denen etwa
      10.500 Personen leben, das Zuschauerverhalten erhoben. Genauere Informationen
      sind auf der Website der GfK zu finden (http://www.gfk.com).

Darüber hinaus gab es noch viele weitere Unternehmen die auf dem Markt der Medienbeobachtung tätig waren. Insgesamt ist es also mehr als nur naheliegend, das Monitoring auch auf Social Media zu übertragen. Da die Daten – Texte, Bilder und Video – digital und zum großen Teil öffentlich vorliegen, findet das Monitoring zumindest für diese Daten soweit möglich automatisiert statt.

1.1.1.2 Social Media

Social Media werden häufig mit Web 2.0 gleichgesetzt – was hier auch definiert werden müsste. Die Erläuterung und das Verständnis für Social Media fällt erheblich leichter, wenn man diese von traditionellen On- und Offline-Medien abgrenzt. Das trennende Kriterium ist der nutzergenerierte Inhalt – also Inhalt, der von Menschen innerhalb dieser Medien produziert und publiziert wird. Diese Inhalte können öffentlich oder halböffentlich publiziert werden, wobei das Publizieren keine notwendige Bedingung an sich ist, wohl aber das Kriterium hinsichtlich der Inhalte, die im Rahmen des Social Media Monitoring erfasst und analysiert werden sollen. Freilich sind dabei die Übergänge fließend. In den angesprochenen Medieninstitutionen wird auch gebloggt, es werden Facebook-Pages gepflegt und es wird getwittert. Auch ehemals unabhängige Blogger finden mitunter ihren Weg in Medienorganisationen oder haben Werbeerlöse.

Kriterium nutzergenerierte Inhalte

Damit wären wir auch schon bei den Inhalten, die analysiert werden. Es handelt sich ausschließlich um eigene (selbst erstellte) sowie öffentlich zugängliche Inhalte. Inhalte, die auf Plattformen wie Facebook oder Google+ unter Freunden geteilt werden, sind nicht öffentlich und können damit nicht erfasst und analysiert werden. Auf solchen Plattformen veröffentlichte Inhalte können nur dann analysiert werden, wenn diese von den Nutzern als öffentlich deklariert wurden – ganz gleich, ob dies absichtsvoll oder durch einen Nutzerfehler geschehen ist.[2]

1.2 Social Media Analytics

Wenn man einfach nur naiv auf die Begrifflichkeit schaut, scheint es ganz einfach zu sein. Es gibt die Web Analytics, damit wird vorwiegend analysiert, was auf Websites passiert, wie diese genutzt werden, welche Erfolge erzielt werden. Überleitungen aus anderen Bereichen –

Nur eigene und öffentlich zugängliche Inhalte können analysiert werden.

---

2. Man sollte sich keinesfalls dazu verleiten lassen, Inhalte zu analysieren und/oder zu speichern, die nicht öffentlich sind oder wofür es keine belastbaren Rechte gibt. Datenschutzverstöße in diesem Bereich können – abgesehen von den möglichen juristischen Folgen – unerwünschte Imageeffekte nach sich ziehen.

beispielsweise Newsletter, Display- oder Keyword-Werbung – werden auch kontrolliert. Nun kommt Social Media als weiteres Element dazu. Abgesehen davon, dass Begrifflichkeiten wie »Newsletter Analytics« oder »Keyword Advertising Analytics« kaum benutzt werden, gibt es einige wichtige Unterscheidungsmerkmale zu den Social Media Analytics:

Mehr als nur ein zusätzliches Element der Web Analytics

1. Man misst sie normalerweise und weitgehend mit dem gleichen Werkzeug, das man auch für das Controlling der Website benutzt. Auch wenn es sicher den einen oder anderen Fall gibt, bei dem man spezielle Tools nutzt oder Daten importiert (z.B. Zahl der Empfänger & Bounces einer Newsletter-Versendung), so sind diese Werkzeuge doch tendenziell nachrangiger Natur. Bei den Social Media Analytics ist das anders. Ohne externe Tools bzw. Nutzung von Daten, die über die Schnittstellen der Plattformen zugänglich gemacht werden, kann lediglich ein Teil des Erfolgs gemessen werden, auch wenn dieser besonders bei E-Commerce-Unternehmen ausgesprochen wichtig ist: die Überleitungen von Social-Media-Plattformen und der dadurch induzierte Umsatz. Was auf den einzelnen Plattformen passiert, wie beispielsweise die eigene Facebook-Page genutzt wird, lässt sich mit den Tools direkt nicht analysieren. Selbst wenn diese entsprechende Module zur Verfügung stellen, so werden die Daten von den Plattformen importiert und aufbereitet. Dieser Import der Daten betrifft derzeit

Viele Werkzeuge

lediglich einen Bruchteil der Plattformen und Daten. In den Social Media Analytics ist man leider (noch) gezwungen, eine Reihe von Werkzeugen zu benutzen, um Daten zu erheben, auszuwerten und aufzubereiten. Dabei ist die Relevanz einzelner Tools durchaus höher als in den traditionellen Web Analytics, wo man sich häufig auf ein zentrales Werkzeug verlässt.

Viele Datenquellen

2. Der Grund für die größere Relevanz externer Datenquellen für die Social Media Analytics liegt darin, dass die Nutzer auf den Plattformen selbst ein größeres Spektrum an Aktionen selbst ausführen können und die Plattformen an sich unter der Kontrolle anderer, unterschiedlicher Unternehmen stehen. Das stellt besondere Anforderungen an die Social Media Analytics, die in den übrigen Web Analytics in dieser Form nicht existieren bzw. nicht in diesem Detailgrad gemessen werden müssen.

Begrenzte Konfigurationsoptionen

3. Weil die Plattformen unter der Kontrolle anderer, unterschiedlicher Unternehmen stehen, muss man sich auch damit abfinden, dass man das vorgegebene Spektrum an Measures und Dimensions nutzen muss – allenfalls sind Kalkulationen mit Measures und Dimensions möglich. Ausnahmen sind lediglich Apps und/oder

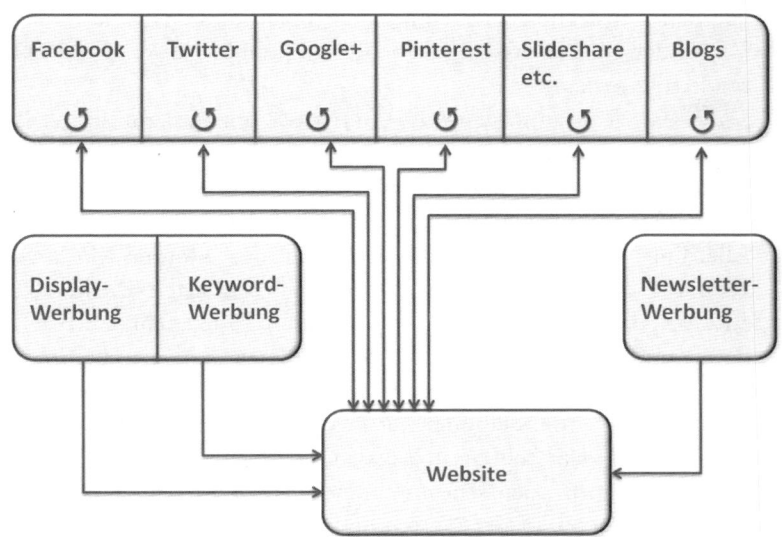

Abb. 1–1
*Die Social-Media-
Analytics- und
Monitoring-Umwelt*

Taps, die mit eigenem Code auf den Plattformen platziert werden können, und Blogs, die auf einem eigenen Webspace betrieben werden.

4. Der BVDW forderte in einem Thesenpapier im April 2011 einheitliche Messkriterien für Social Media. Um es salopp zu sagen: Auch wenn dies wünschenswert wäre, wie im Bereich der Display-Werbung oder des Keyword-Advertising, so ist die Forderung an sich unsinnig. Wenn wir Display-Werbung als Beispiel nehmen, so gibt es Standards hinsichtlich der Werbemittel. Es werden Größen in Pixeln definiert, es gibt Standards hinsichtlich der Einbindung mit AdServern etc. Der Markt ist komplex, weil es sehr viele Werbeträger gibt – die Standardisierung ist notwendig, damit hinsichtlich der Werbemittel die Zahl der zu produzierenden Varianten begrenzt werden kann und die Leistung der Werbeträger bzw. der gebuchten Platzierungen miteinander verglichen werden kann. Zudem wird größtenteils national gearbeitet. Wenn Kampagnen über verschiedene Länder geschaltet werden, dann gibt es i.d.R. jeweils nationale Standards, an denen man sich orientieren kann. Diese Standards orientieren sich häufig an denen des IAB. Im Social-Media-Universum ist die Lage etwas anders. Das Geschäft ist strikt international. Nationale Player spielen eine untergeordnete Rolle. In Deutschland kommt lediglich XING eine beachtenswerte Relevanz zu. Hinsichtlich der übrigen Networks empfiehlt sich eine eher passive, beobachtende Haltung. Oder andersrum: Welche Measures Facebook über seine API weitergibt, wird das Unter-

*Pur internationales
Umfeld*

Analyse der Mitbewerbe partiell möglich

nehmen selbst entscheiden und sich dabei kaum von nationalen Verbänden treiben lassen – Gerichte könnten hier durchaus größeren Erfolg haben.

5. Anders als in der übrigen Web Analytics können – zumindest für einige Fragestellungen – auch Daten für Wettbewerber analysiert werden. Man kann hierdurch die Leistung des eigenen Unternehmens besser einordnen und daraus folgend besser steuern.

Integrierende Dashboards notwendig

6. Allerdings ergibt sich auch durch die vorausgenannten Merkmale verstärkt die Notwendigkeit, Daten in integrierten Dashboards aufbereitet darzustellen. Es wäre in vielen Fällen sehr ineffizient, diese Daten individuell in einzelnen Tools zu analysieren. Um sie sauber mit den Daten anderer Plattformen vergleichen zu können, müssen diese – manuell oder automatisch – in eine entsprechende vergleichende Darstellung übertragen werden.

Gewichtung der Ergebnisse notwendig

7. Dann wären wir auch schon bei einem weiteren Punkt, der diese Zahlen von den übrigen Werten der Web Analytics unterscheidet: Es muss in der Regel eine Bewertung und Gewichtung einzelner Measures stattfinden. Nur so können die Resultate sicher interpretiert werden. Ein Beispiel: Kommentare bei einem Blog-Beitrag haben in der Regel ein anderes Gewicht als Kommenare bei einem Facebook-Post.

1.3   Das Konzept

Hohe Komplexität

Die zu messende Umwelt ist weitaus komplexer als in der Phase vor dem Aufkommen der Social Networks. Das wird auch durch Abbildung 1–2 deutlich. Es gibt eine Reihe von Networks, die alle eigene Kommunikationsmodi haben beziehungsweise nutzen. Während man für die eigene Website lediglich die Reichweite und Interaktionen messen muss und eben noch die hinzukommenden Elemente aus Werbung, Suchmaschinen- und Newsletter-Marketing – auch hier handelt es sich um Reichweiten und Interaktionen – ist das im Falle von Social Media anders. Es sind eben nicht mehr nur Reichweiten und Interaktionen, die hinsichtlich quantitativ messbarer Ziele optimiert werden müssen. Es gibt einen weiteren Layer, die Inhalte. Man möchte fast sagen, dass man unglücklicherweise nicht mehr nur selbst kommuniziert und vielleicht noch ein paar Medien. Es ist leider so, dass auch Kunden beziehungsweise Nutzer kommunizieren. Das muss beobachtet werden.

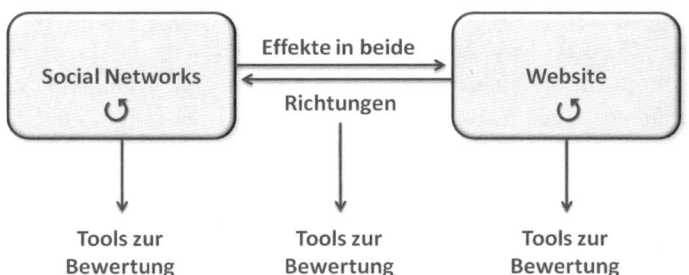

Abb. 1–2

Social Media Analytics und Monitoring-Analysebereiche

Letztlich gibt es drei Bereiche, die analysiert werden müssen und für die es – je nach Netzwerk – auch unterschiedliche Werkzeuge gibt:

Analysebereiche

- die Social Networks
- die Effekte zwischen Social Networks und Website
- Effekte auf der Website

Dabei ist es so, dass es auf der Ebene der Social Networks vier Analysedimensionen gibt, die unterschieden werden können:

- Reichweiten & Interaktionen auf dem eigenen Angebot
- Reichweiten & Interaktionen der Wettbewerber
- Auffinden & Analyse von Kommunikaten das eigene Unternehmen, seine Marken und Leistungen betreffend
- Auffinden & Analyse von Kommunikaten, die Wettbewerber, ihre Marken und Leistungen betreffen

Dimensionen

Leider ist das noch immer nicht der vollständige Rahmen. Neben den Effekten, die es innerhalb der Ebene der Social Netzworks – im Social Web – gibt, müssen noch die Effekte auf die Website analysiert werden. Und wäre das nicht schon genug, so gibt es natürlich auch noch Effekte von der Website ins Social Web. Auch wenn ein Nutzer auf einer Website mit Social Plugins interagiert oder einen Link auf die Page eines Unternehmens in einem Social Network oder eines Blogs anklickt, sollte dies gemessen werden.

Effekte von Social Networks auf die eigene Website

   Als wäre dieser hohe Komplexitätsgrad noch nicht genug, so muss man noch mit einer weiteren Herausforderung fertig werden. Während die Ergebnisse der Website Analytics, deren Verbreitung und der Umgang damit schon in vielen Unternehmen ein paar Jahre geübt wurde, sind die Daten der Social Media Analytics und des Monitoring neu. Es müssen zunächst Erfahrungen gesammelt werden. Wäre da nicht der Layer hinsichtlich der Bewertung von Inhalten, dann wäre das auch nicht sehr schwierig. Grundsätzlich muss man an dieser Stelle feststellen, dass die Analytics-Daten tendenziell mit Daten aus dem

Sehr neue Methoden

Controlling vergleichbar sind, während Monitoring-Daten tendenziell eher die Qualität von Marktforschungsdaten haben. Dabei gibt es Abweichungen, die bisher in der Web Analytics nicht bekannt waren. Der Umgang damit muss gelernt werden. Das betrifft sowohl Mitarbeiter in den Unternehmen, deren Websites und Social-Media-Aktivitäten analysiert und optimiert werden sollen, als auch das Personal von Dienstleistern. Hier scheint es – so mein Eindruck – noch Berührungsängste und Verständnisschwierigkeiten zu geben.

Ziel: Integrierte Reports

Das Ziel sollte allerdings in allen Fällen in integrierten Reports bestehen, die je nach Zielgruppe im Unternehmen (oder auch bei externen Dienstleistern) eine umfassende Beurteilung der Situation erlauben. Dies hat zur Folge, dass Daten aus den Bereichen Reichweite und Interaktion sowie der Bewertung von Kommunikaten in integrierten Dashboards aufbereitet werden müssen.

Verbindung mit den Daten von Web-Analytics-Werkzeugen notwendig

Die Basis zur Bewertung sind die Werte der Social Media Analytics in Verbindung mit Resultaten aus den Web-Analytics-Werkzeugen wie etwa Google Analytics, Omniture oder Webtrends. Darauf aufbauend werden Monitoring-Daten aufbereitet und analysiert. Hierdurch wird der Aufbau des Buchs bestimmt. Zunächst wird analysiert, welche Metriken für die verschiedenen Netzwerke notwendig und möglich sind. Danach werden die Überleitungen zwischen den Netzwerken und Websites in die Analyse einbezogen, um darauf aufbauend Konzepte für Kenngrößen zu erarbeiten, die die Leistung der Netzwerke vergleichbar machen. Es gibt ein Beispiel zur Optimierung von Posting-Zeitpunkten. In einem weiteren Schritt geht es um die Bewertung von Inhalten – das Monitoring. Auch hierfür wird die Herleitung von Kenngrößen erarbeitet.

Nun stehen alle Daten zur Verfügung, die in Dashboards für die jeweiligen Zielgruppen integriert werden. Es werden Wege zur Integration der Werte aus verschiedenen Quellen aufgezeigt und es gibt Beispiele für die Aufbereitung und Verbreitung der Daten.

1.4   Die Werkzeuge

Unübersichtlicher Markt

Die Werkzeuge sind eine der größten Herausforderungen der Social Media Analytics und des Social Media Monitoring. Es fängt schon damit an, dass der Markt derzeit noch keine wirklich ausreichende Reife hat und eine noch recht große Dynamik herrscht.

1.4.1   Ebene Reichweite und Interaktion

Kommt ein neues Network, wird viel darüber geredet, so sprießen die Tools für dieses eine Network wie die Pflanzen im Frühling aus dem Boden. Es handelt sich dabei meist um mehr oder weniger simple Analytics Tools für die neuen Netzwerke. Anfangs werden meist nicht mehr als die frei zugänglichen Daten zusammengefasst und aufbereitet und daneben vielleicht noch für einen etwas längeren Zeitraum gespeichert. Monitoring gibt es in dieser Phase noch nicht.

Mit jedem neuen Netzwerk kommen neue Tools.

Es gibt Tools, die bleiben auf das eine Netzwerk beschränkt – allfacebookstats.com ist ein Beispiel dafür. Andere Tools begannen bei der Auswertung einzelner Netzwerke und weiten ihren Aktionsradius auch auf andere Tools aus. Dafür ist TwentyFeed ein Beispiel. Es wurde mit der Analyse von Twitter begonnen und nun wurden nach und nach andere Netzwerke integriert. Wiederum andere Anbieter – wie die Social Bakers – sind gleich mit dem Anspruch gestartet, ein größeres Spektrum an Networks zu analysieren. Die hauseigenen Tools wie Facebook Insights sollte man natürlich auch nicht vergessen.

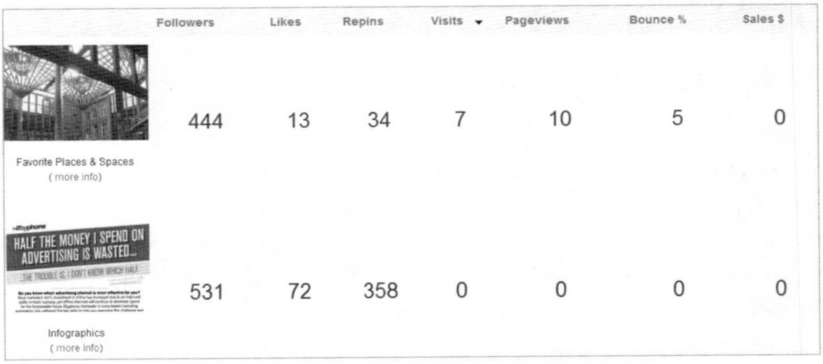

Werkzeuge mit verschiedener Reichweite

	Followers	Likes	Repins	Visits ▾	Pageviews	Bounce %	Sales $
Favorite Places & Spaces (more info)	444	13	34	7	10	5	0
Infographics (more info)	531	72	358	0	0	0	0

Abb. 1–3

Pintics – ein durchgemessener Funnel von Pinterest bis zu den Sales

Allerdings, und das muss man ganz klar sagen, ist die Datendichte in Tools, die sich auf ein einziges Network beschränken, meist deutlich höher als in Tools, die die Daten von mehreren Networks aufbereiten. Zudem ist es noch so, dass Funnels, die in den Networks beginnen, bis zur Konversion durchgemessen werden müssten. In Abbildung 1–3 sehen Sie ein Beispiel für einen Report aus einem solchen Tool, das es leider in dieser Form nicht mehr gibt, dessen Entwickler allerdings aus meiner Sicht einen hervorragenden Ansatz gewählt haben.

Datendichte als Kriterium

Grundsätzlich gibt es hierfür mehrere Ansätze. Pintics verbindet das eigene Tool hierzu mit Google Analytics. Denkbar wäre auch, dass Tools bis zur Konversion durchmessen. Hierfür müsste man einen eigenen Tag auf der Zielseite anbringen. Bei dem ganzen Durcheinander, das durch die vielfach einzubindenden Tags durch Performance-Netzwerke besteht, möchte man sich diese Anforderung sicher nicht erfüllen. Im Gegenteil: Es wäre weitaus praktischer, wenn man die Postings auf den verschiedenen Plattformen zentral messen und analysieren könnte. Das kommt vielleicht noch. Bisweilen sind Pintics und einige andere Werkzeuge Beispiele dafür, dass neue Werkzeuge auch eine sehr brauchbare Leistung bringen können. Man kann sich nur wundern, warum Web-Analytics-Tools der Enterprise-Klasse es nicht schaffen, solche Daten zu integrieren und anzubieten. Möglicherweise sind die Forderungen ihrer Kunden zu verhalten, und sie warten noch ab. Vielleicht erscheint der Markt noch als zu dynamisch, und man mag sich bei den großen Tool-Anbietern nicht auf einen bestimmten Ansatz einlassen.

Analyse von Redirects   Eine kleine Klasse von Werkzeugen sollte man nicht vergessen. Es handelt sich um biltly & Co. Das sind Tools, die zunächst geschaffen wurden, um Links zu verkürzen, damit man den knapp bemessenen Platz eines Tweets besser ausnutzen kann. Rein technisch gesehen handelt es sich um Redirects. Auf diesem Weg können jedoch noch weitere Informationen gemessen werden.

1.4.2   Ebene Analyse von Inhalten

Monitoring   Zum Auffinden und der Analyse von Kommunikaten, die das eigene Unternehmen oder Wettbewerber betreffen, gibt es eine weitere Klasse von Werkzeugen: Monitoring Tools. Die meisten dienen dazu, Äußerungen auf mehr als nur einem Netzwerk zu analysieren. Aufgrund der ausgesprochenen Komplexität dieser Werkzeugklasse finden Sie im Kapitel »*Monitoring: Einstieg und Vertiefung*«, S. 173 ff., eine Erläuterung der Funktionalitäten und verschiedenen Klassen von möglichen Anforderungen, damit Sie sicher eine Entscheidung für oder gegen ein Tool treffen können.

1.5   Orientierung am Reifegrad

Monitoring ist automatisierte Inhaltsanalyse.   Durch die große Zahl an Tools und die recht heterogenen Anforderungen ist die Lage für Unternehmen durchaus schwierig. Gerade wenn schon viel Geld für Web-Analytics-Projekte in die Hand genommen wurde. Es besteht die Aussicht, dass es vielleicht noch viel teurer werden könnte als die Analyse von Website-, Display-, Suchmaschinen-Werbung und die Analyse von Mailings. Um dieser durchaus verworrenen Lage Herr zu werden, ist es hilfreich, einen kleinen theoretischen Unterbau zu nutzen, um die Position der eigenen Aktivitäten zu bestimmen.

Seit einigen Jahren wird ein Reifegrad-Modell für die Web Analytics diskutiert. Dabei geht es darum, zu zeigen, welche Stufen Unternehmen erklimmen müssen, um den Stand einer sauber integriert datengesteuerten Organisation zu erreichen. Vereinfacht kann man dabei für die Web Analytics folgende Stufen unterscheiden: *Theoretischer Unterbau*

- **Zählen:**
  Beim ersten Einrichten einer Website wurde ein Hit-Counter installiert oder eine kostenlose bzw. einfache Log-Analyse-Software »out of the box«. *Stufen der Reife*

- **Analysieren:**
  Eher aus der Motivation getrieben, dass es so nicht weitergehen kann, wurde schon ein- bis zweimal das Tool gewechselt. Wirklich besser wird es dadurch aber auch nicht. Im Analysefokus stehen priorisierte Themen, nicht mehr »einfach mal schauen«.

- **Optimieren:**
  Konversionsorientierte Ziele stehen im Vordergrund. Online-Aktivitäten werden durch Vertriebs- und Umsatzziele optimiert.

- **Kombinieren, Integrieren & Steuern:**
  Nicht mehr die Optimierung von Konversionen, sondern die abteilungsübergreifende Optimierung des »Customer Life Cycle« rückt in den Mittelpunkt des Interesses.

Große Unternehmen befinden sich hinsichtlich ihres Web-Analytics-Reifegrades häufig in der Phase der Optimierung. Konversionen werden optimiert. Das Testen – A/B oder MVT – wird intensiviert, und man beginnt die Daten in die übrigen Analysesysteme des Unternehmens zu integrieren, um die Gesamtsteuerung zu optimieren.

In dieser Situation kommen nun mit neuen Netzwerken Tools, die eigentlich auf eine Reifegradstufe des Zählens gehören, auf den Markt und stören die Entwicklung und Reife der Web Analytics. Es kommt zu einem gewissen Durcheinander. Während die Unternehmen in dieser Phase mit einem führenden Web-Analytics-Werkzeug arbeiten, ein MVT-Tools eingeführt haben und sich über die Vielzahl von Tags beschweren, die Affiliate-Programme und die Arbeit mit der Konversionsoptimierung von AdWords so mit sich bringen, soll auch noch mit einer Vielzahl von weiteren Applikationen gearbeitet werden. Vielleicht hat man gerade überlegt, ein Tag-Management einzuführen, um die auf der Seite befindlichen Tags etwas zu bereinigen und zu optimieren. Jetzt kommen schon wieder neue Anforderungen, wo man gerade dabei ist, standardisierte Dashboards zu entwickeln, die im Unternehmen in die richtigen Kanäle gelenkt werden. Nun muss die Datenaufbereitung überarbeitet werden. Das ist allerdings noch die geringere *Zum aktuellen Reifegrad kommt Social Media hinzu.*

Schwierigkeit. Deutlich schwieriger wird es, die notwendigen Daten so zu organisieren, dass diese problemlos in die betrieblichen Datenflüsse integriert werden können.

Viel Arbeit

Hinsichtlich dieser Bedingung ist völlig klar, dass Tools ohne Schnittstelle für den Datenexport kaum geeignet sind, um damit langfristig zu arbeiten. Diese können in frühen Phasen der Entwicklung in der entsprechenden Fachabteilung genutzt werden – dann wenn eine Plattform (noch) nicht gesetzt ist. Sobald eine Plattform für ein Unternehmen wichtiger wird, müssen Daten den im Unternehmen standardisierten Prozessen zugeführt werden. Einfache Tools reichen in vielen Fällen nicht. Es stellt sich die nicht ganz unwichtige Frage danach, ob die relevanten Daten völlig automatisiert den Prozessen zugeführt werden sollen oder ob vielleicht eine manuelle Zuführung der effizientere Weg ist. Im Abschnitt »*Datenspeicherung & -aufbereitung*«, S. 197 ff., wird dies etwas eingehender erläutert.

Anforderungen an Tools
für integrierte Prozesse

Kleinere und mittlere Unternehmen sind zum größten Teil noch auf der Stufe des Analysierens. Sie nutzen viele, meist kostengünstige Tools, die leider auch kaum über geeignete Schnittstellen verfügen. In dieses Durcheinander muss Ordnung gebracht werden. Im Grunde haben es diese Unternehmen etwas leichter als »innovativere« Organisationen. Es gibt noch keine integrativen Werkzeuge, die genutzt werden müssen. Alles muss neu konzipiert werden, und man kann auf die größere Reife des Marktes bauen. Die Fehler der Innovatoren müssen nicht mehr begangen werden.

Abb. 1–4
Media Workflow

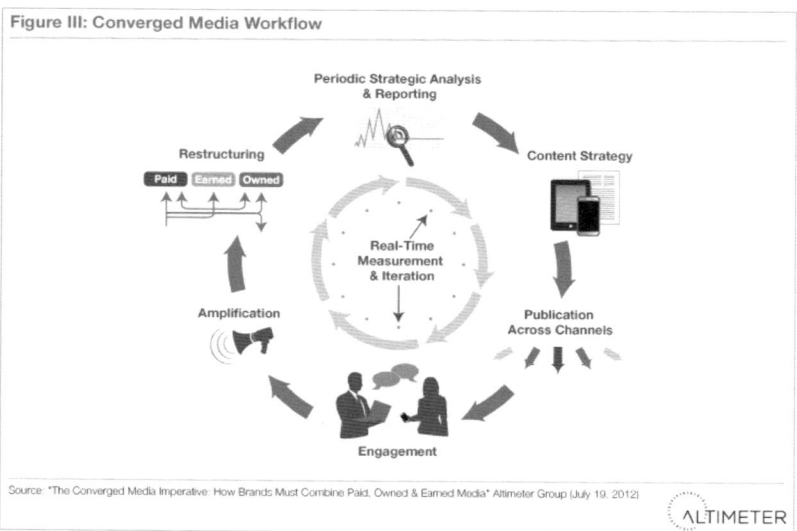

Einer dieser Fehler, bzw. eine der großen Schwierigkeiten, besteht darin, den richtigen Weg für die Zusammenführung der Daten zu finden. Wenn in diesem Fall Techniker – besonders mit Bastlermentalität – gefragt werden, neigen diese dazu, sich zunächst die APIs der Netzwerke anzuschauen. Die Daten können ja – sogar bei Google+ – direkt abgerufen werden. Wirklich gigantisch erscheint der Aufwand bei der ersten Analyse auch nicht. Doch Vorsicht: Es würden in diesem Fall frei verfügbare Schnittstellen benutzt, die von den Netzwerken angepasst werden und im schlimmsten Fall völlig verändert werden können. Dies erfordert stete Nacharbeit, die kalkuliert werden muss – aber schwer kalkulierbar ist. Zudem bedienen die Schnittstellen immer nur einen begrenzten Auswertungszeitraum. Das heißt, es muss zusätzlich eine Datenhaltung erfolgen, die zu budgetieren ist.

Gefahr: Veränderung von Schnittstellen

Möglicherweise ist es also kostengünstiger, einen Dienstleister zu wählen, der eine gebündelte standardisierte Schnittstelle anbietet und noch dazu die Datenhaltung übernimmt.

1.6   Der erste Schritt

Die Arbeit mit Social Media Analytics und Monitoring wird häufig als Kreislauf dargestellt, wie beispielsweise in Abbildung 1–4 von der Altimeter Group. Sehr schön ist zu sehen, dass die Analytics und das Monitoring in allen Phasen eine Rolle spielen – es ist das »Real-Time Measurement«, das zu Anpassungen führt. Periodisch soll es dann auch strategische Analysen geben und ein formales Reporting. Das ist richtig. Eine andere Frage stellt sich jedoch ganz eindringlich: Wo beginnt der Kreislauf? Wie wird beispielsweise entschieden, welche Content-Kanäle bzw. Social-Media-Plattformen genutzt werden sollen? Auch das ist eine Aufgabe der Social Media Analytics und des Monitoring. Es geht darum, Daten für die Bewertung von Plattformen zu beschaffen und diese zu bewerten.

1.7   Rechtliches

Das Thema »Rechtliches« habe ich bisher ausgespart. Es wird auch nur in diesem Abschnitt behandelt. Wenn das Thema von Autoren für den Bereich der Web Analytics behandelt wird – wie beispielsweise von Andreas Meier & Darius Zumstein (2013) – dann beziehen sich die Autoren häufig auf den Themenkreis Datenschutz und Datensicherheit. Das ist auch naheliegend. In der Presse werden sehr oft Aussagen von Datenschutzbeauftragten hinsichtlich der Speicherung von IP-Adressen, der Verwendung von Cookies und dem Verhalten von Social-

Media-Plattformen hinsichtlich Datenschutz kommuniziert. Weitaus seltener werden Fragen thematisiert, in denen es um das Copyright geht. Aber gerade hier kann sich so mancher Fallstrick auftun. Schließlich werden in Monitoring-Werkzeugen Daten gespeichert, die potenziell dem Copyright unterliegen können. Gerade die Anbieter von Werkzeugen können auch mit dem Wettbewerbsrecht in Konflikt geraten, wenn sie mit der Analyse von Texten Geld verdienen möchten, mit denen andere dasselbe im Sinn haben.

Grundsätzlich ist es so, dass auch kaum ein Rechtsanwalt völlige Sicherheit vor Klagen versprechen oder zusichern wird, mögliche Klagen zu gewinnen. Ziel der Zusammenarbeit mit einem Rechtsanwalt ist meist die Reduzierung eines Risikos auf ein akzeptables Niveau. Bei bewussten Verstößen möchte man – auch wenn ich natürlich nicht dazu rate – wissen, welche Rechtsfolgen eintreten könnten.

An dieser Stelle beziehe ich mich hinsichtlich des Themas Datenschutz auf Thomas Schwenke, der 2012 ein sehr umfangreiches Buch zum Social Media Marketing & Recht vorgelegt hat. Er tritt regelmäßig bei einschlägigen Veranstaltungen auf und ist einer der Spezialisten für das Thema. Die nun folgende Liste entspricht weitgehend der »Checkliste Datenschutz« aus seinem Buch (S. 406). Meine Kommentare hierzu können Sie in den eckigen Klammern nachlesen.

Grundsätze bei der Erhebung, Verarbeitung und Weitergabe personenbezogener Daten

- Ausdrückliche Einwilligung der Nutzer oder gesetzliche Erlaubnis [Beides ist im Rahmen von Analytics- oder Monitoring-Projekten meist nicht erreichbar. Wenn, dann handelt es sich um einen kleinen Personenkreis.]
- Information der Nutzer über Zweck, Art und Umfang der Datenspeicherung [Auch dies ist, wenn, dann nur von den Betreibern der Social-Media-Plattformen zu leisten. Ein Impressum mit Datenschutzerklärung, beispielsweise bei Facebook, könnte kontraproduktiv sein.]
- Keine nachträgliche Verwendung für andere Zwecke [selbstverständlich!]
- Erforderlichkeit, Datenvermeidung und Datensparsamkeit[3]
- Datenerhebung beim Betroffenen [Wenn die Daten über die Schnittstelle eines Social Networks kommen, ist dies aus meiner Sicht nicht der Betroffene.]

---

3. Die Erfahrung aus meinen Beratungsprojekten zeigt, dass besonders Großunternehmen dieser Forderung nachkommen, während kleine und mittlere Unternehmen der Sammelwut frönen und es kaum schaffen, die gesammelten Daten auszuwerten. Hier sollte man tatsächlich zunächst überlegen, welche Daten man benötigt und ob man in der Lage ist, diese auch einer Auswertung bzw. Bearbeitung zuzuführen.

▦ Widerrufsbelehrung und Widerrufsmöglichkeit [Auch dies ist bei Daten, die über Schnittstellen kommen, schwierig. Man muss Entsprechendes in der Datenschutzerklärung unterbringen.]

▦ Löschungspflichten bei selbstständigen Angeboten (z.B. Blogs), wenn innerhalb einer Plattform selbstständig Daten erhoben werden (Newsletter, Gewinnspiele, Applikationen) [Spätestens dann ist die eigene Datenschutzerklärung erforderlich, möglicherweise aber schon früher. Es kommt darauf an, was mit den Daten, die über eine Schnittstelle kommen, gemacht wird. Wenn diese beispielsweise in ein CRM-System eingelesen werden, so sollte man dies kommunizieren.]

Erforderlichkeit einer eigenen Datenschutzerklärung

▦ Kein Risiko [hinsichtlich des Tracking], wenn nur Inhalte eingebunden werden (Bilder, Videos) [... und deren Nutzung entsprechend der Datenschutzerklärung getrackt wird]

Einbindung von Drittinhalten

▦ Vorgaben für Nutzertracking beachten, wenn zugleich Nutzerdaten erfasst werden (Facebook »Gefällt mir«) [Genau – so sollten Sie auch den Einsatz von Werkzeugen wie »AddThis« in Ihrer Datenschutzerklärung vermerken.]

▦ Einwilligung für die Erfassung personenbezogener Daten [was nicht immer einfach ist – vor allem wenn die Daten über Schnittstellen kommen]

Nutzertracking und die Erstellung von Nutzerprofilen

▦ Keine Einwilligung bei pseudonymen Nutzerprofilen, aber die...

▦ Zusammenführung mit personenbezogenen Daten ist verboten [Seien Sie also vorsichtig, wenn Sie Monitoring-Daten in Ihr CRM einfließen lassen (möchten).]

▦ Informationspflichten über Zweck, Art und Umfang der Datenverarbeitung [auch hier die Herausforderung Schnittstelle]

▦ Widerrufsbelehrung und Widerrufsmöglichkeit [... Schnittstellen]

▦ Vereinbarung über Auftragsbearbeitung, wenn Dritte beauftragt oder deren Dienste benutzt werden

▦ Erfassung allgemein zugänglicher Daten ist erlaubt.

Social Media Monitoring

▦ Analyse von geschlossenen Bereichen ist verboten.

▦ Mitarbeiter dürfen nicht im privaten Umfeld beobachtet werden.

▦ [Mögliche] Urheberrechtsschutzverletzung beim Speichern von Inhalten

▦ Bußgelder

Rechtsfolgen

▦ Abmahnung von Wettbewerbern – vor allem beim Direktmarketing und Verkauf von Daten

▦ Abmahnung oder Klage durch betroffene Personen

Dieser kurze Überblick kann nicht mehr als eine ganz grobe Richtlinie sein. Selbst die Lektüre eines Buchs befreit nicht von der professionellen Prüfung. Zunächst sollte die für Datenschutz in der Organisation veranwortliche Person konsultiert werden. Vorhaben und Verfahren müssen besprochen werden. Sollten Unsicherheiten vorhanden sein, so sollte man einen Rechtsanwalt beauftragen.

1.8   Quellen

In diesem Buch setzte ich Grundlagenkenntnisse in Web Analytics (im engeren Sinne) voraus. Wenn Sie häufig mit Werkzeugen wie etracker, econda, Google Analytics, Omniture (Adome Marketing Suite) oder Webtrends arbeiten, dann sollten Sie bereits über diese Kenntnisse verfügen. Dennoch können die Einführung von Meier und Zumstein (2013) oder die Bücher von Hassler (2012) und Kaushik (2010) hilfreich sein. Als Handbuch für Goggle Analytics ist Aden (2012) sehr empfehlenwert – besonders auch dann, wenn man Einblicke in technische Zusammenhänge wünscht.

Genauso setze ich grundlegende praktische und/oder strategische Erfahrung mit Social Media voraus. Hier ist beispielsweise das Buch von Jodeleit (2013) eine gute Einführung. Darüber hinaus ist der Buchmarkt – ganz allegmein für Social Media oder auch für einzelne Plattformen – ausgesprochen umfangreich.

Zum Thema des Buchs gibt es noch einige Autoren, die durchaus lesenswert sind. Sponder (2011), Paine (2011) und Blanchard (2012) gehören dazu.

Hinsichtlich der rechtlichen Fragen: Schwenke (2012).

2 Bewertung neuer sozialer Netzwerke

In vielen Büchern oder Artikeln wird die Rolle der Web Analytics in einem Kreislauf abgebildet. Im vorigen Kapitel habe ich das Beispiel von Altimeter gezeigt (»*Der erste Schritt*«, S. 13 ff.). Abgesehen davon, dass man sich bei einem Kreislauf im Kreis dreht und das Erreichen einer höheren Ebene in dieser Metapher nicht wirklich deutlich wird, gibt es einen weiteren Nachteil: Welche Netzwerke oder Plattformen sollen eigentlich analysiert werden? Auch in diesem Zusammenhang spielt die Social Media Analytics eine Rolle. Es geht darum, neue Plattformen zu analysieren und in den Prozess der Social Media Analytics zu integrieren. Gerade das ist der Gegenstand dieses Kapitels. Es geht auch darum, wie man neue Netzwerke bewerten kann und welche Daten man in diesem Zusammenhang zurate ziehen kann.

Welche Netzwerke sind wichtig?

Natürlich sind Sie mit Ihrem Unternehmen oder für Ihre Kunden bereits in sozialen Netzwerken aktiv. Wie haben Sie sich für diese Aktivitäten entschieden? – Wie viele andere Unternehmen nutzen das Netzwerk auch? – Die Orientierung an Wettbewerbern ist eine ganz alte Marketing-Regel. Für soziale Medien hat dieses Vorgehen jedoch einen entscheidenden Nachteil: Sie sind zu langsam, und das kostet viel Geld. Der »First Mover Advantage« ist bei den sozialen Netzwerken besonders groß. Und seien Sie sicher – es wird bald wieder neue Netzwerke neben den etablierten Facebook, Twitter, XING & Co. geben. Denken Sie beispielsweise an die Entwicklung im mobilen Web oder hinsichtlich Social TV. Dabei ist es noch nicht einmal relevant, ob ein etabliertes Netzwerk verdrängt wird, wie beispielsweise die VZ-Gruppe oder MySpace. In diesem Fall geht es um die Bewertung neuer Netzwerke.

Richtig bewerten und schneller sein

Das mögliche und aus meiner Sicht sinnvolle Vorgehen schildere ich am Fall von Pinterest, einem Social-Bookmark-Dienst für Bilder, der in der zweiten Jahreshälfte 2011 ein explosionsartiges Wachstum in den USA hinlegte. Das Vorgehen wird auch an anderen neuen sozialen Netzwerken ähnlich sein – auch wenn im Detail wahrscheinlich noch andere Datenquellen zur Bewertung herangezogen werden müssen. Das Vorgehen ist immer ähnlich und lässt sich in einem Prozess abbilden, wie er in Abbildung 2–1 zu sehen ist.

Abb. 2–1
Prozess der Bewertung
neuer sozialer Netzwerke

2.1   Über welche neuen Netzwerke wird geredet?

Beispiel Pinterest

Der erste Schritt bzw. das, was man stets machen muss, ist die Beobachtung der Fachpresse hinsichtlich neuer Entwicklungen. Dafür eignen sich mashable.com aus den USA und t3n.de für Deutschland. Beide sind am Puls der Zeit. Sobald der Nachrichtenwert eines neuen Netzwerks so hoch ist, dass die Publikumspresse darüber berichtet oder es in der Spiegel-Netzwelt auftaucht, dann wird es höchste Zeit für eine genauere Analyse. Bei unserem Beispiel wäre das der Fall gewesen, als der Netzökonom Holger Schmidt darüber im Februar 2012 im FOCUS schrieb.

Beobachtung der
Fachpresse

Wundern muss man sich darüber eigentlich nicht. Die Erwähnungen von Pinterest in den US-amerikanischen Medien nahmen im Januar stark zu und sind zu uns nach Europa herübergeschwappt. Mit Google Trends kann man das recht gut nachverfolgen. Das Werkzeug ist kostenlos und erfordert lediglich einen Google-Account. Google ist an dieser Stelle praktisch und schnell. Zudem werden im oberen Bereich der Abbildung das Suchaufkommen abgebildet und im unteren Bereich die Aktivitäten der Presse bzw. dessen, was bei Google im News-Bereich gemeldet ist (dazu gehören auch viele Blogs). Wichtige Nachrichten sind durch die Buchstaben in Abbildung 2–2 gekennzeichnet. Allerdings scheint die Themenkarriere auch schon wieder auf dem absteigenden Ast befindlich. Das ist allerdings nichts Besonderes, sondern eher die Regel. Solche Verläufe sind normalerweise mehr oder wendiger wellenartig. Es ist ganz ähnlich wie bei Stars oder Politikern – mal wird viel geschrieben, mal weniger.

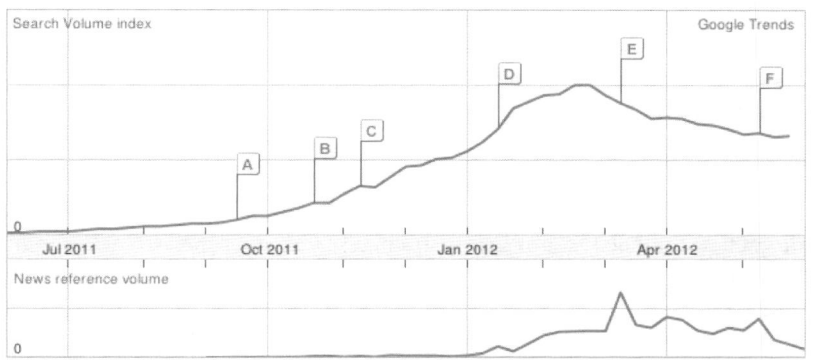

Abb. 2–2
Pinterest bei
Google Trends
(Quelle: Google Trends)

Wird eine solche Themenkarriere für ein neues Social Network identifiziert, dann sind weitere Recherchen angesagt. Ganz grundsätzlich sollte man also ein Auge auf neue Netzwerke haben und den Buzz, also das, was über Sie kommuniziert wird, monitoren.

Relevanz der
Themenkarriere

Selbstverständlich können Sie auch ein Monitoring-Werkzeug benutzen, wenn Sie bereits eins im Einsatz haben. Das ist sehr viel angenehmer. Dann kann man sich einen Bereich »New Networks« einrichten und nachverfolgen, wann ein Netzwerk den kritischen Wert erreicht, der weitere Analysen sinnvoll erscheinen lässt. Dies sollte dann auch schon der späteste Zeitpunkt sein, zu dem man einen Account bei den entsprechenden Netzwerken einrichtet. Es ist an dieser Stelle wie bei den Domain-Namen. Wenn ein Name vergeben wurde, dann ist es schwierig, diesen wieder zurückzubekommen. Es sollten also zwei Grenzwerte definiert werden:

Wann reagieren und wie?

- Ab wann wird ein eigener Account angelegt, auch wenn dieser noch nicht aktiv bespielt wird?
- Ab wann erscheinen tiefergehende Analysen sinnvoll?

Im folgenden Schritt geht es um die Beurteilung der potenziellen Reichweite. Schließlich ist nicht nur relevant, ob über ein Netzwerk gesprochen wird. Erheblich wichtiger ist, ob es genutzt wird und wie schnell es sich verbreitet. Die Lead-Funktion haben in diesem Bereich in vielen Fällen die USA. Netzwerke, die dort sehr erfolgreich starten, sind, wenn sie nach Europa internationalisieren, häufig auch im deutschsprachigen Raum erfolgreich.

2.2   Die potenzielle Reichweite

Es gibt Panels, die Daten liefern: compete.com und comScore. An die Reichweitendaten für Social Networks kann man meist kostenlos kommen, wobei comScore die Daten meistens etwas früher im Monat publiziert als compete.com – jeweils kurz nach dem Monatsanfang, während compete.com bis zur Monatsmitte braucht. Beide ermittelten für den Januar 2012 ähnliche Ergebnisse für die USA: elf Millionen Unique User. Auch in den Folgemonaten kamen die Unternehmen zu ähnlichen Ergebnissen. In Abbildung 2–3 sieht man den progressiven Anstieg der Nutzung in den USA seit dem Launch im vergangenen Jahr und eine leichte Abflachung des Anstiegs im April und Mai 2012.

Abb. 2–3
Entwicklung Unique
Visitors Pinterest
(Quelle: compete.com)

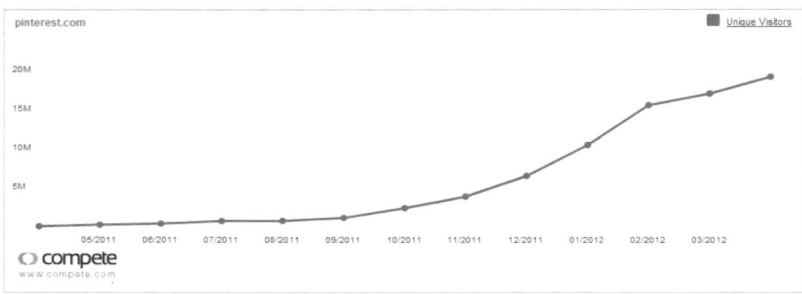

Nutzung von Paneldaten

comScore sagte, dass es sich um die am schnellsten gewachsene selbstständige Plattform handele. Das stimmt wohl auch. Nun stellt sich die Frage, ob die Plattform auch in Deutschland Nutzer haben wird. Hinsichtlich der Zahlen der Panels ist leider Vorsicht geboten. compete.com verfügt nach meiner Einschätzung über den solideren Ansatz, ist außerhalb der USA leider nur noch in Großbritannien und Frankreich vertreten. Man könnte also nachschauen, wie ein Network dort läuft, um Anhaltspunkte über die mögliche Performance in Europa zu erhalten. Allerdings werden für die beiden Länder nur sporadisch Daten veröffentlicht. Etwas vorsichtiger sollte man dagegen mit den Daten von comScore sein – auch wenn diese fleißig kommuniziert werden und man damit eine Methode hat, die in vielen Ländern identisch funktioniert. Gerade in der Anfangsphase werden die Networks stark in Unternehmen genutzt, wie auch ansonsten ein großer Teil der Internetnutzung in Unternehmen stattfindet. Damit comScore messen kann, muss jedoch eine Software auf den Rechnern der Panel-Teilnehmer installiert werden. Dies führt unweigerlich dazu, dass die Internetnutzung in Unternehmen nicht valide abgebildet wird. Das mag sich ändern, und vielleicht kommt Kantar Media mit compete.com auch nach Deutschland und die Daten werden besser.

Ob die Daten in der Zwischenzeit besser geworden sind, können Sie überprüfen, indem Sie einige relativ große Online-Werbeträger nehmen, deren Daten bei der AGOF und der IVW ausgewiesen werden, und diese mit den Unique Visitors vergleichen, die comSore ausweist. Sogar die von Facebook ausgewiesenen Unique Visitors sind ein gutes Maß. Vergleichen Sie die auf diesem Weg ermittelten Reichweiten mit denen der Panels. Sie werden mitunter eine gewaltige Überraschung erleben.

Kriterium Wachstumsgeschwindigkeit

Als ich den Vergleich im Dezember 2011 anstellte, kam comScore zu folgenden Ergebnissen: 72,7 Prozent der deutschen Onliner (ab 13 Jahren) sind bei Facebook. Genauer: 72,7 Prozent der deutschen Onliner haben die Website von Facebook besucht. Bei angenommenen 50 Millionen deutschen Onlinern wären das stattliche 36,5 Millionen gewesen. Zum gleichen Zeitpunkt gab das Planungstool von Facebook einen Wert von 21,3 Millionen aus. Um es salopp auszudrücken: comScore wiess für Deutschland nahezu doppelt so viele Facebook-Nutzer aus, wie es zu diesem Zeitpunkt tatsächlich waren. Als Begründung für dieses starke Übermessen wurde von comScore kommuniziert, dass es entsprechend der Methode nicht relevant sei, ob die Nutzer bei Facebook eingeloggt waren oder nicht. Anscheinend wurden alle Kontakte mit Social Plugins mit gemessen, was letztlich relativ unsinnig ist. Mein Vertrauen in das Tool ist für Deutschland stark getrübt. So bietet es noch nicht einmal ein Indiz dafür, ob die Nutzerzahl steigt oder sinkt. Rückschlüsse auf die tatsächliche Nutzerzahl sind kaum möglich.

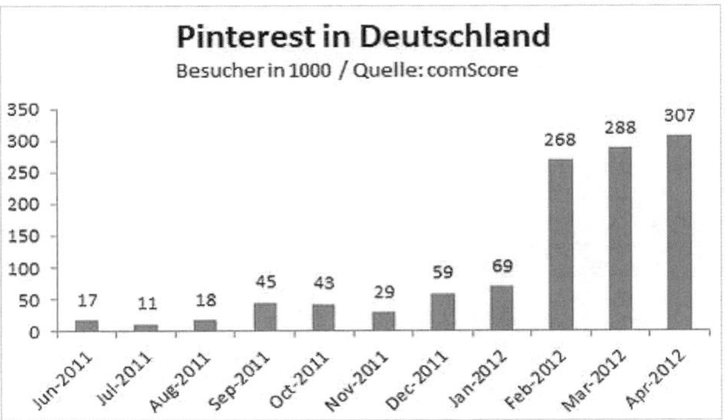

Bestimmung der Panel-Qualität

Abb. 2–4
comScore: Pinterest Visitors in Deutschland (Quelle: Holger Schmidt auf FOCUS Online)

Auch das Alexa-Ranking bietet keine wirklich validen Daten. Hierfür müssen sich die Nutzer eine Toolbar installieren. Das passiert vorwiegend in Unternehmen, die mit Plätzen im Alexa-Ranking argumentieren. Dort müssen sich die Mitarbeiter die Toolbar im Browser installieren. Valider werden die Zahlen dadurch auch nicht.

Was bleibt, ist der DoubleClick AdPlanner. Das Google-Werkzeug verfügt über eine ausreichend große Datenbasis – das sogar hinsichtlich der Zusammensetzung der Nutzerschaft. Bei meinem ersten Test erlebte ich eigentlich keine Überraschung: Die deutsche Nutzerschaft rekrutiert sich vorwiegend aus den Social Media Professionals. Leider wurde die Ausgabe der Daten von Google zwischenzeitlich eingeschränkt – was nicht bedeutet, dass diese auch wieder freigegeben werden kann.

2.3   Nutzerstruktur & Produktpräferenzen

Nutzerschaft

Wenn die Reichweite erfolgversprechend erscheint, sollte diese auch noch qualifiziert werden. Gibt es schon Hinweise auf Nutzerstrukturen und Produkte, für die sich das Netzwerk besonders eignet? Dienstleister müssen das an dieser Stelle für all ihre Kunden abklopfen. Wenn Unternehmen im Rahmen ihres eigenen Bedarfs unterwegs sind, ist es das für einen selbst relevante Spektrum.

Nutzerspektrum

Im Februar 2012 wurde Pinterest am stärksten von Nutzern mit Interesse an Venture Capital genutzt. Ob da die Copycats auf der Pirsch waren? Die von den Nutzern besuchten Websites geben zudem

Abb. 2–5
Die Interessen der deut-
schen Pinterest-Nutzer
entsprechend Double-
Click AdPlanner im
Februar und Juni 2012

Februar 2012

Sites also visited

Site	Affinity ?
lumma.de	76.3x
thenextweb.com	63.1x
readwriteweb.com	63.1x
wunderkit.com	57.3x
etsy.com	57.3x
businessinsider.com	57.3x
techcrunch.com	52.1x
netzwertig.com	52.1x
6wunderkinder.com	52.1x
searchengineland.com	47.4x

Audience Interests

Interest	Affinity ?
Venture Capital	43.1x
Fashion Designers & Collections	39.2x
Blogging Resources & Services	18.3x
Design	18.3x
Graphic Design	18.3x
Search Engine Optimization & Marketing	15.1x
Technology News	15.1x
Advertising & Marketing	13.7x
Intellectual Property	13.7x
Web Stats & Analytics	12.5x

Juni 2012

Sites also visited

Site	Affinity ?
mashable.com	31.3x
onlinemarketing.de	28.5x
searchengineland.com	28.5x
api.twitter.com	28.5x
allfacebook.de	25.9x
deutsche-startups.de	25.9x
techcrunch.com	25.9x
basicthinking.de	25.9x
blog.searchmetrics.com	25.9x
gruenderszene.de	23.6x

Audience Interests

Interest	Affinity ?
Blogging Resources & Services	17.7x
Search Engine Optimization & Marketing	16.1x
Gifts	16.1x
Design	16.1x
Graphic Design	16.1x
Advertising & Marketing	12.1x
Business Operations	12.1x
Management	12.1x
Web Design & Development	11.0x
Web Stats & Analytics	11.0x

eindeutige Hinweise. Es sind zwar nur grobe Anhaltspunkte, dennoch lässt sich ganz klar sagen, dass Pinterest bei der breiten Nutzerschaft in Deutschland noch nicht angekommen war. Das Online-Pinboard war bei uns ein Phänomen, das fast ausschließlich Berater, Werber und Analysten interessierte.

Die im Juni besuchten Seiten lassen auf eine Verbreiterung der Nutzerschaft schließen. Die starke Ladung hinsichtlich Venture Capital ist verschwunden und machte Platz für die Blogger – eigentlich die innovativeren Netznutzer. Zudem tauchen Bestandteile wie Geschenke – eine Pinterest-Normalnutzung aus den USA – auf.

Innovatoren-Nutzung als Maßstab

Von comScore und aus dem AdPlanner weiß man zudem, dass etwa zwei Drittel der Nutzerschaft Frauen sind – auch wenn dem in Deutschland noch nicht so war. Schaut man auf die zu diesem Zeitpunkt verfügbaren Standard-Boards, die Pinterest vorgab, so sollte man schon eine grobe Vorstellung darüber haben, wofür es eigentlich konzipiert wurde:

- My Style
- Favorite Places & Spaces
- Products I Love
- For the Home
- Books Worth Reading

Konzeption und Nutzerstruktur

Es geht um Bekleidung, Mode, Inneneinrichtung, Urlaub, Bücher und sonstige Produkte, die man schön auf Fotos darstellen kann. Das Wording ist sehr an – entschuldigen Sie bitte – Frauenzeitschriften angelehnt. So sind folgende Präferenzen der Nutzerschaft, die im Double-Click AdPlanner abgebildet werden, wenig verwunderlich (vgl. Abbildung 2–6).

Interest	Affinity ⑦
Gifts	6.5x
Holidays & Seasonal Events	4.5x
Pets & Animals	3.7x
Music Art & Memorabilia	3.7x
Gifts & Special Event Items	3.4x
Special Occasions	2.8x
Visual Art & Design	2.8x
Crafts	2.8x
Web Stats & Analytics	2.5x
Hobbies & Leisure	2.3x

Abb. 2–6
Die Interessenstruktur der Pinterest-Besucher entsprechend Double-Click AdPlanner

Mode bzw. Bekleidung lädt am stärksten, gefolgt von Einrichtungsge-
genständen & Haushaltsausrüstung sowie Urlaubsgebieten. Mich persönlich wundert es ein wenig, dass Kochrezepte nicht auftauchen, aber
das ist ja auch keine Kategorie im AdPlanner.

Wirklich wichtig ist noch die Frage, ob man die Werte aus den
USA so einfach nach Europa übertragen kann. Hierzu könnte man,
wenn man dies für erforderlich hält, die bisher migrierten Netzwerke
als Vergleichsmaßstab heranziehen. Die Frage wäre also: Werden Facebook und Twitter in den USA anders genutzt als in Europa? Dieser
Vergleich passt für Facebook entsprechend des AdPlanner. Die Nutzung von Facebook ist auch in Deutschland den Kinderschuhen ent-
wachsen. Das sollte ausreichen, um die Ergebnisse mit der notwendigen Sicherheit übertragen zu können.

Wann sind Ergebnisse sicher?

Nun weiß man, für welche Produkte Pinterest als Werbeträger
taugt: Bekleidung, Sportausrüstung, Einrichtungsgegenstände inkl.
Kochgerätschaften sowie Kunstgegenstände, Haustiere und alles, was
mit Urlaub zu tun hat. Hier hätten Unternehmen und Dienstleister
weiter recherchieren sollen. Die Wahrscheinlichkeit, dass Pinterest ein
Erfolg wird, ist aus den ermittelten Daten groß.

Potenziell ökonomisch sinnvoll nutzbar?

Wirklich relevant ist jedoch, ob die eine Plattform hinsichtlich des
zu erwartenden ROI spannend ist. Gibt es eine attraktive Werbewir-
kung? Werden Verkäufe induziert? Wie hoch ist der Aufwand zum
Betrieb?

2.4   Die Nutzung der Netzwerke

Die Wirkung der Netzwerke, wird – seit Facebook im Herbst 2011 die
Insights überarbeitet hat – gerne in drei Bereiche eingeteilt, die ich
auch in diesem Buch nutze, um die Wirkungsweise von anderen Plattformen zu beurteilen:

Bewertungsdimensionen

- Engagement
- Talking About This
- Virality

Genauer beschrieben werden diese Zusammenhänge in Kapitel »*Die
Metriken der Netzwerke*«, S. 29 ff. Neue Plattformen sollte man aus
diesem Grund auch hinsichtlich dieser Beurteilungsdimensionen prüfen.

Pinterest schafft etwas, das neben Facebook & Google wenige
andere Plattformen leisten – sie liefern Referrals, heiß geliebten Traffic.
Das ist ein Teil des Engagements, der wichtigste.

January 2012 Referral Traffic Report

Referral Source	Percentage of Total Referral Traffic From December	Percentage of Total Referral Traffic From January
Facebook	25.6%	26.4%
StumbleUpon	6.5%	5.07%
Google	3.69%	3.62%
Twitter	3.62%	3.61%
Pinterest	2.5%	3.6%
Youtube	0.98%	1.05%
Reddit	1.13%	0.83%
Google Plus	0.24%	0.22%
LinkedIn	0.18%	0.20%
MySpace	0.01%	0.01%

Presented by: **shareah⊙lic**

Abb. 2–7
Referral Traffic im Januar 2012 lt. Shareaholic

Die Daten sehen toll aus – ob man diesen vertrauen darf? Ich bin mir nicht sicher. Zur Methode wird lediglich Folgendes gesagt: »According to our findings based on aggregated data from more than 200.000 publishers that reach more than 260 million unique monthly visitors each month«. Welche Nutzer das sind, bleibt im Dunkeln. Da Shareaholic selbst nicht so viele Nutzer hat, könnte ein Tracking über das Social Plugin laufen, das Shareaholic Websites zur Verfügung stellt. Die Daten würden in diesem Fall zwar nicht wirklich repräsentativ sein, wären aber als Anhaltspunkt gut zu gebrauchen. Sie sollten also immer, wenn Sie entsprechende Daten finden, prüfen, wie diese zustande kommen, was diese bedeuten und ob sie weitgehend plausibel sind. Bedenkenlos sollte man Daten, die man in Zeitungen, Zeitschriften oder Online-Publikationen findet, keinesfalls vertrauen.

Was ist hinsichtlich der Bewertungsdimensionen zu erwarten?

Machen wir also für die Shareaholic-Zahlen einfach eine kleine Rechnung. Facebook hatte im Januar 2012 etwa 170 Millionen Besucher in den USA, Pinterest 11 Millionen. Pinterest lieferte mit diesem Traffic 3,6 % der Referrals. Überschlägig generierte Pinterest also in Relation zu seinen Besuchern mehr als doppelt so viel Traffic wie Facebook und hätte mit großem Vorsprung den besten Schnitt. Meine Dreisatzrechnung an dieser Stelle ist natürlich eine sehr vereinfachte Vorgehensweise. Referrals alleine sind nicht ausreichend. Besser wäre es – falls diese Daten zur Verfügung stehen – nur solche Visits auszuwählen, die mindestens zwei PageImpressions haben. Die Bounces sollten also eliminiert werden. So erhält man ein härteres Kriterium. Dieses Vorgehen kann man prinzipiell bei der Bewertung von Netzwerken

Weitere Quellensuche notwendig

anwenden. In diesem Fall ging es lediglich um eine grobe Einschätzung des Traffic-Effekts. Dabei schneidet Pinterest sehr gut ab.

Wenn eine Dimension besonders gelobt wird: Wie sieht es mit den übrigen Dimensionen aus?

Neben dieser Frage ist es durchaus noch sinnvoll zu recherchieren, ob es schon Erkenntnisse hinsichtlich der übrigen interaktiven Nutzungsweise des sozialen Netzwerks gibt. Es geht zunächst darum, wie über die Pins kommuniziert wird – das »Talking about this«. Leider – und das ist in vielen Fällen so – habe ich hierzu keine ausführliche empirische Studie gefunden. Im Sentiment der Beiträge überwiegen positive Werte. Wenn Sie eine Social-Media-Monitoring-Applikation im Einsatz haben, sollten Sie genau dies hinsichtlich einer Stichprobe von Beiträgen analysieren. Man kann es wohl so formulieren: Je negativer das Sentiment, desto aufwendiger wird die Betreuung der Plattform, wenn eine aktive Nutzung aufgrund des Produktspektrums notwendig ist.

Die weitere zu prüfende Dimension ist die der Viralität. In unserem Beispiel sollte man dies noch etwas ausweiten und der Frage nachgeben, wie die Pins in das Netzwerk gelangen und wie sich diese verbreiten.

RJMetrics haben das mit einer ganz brauchbaren Methode untersucht. Es wurde eine Nutzerstichprobe gezogen und deren Pin-Historie untersucht. ETSY, Google und Flickr sind die großen Abräumer. ETSY ist wenig erstaunlich – Klamotten, Klamotten, Klamotten. Wenn wir dann danach schauen, wie die Nutzer rein funktional zu ihren Pins kommen, dann ergibt sich folgendes Bild.

Abb. 2–8
Entstehung von Pins in Anteilen (Quelle: RJ Metrics)

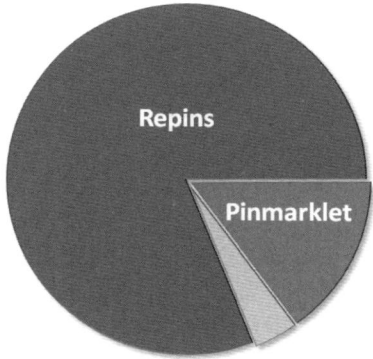

Über 80 Prozent der Pins sind Repins. Der Grad an Viralität ist in Pinterest also gewaltig hoch. Schauen Sie sich ruhig mal die Werte für die »Virality« Ihrer Facebook-Beiträge an oder die Anteile der Retweets bei Twitter (vgl. Kapitel »*Die Metriken der Netzwerke*«, S. 29 ff.). Der Grund hierfür kann natürlich auch sein, dass viele Nutzer es nicht schaffen, das Pinmarklet in ihren Browser zu installieren, und der Repin dann die einfachste Möglichkeit ist. Vielleicht ist es auch ein wenig Sammelwut, einfach alles, was im Stream läuft und gefällt, auch in die eigenen Boards zu befördern.

Einen Wermutstropfen gibt es freilich. Die Zahl der Pins pro neuer Nutzer innerhalb der ersten 30 Tage der Nutzung war in den ersten Monaten sehr viel höher als im November und Dezember 2011.

2.5   Die nächsten Schritte

Was sollten Unternehmen also zunächst tun, wenn sie in den relevanten Bereichen tätig sind? Bleiben wir zunächst im Beispiel Pinterest:

1. Eine Präsenz bei Pinterest einrichten und diese mit schönen Bildern der Produkte füllen.
2. Dafür sorgen, dass die Bilder der Produkte mit dem Pinmarklet sauber erfasst werden können. Hier kann es beispielsweise Probleme mit Vergrößerungsapplikationen geben, die eingesetzt werden.
3. Wenn ein Unternehmen englischsprachige Kunden hat, ist Beeilung angesagt.

Es geht also immer um verschiedene Schritte. Der erste ist die passive Nutzung eines Netzwerks. Dabei muss die Nutzung von Social Plugins und Links getrackt werden (vgl. Kapitel »*Resultate mit Website-zentrischen Tools – Google Analytics & Co.*«, S. 89 ff.). Hinsichtlich der aktiven Nutzung – d.h., wenn selbst Inhalte eingestellt werden sollen und mit Nutzern interagiert werden soll – müssen die Potenziale des Netzwerks in Bezug auf die Social Media Analytics geprüft werden. Im Kapitel »*Die Metriken der Netzwerke*«, S. 29 ff., finden sich hierzu einige Beispiele, darunter auch Pinterest.

2.6   Quellen

Das in diesem Kapitel beschriebene Vorgehen habe ich entwickelt und nicht wirklich Literatur benutzt – wenn, dann handelt es sich um Wissen, das ich vor langer Zeit erworben habe. Literaturempfehlungen kann ich leider nicht abgeben. Sie sollten die im Kapitel genannten Quellen besuchen oder mit einer Suchmaschine nach entsprechenden Publikationen suchen. Hier finden Sie eine Zusammenstellung relevanter Links:

- *http://mashable.com/*
- *http://t3n.de/*
- *http://www.comscore.com/ger/*
- *http://www.compete.com/*
- *http://ausweisung.ivw-online.de/*
- *http://www.agof.de/*
- *http://blog.shareaholic.com/*

Daneben ist es ratsam, den einschlägigen Kommunikatoren hinsichtlich des Social Web zu lauschen. Klaus Eck und Mirko Lange gehören dazu, Nico Luma, Sascha Lobo und Christoph Kappes sind auch immer für eine nützliche Analyse gut.

3 Die Metriken der Netzwerke

In diesem Kapitel geht es um die Metriken – Messgrößen –, die von den Netzwerken selbst zur Verfügung gestellt werden. Es ist also der vorgegebene Rahmen an Measures, mit denen man arbeiten kann – es ist das, was die Netzwerke entweder über Schnittstellen (API) zur Verfügung stellen, oder das, was man ggf. manuell übertragen müsste. Die Messgrößen werden definiert und erläutert. Wenn es Befragungsergebnisse gibt, die bei der Interpretation der Daten hilfreich sind, so werden diese eingearbeitet. Ebenso werden Werkzeuge vorgestellt, mit deren Hilfe die Daten abgerufen und analysiert werden können. Auch wenn man davon ausgehen kann, dass der Reifegrad der großen Netzwerke mittlerweile so hoch ist, dass sich die Grundstruktur der Daten nicht mehr gravierend ändern wird, so ist es doch möglich, dass durch neu hinzukommende Player im Detail Veränderungen auftreten. Im Gesamtkonzept des Buches handelt es sich hier um die Intra-Plattformanalyse (vgl. »*Die Social-Media-Analytics- und Monitoring-Umwelt*«, S. 5 sowie Abbildung 3–1).

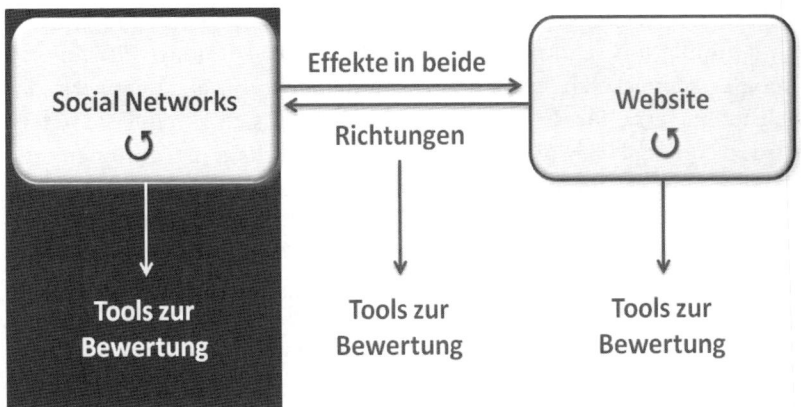

Abb. 3–1
Die Intra-Plattformanalyse (dunkler Bereich)

Das Jetzt und die Vorbereitung auf die Zukunft

Es ist also grundsätzlich anders als in der websitezentrischen Web Analytics. Dabei werden neue Metriken durch die benutzten Produkte vorgegeben. Wenn es sich um Enterprise-Produkte handelt, darf man noch dazu erwarten, dass keine Brüche in der Datenhistorie entstehen, Metriken plötzlich nicht mehr verfügbar sind oder in anderen Metriken aufgehen. Das ist in den Social Media Analytics anders. Metriken und Dimensionen werden ohne eigenen Zugriff hinsichtlich möglicher Anpassungen von den Plattformen bezogen. Das, was diese über ihre APIs zur Verfügung stellen, ist der Datenbestand, mit dem gearbeitet werden kann. Mitunter ist es möglich, diese Daten mit denen der üblichen Web-Analytics-Werkzeuge, wie Google Analytics, zu verbinden (vgl. Kauschik 2009 & Aden 2012).

Die Metriken sind von den Netzwerken abhängig.

Grundsätzlich ist die Herangehensweise bei allen Netzwerken ähnlich:

1. Zuerst sollte man nachsehen, was ein Netzwerk selbst an Daten zur Verfügung stellt, und die Bedeutung der Messgrößen erfassen.
2. Überprüfung, ob es an anderer Stelle auch noch entsprechende Daten gibt
3. Immer im Hinterkopf behalten, ob es die Daten – oder zumindest einen Teil dieser Daten – auch für Wettbewerber gibt.
4. Gibt es Tools, die diese Daten besser aufbereiten oder über längere Zeiträume speichern?

Welche Daten gibt es und welche davon benötigt man?

Um das Kapitel nicht völlig ausufern zu lassen, beschränke ich mich auf die wichtigsten Netzwerke – beziehungsweise Bereiche des sozialen Web. Facebook ist nicht nur das am stärksten genutzte Netzwerk, es erlaubt auch die elaboriertesten Analysen und hat eine gewisse Vorreiterrolle in diesem Bereich. Deshalb steht es an erster Stelle der Analyse. Twitter liegt in den USA auf Platz zwei und wird in den Medien stark thematisiert. Zudem hat der Kurznachrichtendienst eine völlig andere Kommunikationsstruktur, so dass die Analyse quasi Pflicht ist. Google+ steht, da ich dieses Buch schreibe, noch für ein Netzwerk, das sich nicht gerne messen lassen möchte – was sich zweifellos ändern wird. Es dient als Beispiel dafür, mit welchen Hilfskonstruktionen man Daten gewinnen kann. In den USA liegt es auf Platz drei der Social Networks. Dann gibt es wieder Newcomer, die hoch gehandelt werden. Pinterest hatte ich bereits in Kapitel »*Bewertung neuer sozialer Netzwerke*«, S. 17 ff., als Beispiel genutzt. Dafür gibt es gleich eine Unzahl an Werkzeugen, und man muss sich zunächst durchkämpfen. Dann gibt es noch die Blogs, die auch für Unternehmen im sozialen Web immer wichtiger werden und die leider in den Möglichkeiten, sie zu messen, sehr unterschiedliche Voraussetzungen haben. Diese dienen als Beispiel dafür, wie man auch mit herkömmlichen Web-Analytics-Werkzeugen Metriken nachbilden kann, die einen Vergleich mit dem Kommunikationserfolg in geschlossenen Netzwerken erlauben. Als Beispiel für ein Special-Interest-Netzwerk dient Slideshare. Gerade für Dienstleister und Forschungsunternehmen ist diese Plattform zum Teilen von Präsentationen und anderen seitendefinierten Dokumenten ausgesprochen wichtig.

Nicht berücksichtigt werden Business-Netzwerke wie XING oder LinkedIn. Auch wenn diese in Deutschland eine gewisse Wichtigkeit haben, würde die Analyse das Kapitel zu sehr aufblähen. Ebenso fehlen die in Russland und China stark verbreiteten Netzwerke wie VKontakte und renren.com.

Facebook, Twitter, Google+, Slideshare & Blogs

3.1   Facebook

Bei Facebook gibt es schon seit Längerem Nutzungsdaten für Pages – nicht für persönliche Profile. Facebook selbst nennt sie Insights. Einen Teil dieser Daten kann man sogar frei – ohne Passwort – über eine API abrufen und mit den Daten von Wettbewerbern vergleichen. Das erstaunt im ersten Schritt, ist aber auch nicht verwunderlich, da diese entweder auf den Pages stehen oder zusammen mit den Posts gezeigt werden, ganz gleich ob sie auf der Facebook-Website dargestellt werden oder in Fremdapplikationen, wie beispielsweise Social Hub, Pulse, HootSuite und Bottlenose. Alleine das ist schon Grund genug, die Facebook Insights ein wenig genauer unter die Lupe zu nehmen: Was taugen diese Daten und wie sollten sie interpretiert werden?

In Abbildung 3–2 sehen Sie die gegraute Ansicht des Dashboards, das ich als sehr brauchbar empfinde. Die Darstellung der Werte ist gut. Die wichtigsten Zahlen stehen am Kopf. Richtig so. Es wird angezeigt, ob es in der Tendenz nach oben oder nach unten geht. Darunter gibt es eine Abbildung, in der die Entwicklung der Werte veranschaulicht wird. Das wurde nach mehreren Anpassungen visuell wirklich bestens umgesetzt.

Die Facebook Insights

Abb. 3–2

Das Facebook Insights Dashboard

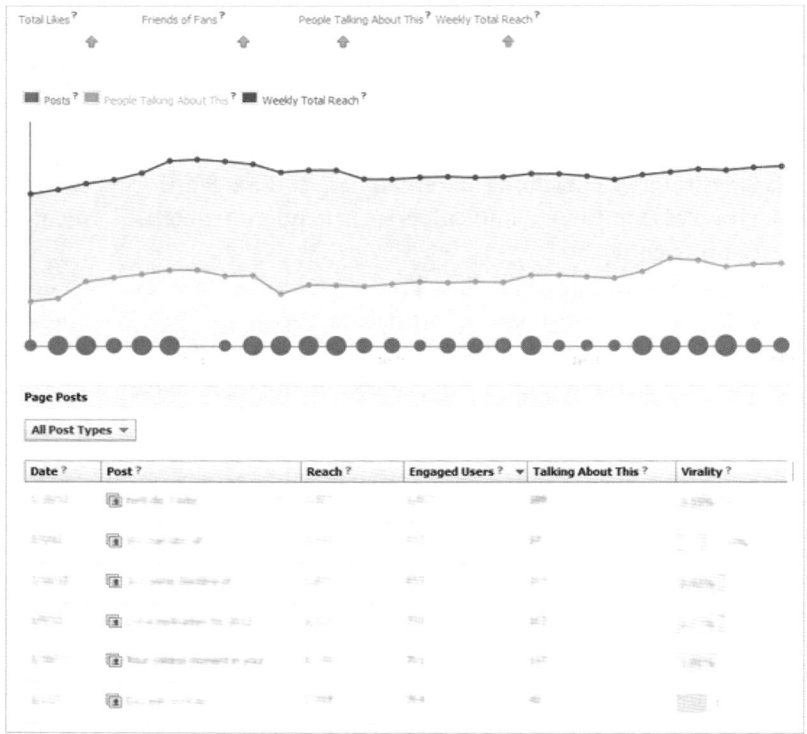

3.1.1   Kennzahlen sind zum Messen der Gesamtleistung einer Seite

Vier Kennzahlen oben auf dem »Statistiken«-Reiter machen es möglich, schnell und einfach Größe und Aktivität deines Publikums einzuschätzen.

Die von Facebook hervorgehobenen Kennzahlen

▨ **»Gefällt mir«-Angaben insgesamt:**
Die Anzahl von Personen, denen deine Seite einmalig gefällt, am letzten Tag des ausgewählten Datumsbereichs, aufgeschlüsselt nach Sprachen

▨ **Freunde von Fans:**
Die Anzahl der einzelnen Personen, die Freunde deiner Fans sind, am letzten Tag des von dir ausgewählten Datumsbereichs, einschließlich deiner aktuellen Fans

▨ **Personen, die darüber sprechen:**
Die Anzahl der einzelnen Personen, die während des vor dir ausgewählten Datumsbereichs eine Meldung über deine Seite ausgelöst haben. Eine Meldung wird ausgelöst, wenn jemand:

- deine Seite mit »Gefällt mir« markiert
- deinen Seitenbeitrag mit »Gefällt mir« markiert oder diesen teilt
- eine von dir gestellte Frage beantwortet
- zu deiner Veranstaltung zu- oder absagt
- deine Seite erwähnt
- deine Seite auf einem Foto markiert
- deinen Ort besucht oder weiterempfiehlt

Gesamte Reichweite:
Die Anzahl der Personen, die in dem von dir ausgewählten Datumsbereich einen beliebigen Inhalt im Zusammenhang mit deiner Seite gesehen haben (einschl. Werbeanzeigen oder gesponserte Meldungen mit Hinweisen zu deiner Seite).

Schon beim ersten Wert stolpert man leider über eine etwas holprige Übersetzung.

Fans

»Gefällt mir« wird mit »Die Anzahl von Personen, denen deine Seite einmalig gefällt, am letzten Tag des ausgewählten Datumsbereichs, aufgeschlüsselt nach Sprachen« definiert. Im Dashboard selbst wird dies besser gelöst: »Anzahl der Einzelpersonen, die deine Seite mit ›gefällt mir‹ markiert haben.« Es ist also nichts anderes als die Anzahl der Fans, die eine Page hat. Im Sprachgebrauch von Twitter heißen diese Follower. Der Wert entspricht der Zahl der Fans am Ende der gewählten Auswertungsperiode. Die Standardeinstellung ist hierbei die aktuelle Zahl von Fans. Im Hinterkopf sollte man dabei behalten, dass es sich rein technisch um die Zahl von Profilen handelt, die die Page »geliked« haben. Ein Mensch kann über mehrere Profile verfügen. Deshalb ist der Wert als Maximalgröße zu verstehen.

»Anzahl der Einzelpersonen, die deine Seite mit ›gefällt mir‹ markiert haben.«

Die Summe der Fans sagt letztlich relativ wenig über die Aktivität der Fans aus. Anders als im Facebook-Werbetool handelt es sich nicht um »aktive Nutzer«, die innerhalb des vergangenen Monats bei Facebook eingeloggt waren. Es können viele Karteileichen darunter sein. Weiter unten erläutere ich die Wochenreichweite, die den angesprochenen Mangel beseitigt.

Sind die Fans auch »aktiv«?

Die Links auf die Insights werden auch in der linken Navigationsspalte der Pages angezeigt. Nach dem Klick auf »gefällt dies«/»likes« gelangt man auf das »Like«-Dashboard, dort bekommt man weitere Angaben hinsichtlich der Demografie der Nutzer einer Page. Diese Angaben können auch nur für die eigene(n) Page(s) abgefragt werden. Beim API-Abruf ist ein Passwort erforderlich.

Alter

Dabei handelt es sich um Angaben, die die Nutzer auf Facebook gemacht haben. Weil nicht alle ihr Geburtsjahr angeben, ergeben die Werte für die Altersklassen insgesamt nicht 100 Prozent.

Das sollte zu verschmerzen sein. Mit hoher Wahrscheinlichkeit ist die so ermittelte Altersstruktur der Nutzer von Pages korrekt. Weitergehende Prüfungen sind nicht notwendig.

Länder

Über die IP-Adresse gemessen

Diese Angaben werden automatisch über die IP-Adresse gemessen. Man kann davon ausgehen, dass diese Angaben sehr genau sind. Bedenken sollte man, dass Nutzer, die sich vorübergehend im Ausland aufhalten und sich dort in Facebook einloggen, dem anderen Land zugerechnet werden. Besonders zur Ferienzeit kann es deshalb zu Schwankungen kommen.

Städte

Über die IP-Adresse gemessen

Auch diese Angaben werden automatisiert über die IP-Adresse gemessen. Im Gegensatz zu den Länderangaben ist die Zuweisung jedoch in Deutschland mit einer gewissen Ungenauigkeit verbunden. Die angezeigten Werte sollten als Richtschur dienen und nicht als absolut richtige Werte angesehen werden.

Sprachen

Die Standardsprach-einstellung

Hierbei handelt es sich um die Standardspracheinstellung der Nutzer für Facebook. Wichtig sind diese v.a. dann, wenn man über eine Page mehrere Sprachen gleichzeitig bedienen möchte.

Gibt es Sprachen, die nicht passen?

Ein weiterer Gesichtspunkt ist auch außerordentlich wichtig: Wenn für Pages Werbung betrieben wird und besonders dann, wenn es Zielvereinbarungen mit Agenturen hinsichtlich der Generierung von Fans gibt bzw. wenn pro generiertem Fan bezahlt wird, sollten die Sprachen und Länder verstärkt beobachtet werden. Wenn hier Sprachen und Länder auftauchen, die nicht erwartet wurden – beispielsweise China, Indien oder die ehemaligen Ostblockstaaten – dann sollte genau geprüft werden, ob es sich nicht doch um ungewünscht eingekaufte Fans handelt.

Die Like-Quellen des Dashboards werde ich an anderer Stelle besprechen. Hier würde dies zu sehr in die Tiefe gehen. Zurück zur Hauptübersicht:

Freunde von Freunden

Mit dieser Metrik wurde von Facebook ein Maß dafür erstellt, inwieweit man sein Netzwerk durch die Generierung von »Likes« erweitern
kann. Bei »Freunden von Freunden« handelt es sich um die Summe der
Fans plus der Summe aller Freunde, die die Fans einer Page haben.
Dabei sollte es sich entsprechend der Definition von Facebook um
unterschiedliche Profile handeln, die gezählt werden. Ich persönlich
bin mir hier nicht sicher, ob nicht doch einfach eine Summenbildung
über die Zahl der Freunde der Fans stattfindet, Profile also auch doppelt gezählt werden.

*Doppelzählungen –
nicht wirklich wichtig*

    Ganz gleich, ob dem so ist oder nicht: Wenn der Zuwachs an
»Freunden« (die Prozentzahl neben den »Total Likes«) geringer ist als
der Zuwachs an »Freunden von Freunden« (die Prozentzahl rechts
neben »Freunde von Fans«), dann hat man im Auswertungszeitraum
einflussreiche Fans gewonnen – also solche, die viele Freunde haben.
Im umgekehrten Fall hat man Fans gewonnen, die wenige Freunde
haben. Besonders in Phasen der Fan-Anwerbung sollte man diese
Werte im Auge behalten. Fake-Profile haben in den meisten Fällen
wenige Fans. Sinkt also der Wert in einer solchen Phase übermäßig
stark, dann sollte man sich mit seinem Dienstleister zusammensetzen.

Einflussreiche Freunde

Personen, die darüber sprechen

Hierfür gibt Facebook eine beinahe umfassende Erläuterung: »Die
Anzahl der einzelnen Personen, die während des vor dir ausgewählten
Datumsbereichs eine Meldung über deine Seite ausgelöst haben.« Eine
Meldung wird ausgelöst, wenn jemand:

- deine Seite mit »Gefällt mir« markiert
- deinen Seitenbeitrag mit »Gefällt mir« markiert oder diesen teilt
- eine von dir gestellte Frage beantwortet
- zu deiner Veranstaltung zu- oder absagt
- deine Seite erwähnt
- deine Seite auf einem Foto markiert
- deinen Ort besucht oder weiterempfiehlt

Relevante Aktionen

Allerdings wird nichts darüber gesagt, wo diese »Meldung« ausgelöst
wird. In diesem Fall handelt es sich um eine »Interaktion«. Interaktionen können von Facebook auch gemessen werden, wenn diese außerhalb der Website auftreten, also etwa in Hootsuite oder Bottlenose etc.
Die oben beschriebenen Interaktionen können immer gemessen werden.

*Interaktionen werden
immer gemessen.*

Gesamte Wochenreichweite

Gesamt ist nicht wirklich gesamt.

Mit der Reichweite ist es komplizierter. Von Facebook wird sie wie folgt definiert: »Die Anzahl der Personen, die in dem von dir ausgewählten Datumsbereich einen beliebigen Inhalt im Zusammenhang mit deiner Seite gesehen haben (einschl. Werbeanzeigen oder gesponserte Meldungen mit Hinweisen zu deiner Seite)«.

Allerdings kann nur auf der Seite von Facebook selbst oder in Social Plugins gemessen werden, ob die Inhalte auch tatsächlich angezeigt wurden. Genau so verfährt Facebook dabei. Inhalte, die über eine API abgerufen und in anderen Clients angezeigt werden, gehen nicht in die Kalkulation des Reichweitenwertes ein. Personen/Profile, die Inhalte während des Auswertungszeitraums nur auf diesem Weg abrufen, werden nicht gezählt.

Die Wochenreichweite ist dennoch der wichtigste Indikator für die Zahl aktiver Fans, und ein Maßstab für die Zahl von Fans, die Facebook regelmäßig nutzen. Hierüber lassen sich Kontaktchancen antizipieren. Das ist dann der Fall, wenn man beispielsweise die Zahl geöffneter Mails mit den Fans auf Facebook in Relation setzen möchte. Leider ist das nur dann valide möglich, wenn keine Facebook-Werbeanzeigen (!) im Auswertungszeitraum geschaltet wurden. Diese Werte kann man auch für Mitbewerber abrufen – beispielsweise mit quintly.com (vgl. Kapitel »*quintly.com*«, S. 53).

Unlikes – versteckte Informationen

Durcheinander berücksichtigen

Wie gewonnen, so verloren: In den Insights zeigt Facebook auch auf täglicher Basis die »Unlikes«, also Fans, die nicht mehr Fans sein wollten. Aus dem Verlauf kann man ableiten, zu welchen Gelegenheiten Fans einer Page nicht mehr folgen möchten. Das liegt meist an der Art und Häufigkeit, mit der kommuniziert wird, aber auch an externen Ereignissen in der Presse oder Werbung. Besonders dann, wenn starke Ausschläge sichtbar werden, sollte analysiert werden, in welchem Zusammenhang diese stehen, um gegebenenfalls Postings zu variieren. Prinzipiell funktioniert das wie bei der Ermittlung des idealen Posting-Zeitpunkts, was in Kapitel »*Die Bestimmung der idealen Posting-Zeitpunkte*«, S. 115 ff., beschrieben wird.

Hier – wie in allen anderen Fällen von Mehrkurvengrafiken bei Facebook – gilt: Man kann die oberen Linien wegklicken, so werden die Ausschläge der unteren Linien deutlicher.

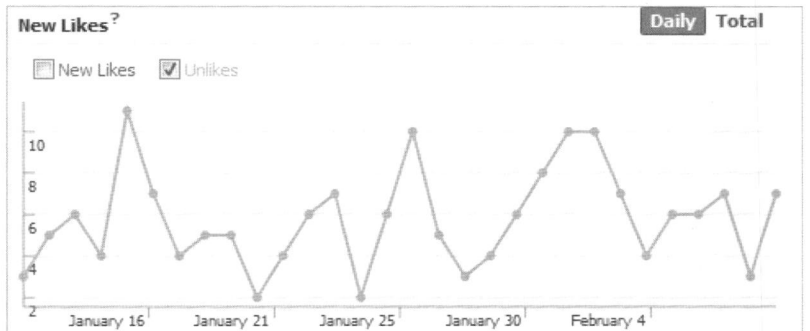

Abb. 3–3
»Unlikes« bei Facebook

Anteil versteckter Meldungen

Eine andere wichtige Information hat Facebook leider in den Insights geradezu versteckt. Weder den aktuellen Insights noch den »Old Insights« kann man einfach entnehmen, welcher Anteil der Nutzer die Meldungen einer Page verbirgt. Man muss dazu den Engage-Wert jedes Beitrags einzeln anklicken und die Werte übertragen. Das ist schon sehr umständlich, wenn man umfangreicher auswerten möchte. In einer früheren Version war dies noch einfacher möglich. Diese Messgröße ist ebenso wie die Unlikes ein wichtiger Hinweis darauf, ob bestimmte Typen von Meldungen bei den Nutzern nicht ankommen. Für technisch Versierte: Derzeit können die Werte auch noch über das Graph API abgerufen werden.[1]

Versteckt ist versteckt.

Reichweite einzelner Seitenbeiträge

Die Reichweite gibt die Anzahl der Personen an, die einmalig deinen Beitrag gesehen haben.

»Eingebundene Nutzer« einzelner Seitenbeiträge

»Eingebundene Nutzer« gibt die Anzahl der Personen an, die an einer beliebigen Stelle auf deinen Beitrag geklickt haben.

»Personen, die darüber sprechen« einzelner Seitenbeiträge

»Personen, die darüber sprechen« ist die Anzahl der Personen, die eine Meldung über deinen Beitrag ausgelöst haben. Zu den Meldungen gehören:

---

1. Eine Anleitung hierzu gibt es bei *wisemetrics.com*
   (*http://wisemetrics.com/blog/2012/01/how-to-get-back-the-number-of-fans-who-have-hidden-you-from-their-news-feed/*).

- Teilen, »Gefällt mir«-Markierungen oder Kommentare zu deinem Beitrag
- Beantworten einer Frage
- zu einer Veranstaltung zu- oder absagen

Viralität einzelner Seitenbeiträge

Viralität ist die Anzahl der Personen, die eine Meldung über deinen Seitenbeitrag ausgelöst haben, als Prozentsatz der Gesamtzahl der Personen, die den Beitrag gesehen haben.

Worin unterscheiden sich »Impressionen« und »Reichweite«?

Die Impressions sind die Zahl der Sichtkontakte, bei der Reichweite werden Köpfe gezählt.

Impressions messen die Anzahl der Male, die ein Beitrag deiner Seite angezeigt wird, unabhängig davon, ob daraufgeklickt wird oder nicht. Es kann vorkommen, dass jemand mehrere Impressions mit dem gleichen Beitrag hat. So sieht ein Fan vielleicht eine Seitenaktualisierung einmal in den Neuigkeiten und dann noch einmal, wenn ein Freund sie teilt. Die Reichweite misst die Anzahl der Personen, die Impressionen eines Seitenbeitrags erhalten haben. Es werden also Köpfe gezählt. Die Reichweite kann geringer sein als die Impressionen, da ein Nutzer mehrere Impressionen sehen kann.

Worin unterscheiden sich die organische, die bezahlte und die virale Reichweite?

- **Organische Reichweite:**
  die Anzahl der Personen (Fans und Nicht-Fans), die den Beitrag einmalig in ihren Neuigkeiten, in den Kurzmeldungen oder auf deiner Seite gesehen haben
- **Bezahlte Reichweite:**
  die Anzahl der Personen, die den Beitrag einmalig über ein gesponsertes Produkt (Seitenbeitragswerbung oder gesponserte Meldungen) gesehen haben
- **Virale Reichweite:**
  die Anzahl der Personen, die den Beitrag einmalig über eine von einem Freund veröffentlichte Meldung gesehen haben. Zu diesen Meldungen zählen »Gefällt mir«-Markierungen, Kommentare, Teilen des Beitrags, Beantworten einer Frage oder Zu-/Absagen zu einer Veranstaltung.

3.1.2 Interpretation der Metriken

3.1.2.1 Reach: Reichweite der Beiträge – die Grundlage

Hierzu nennt Facebook als Definition »Anzahl von Nutzern, die einen Beitrag gesehen haben«. Man könnte also auch hingehen und als KPI einen Anteil der Nutzer definieren, die einen Beitrag gesehen haben, um über die Klassifikation von Themen, Medien und Zeiten die Postings zu optimieren. Das erscheint aber schon im ersten Moment nicht ganz einfach:

- Wie sind Inhalte zu klassifizieren?
- Ist die Sichtbarkeit von Postings nicht etwa auch von Umweltfaktoren wie Wetter, der Nachrichtenlage oder Wettbewerberaktivitäten abhängig?
- Wie kann mit verschiedenen Medientypen umgegangen werden?
- Kann man überhaupt valide testen?
- Sind die Daten, die Facebook zeigt, überhaupt richtig?

Reichweite von was und warum

Fangen wir mit der letzten Frage an: Natürlich sind die Daten aus der Sicht von Facebook korrekt. Es gibt allerdings Kontakte, die nicht mit in die Reichweite eingehen. Dabei handelt es sich um solche, die mittels Applikationen per API auf die Beiträge zugreifen – Hootsuite, Pulse und SocialHub sind Beispiele. Die angegebe Reichweite ist also ein Minimalwert für Beiträge, die über die Facebook-Website aufgerufen wurden, in Social Plugins erschienen sind oder Teil einer (bezahlten) Facebook-Anzeige waren. Die Beiträge können auch als geteilte Beiträge im Facebook-Steam gesehen worden sein und werden gezählt. Es sind dann solche, die in der Grafik, die nach dem Klick auf einen Reichweitenwert erscheint, als »Viral« klassifiziert sind.

Nicht alle realen Kontakte gehen in die Reichweite ein.

Das sagt freilich noch immer nicht, von wie vielen unterschiedlichen Nutzern die Beiträge gesehen wurden.

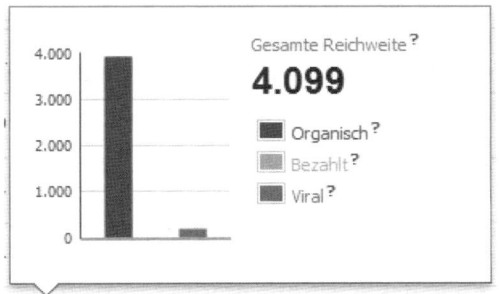

Abb. 3–4
Facebook-Reichweitenanteile

Es gibt noch zwei Faktoren, die man im Hinterkopf behalten sollte:

- Es greifen Accounts auf die Beiträge zu und nicht Nutzer.
- Es gibt Nutzer, die Beiträge ausblenden.

Die Klassifikation von Beiträgen ist eine Aufgabe der Inhaltsanalyse. Wenn diese gründlich sein soll, muss eine Skala entwickelt werden, mit deren Hilfe die Codierung der Beiträge hinsichtlich der interessierenden Merkmale möglich ist. Die Analyse hinsichtlich der Medientypen wäre prinzipiell einfacher, Facebook gibt das Merkmal jedem Post mit. In der Abbildung 3–5 kann man das sehen.

Eigene Posts ▲	Kommen...	Likes	Typ
Deutsche Telekom AG - 01.02.2012 09:39 Ansehen Weiter geht es mit Datenschutz-Tipp Nr. 8: Teilt nicht jedem Eure Email-Adresse mit, die Ihr für die berufliche Kommunikation oder den privaten Austausch mit Eurer Familie oder Euren Freunden nutzt. Verwendet zum Anmelden auf bestimmten Webseiten eine Adresse, die keine Rückschlüsse auf Eure Person ...	5	23	Photo
BASE - 01.02.2012 14:02 Ansehen Heute ist ein wichtiger Tag für uns. Nicht nur die Mein BASE plus Tarife starten heute, sondern auch die neue Werbekampagne mit sympathischen Gesichtern. Im BASE Blog gibt es mehr dazu. Wir freuen uns über euren Besuch! http://blog.base.de/start-des-mein-base-plus-tarifs/	55	44	Photo
Deutsche Telekom AG - 01.02.2012 14:09 Ansehen Erotik gefällig? Ab heute gibt es bei Entertain neue Sender: Playboy Europe und Penthouse SD/HD. Viel Spaß;-) ^johanna	24	39	Link
o2 Deutschland - 01.02.2012 18:12 Ansehen Wow! Wir sind überwältigt von der Flut an tollen Wünschen für Menschen, die Euch wichtig sind. Vielen Dank für Eure Zusendungen! Die gute Fee wird den Gewinner morgen um 18.00 Uhr bekannt geben ;)	18	39	Link
Deutsche Telekom AG - 02.02.2012 10:18 Ansehen Heute geben wir Euch den vorletzten Tipp zum sicheren Surfen im Internet. Datenschutz-Tipp Nr. 9: Hacker suchen verstärkt nach aktivierten Bluetooth-Modulen, über die sie auf Endgeräte eindringen können. Wenn Ihr diese Kommunikations-Schnittstellen Eures Notebooks oder Handys nicht nutzt, schaltet s...	4	21	Link
BASE - 02.02.2012 10:44 Ansehen Ihr habt noch genau 12 Tage Zeit, um eine Reise für euch und einen Freund zu gewinnen. Wenn euch diese Idee lockt, dann schaut im BASE Blog, wie ihr die 14-tägigen Trip ergattern könnt.	8	13	Link

Um dies einfach auswerten zu können, benötigt man die Daten jedoch gesammelt in einem Auswertungswerkzeug. Sollten keine APIs oder keine aufbereiteten Daten zur Verfügung stehen, so muss man den manuellen Weg über die Tabellenkalkulation wählen.

3.1.2.2   Exkurs: A/B-Tests und multivariates Testen möglich?

Die Frage, ob man Facebook einem A/B- oder MV-Test unterziehen kann, wird häufig gestellt. Wenn solche Tests angeboten werden, dann handelt es sich um die Inhalte von Tabs, die getestet werden, und nicht um den Erfolg von Meldungen im Stream. Der Grund hierfür ist einfach: Für multivariate Tests (MVT) muss der HTML-Code der zu testenden Seite(n) manipuliert werden. Man müsste zum gleichen Zeitpunkt zwei oder mehreren Gruppen der Nutzer verschiedene Inhalte zeigen oder den gleichen Inhalt verschiedenen Nutzergruppen zu unterschiedlichen Zeitpunkten. Das ist nur möglich, wenn man technisch weitgehenden Zugriff auf die Analyseobjekte hat. Dies ist bei Facebook leider nur begrenzt gegeben, was auch verständlich ist. Der Zugriff über eingebundene Skripten von Test-Tools könnte die Website weitreichend verändern. Diese Einflussnahme erlaubt Facebook nur bei Tabs, die mittels I-Frames bespielt werden. Es gibt also noch keine Möglichkeit, im Stream über multivariate Tests zu optimieren.

Testen kann man hingegen Facebook-Ads – also ggf. den bezahlten Traffic-Anteil der Reichweite. Hierzu bietet etwa Boost CTR[2] ein entsprechendes Tool an. So sollte man beispielsweise auch die Sponsored Stories testen können, die im Stream erscheinen (werden). Inwieweit diese Ergebnisse sich auf reguläre Postings übertragen lassen, bleibt offen. Es gibt dazu leider noch keine Erfahrungswerte. Auch maximiser – ein MVT-Werkzeug der Enterprise-Klasse – bietet inzwischen eine entsprechende Lösung für Facebook an.

Sponsored Stories können getestet werden.

3.1.3 Das Facebook-»Funnel-Konzept« für Beiträge

Reichweite für Beiträge ist schön und gut. Aber das reicht sicher nicht. Der Wunsch nach Interaktion mit den Beiträgen und deren viraler Verbreitung bis hin zu Konversionen ist da und sollte gemessen werden. In früheren Version der Insights gab es den PostView bzw. die PostImpression – keine Reichweite, sondern die Zahl von potenziellen Sichtkontakten mit einem Post und die Zahl der Likes und Kommentare für einen Post. Also Interaktionswerte.

Facebook ist dem Wunsch seiner Werbekunden gefolgt und hat das Messkonzept stark erweitert, um eine detailliertere Beurteilung des Erfolgs von Meldungen zu ermöglichen. In Abbildung 3–6 wird dieses Konzept dargestellt.

Von Sichtkontakten und Interaktionswerten

*Abb. 3–6
Der Facebook-Funnel für den Erfolg von Meldungen*

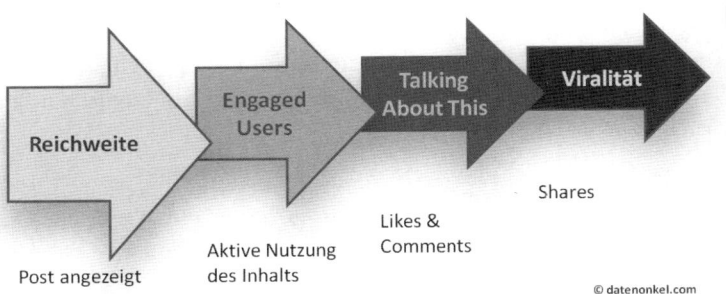

---

2. *http://www.boostctr.com/*

3.1.3.1   Engaged Users = Eingebundene Nutzer

In der aktuellen Version wurde zwischen Reichweite, Impression und die Interaktion ein weiterer Wert geschoben: die sogenannte Einbindung – keine besonders glückliche Bezeichnung. Facebook versteht darunter »die Anzahl der Personen, die an einer beliebigen Stelle auf deinen Beitrag geklickt haben«. Es geht also darum, dass Nutzer aktiv wurden und sich mit einem Post beschäftigen, sich informieren. In Abbildung 3–7 ist ein Beispiel zu sehen.

Abb. 3–7

Potenzielle Einbindungs-bereiche: alles, was in einer Meldung anklickbar ist

Nutzer, die aktiv wurden und sich mit einem Post beschäftigen, sich informieren

In der Abbildung ist ein Beitrag mit beinahe allen möglichen Elementen zu sehen. Alles, was darin anklickbar ist und angeklickt wird, sieht Facebook als Zeichen der Einbindung, des Engagements. Eine genaue Definition findet sich im Product Guide, der nur in englischer Sprache vorliegt:

- **Video plays**
  the number of times the playbutton of your video was clicked on
- **Photo views**
  the number of times your photo was viewed in its full size
- **Link clicks**
  the number of time the link included in your post was clicked on

■ **Other clicks**

the number of clicks on your post that are not counted in other metrics. These clicks can include clicks on people's names in comments, clicks on the like count, clicks on the time stamp etc.

■ **Stories generated**

the number of stories that were created from your post. Stories include liking, commenting on or sharing your post, answering a question or RSVP-ing to an event.

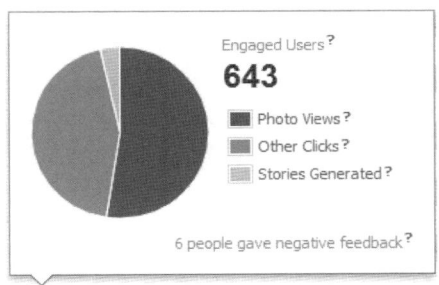

Abb. 3–8
Engaged Users – Typen

Engaged Users sollten also Accounts sein, die mindestens eine der genannten Aktionen für einen Beitrag ausgelöst haben. Wenn man die Zahl der »Engaged Useres« mit der Reichweite in Relation setzt, erhält man also den Anteil der Nutzer, die mindestens an einer Stelle mit dem Beitrag interagiert haben.

Arten von Engagement

Wenn man in einer Datenzeile auf die Zahl der Engaged Users klickt, wird eine Abbildung wie die obige angezeigt. Der groß gedruckte Wert ist die Zahl der Eingebundenen User. Wenn man die Maus über die Flächen bewegt, wird die Zahl der Aktionen angezeigt. Im vorliegenden Beispiel wären es die aufgerufenen Fotos, andere Klicks – beispielsweise auf die Likes oder Kommentare etc. – sowie Storys, die aus dem Post hervorgegangen sind. Ganz klein ist auch die Zahl der negativen Feedbacks zu sehen – also die Zahl der Nutzer, die den Beitrag aus dem News Feed genommen oder anderes negatives Feedback gegeben haben. Wie weiter oben beschrieben, kann man diese Zahl auch über das API abrufen, um die Beiträge im Zusammenhang mit allen verfügbaren Zahlen auszuwerten.

Bemerkt werden sollte hier wiederum, dass alle Aktionen gezählt werden, die die Facebook-Website als Zielseite haben oder bei denen ein Redirect über die Facebook-Website führt. Stellt man als KPI für die Güte eines Beitrags also

Wie engagieren sich die Fans?

Engaged Users / Reach

KPI, die untermessen wird

dann ist der Wert an sich mit größter Wahrscheinlichkeit zu hoch, weil ein größerer Anteil der Reach, also der Reichweite, nicht valide gemessen werden kann. Das ist wichtig zu wissen, zum Vergleich des Erfolgs verschiedener Postings jedoch nicht wirklich wichtig, da davon auszugehen ist, dass alle Postings in gleichem Maße von dem Fehler betroffen sind.

Die Kennzahl ist nicht unumstritten. Der Analytics-Dienstleister Wise Metrics weist darauf hin, dass Facebook seiner eigenen Definition in der technischen Umsetzung nicht folgt. Das Unternehmen arbeitet an einer elaborierten Lösung zur Analyse der Daten in der Facebook-API und mag dies beurteilen können. Es wird eine korrigierte Formel zur Berechnung vorgeschlagen, mit der tatsächlich die Definition erfüllt wird. Mit dem Stand Juli 2012 würden die Zahlen für Clicks, Photo Views, Video Plays etc., wie sie auf den vorigen Seiten genannt wurden, additiv verknüpft und nicht auf die einzelnen Nutzer heruntergebrochen, so dass Nutzer mit mehreren Aktivitäten innerhalb eines Auswertungszeitraums mehrfach gezählt werden. Diese Kritik ist aus meiner Sicht fundamental. Es würden tatsächlich falsche Ergebnisse ausgewiesen, wenn sie zutreffend ist. Genau diese additive Verknüpfung konnte ich in meinem Test nachvollziehen, aber leider nicht abschließend bewerten.

Kritik am Messwert …

In diesem Zusammenhang äußerte allfacebook.com eine Reihe weiterer Kritikpunkte, die aus meiner Sicht nachvollziehbar sind, jedoch eine geringere Relevanz haben:

… auch von allfacebook.com

- Kommentare, Likes und die Mediennutzung sollten mit unterschiedlichen Gewichten in die Berechnung des Engagements eingehen können.
- Die mehrfache Nutzung von Videos durch einen Facebook-Nutzer sollte dokumentiert werden.
- Die Formel sollte berücksichtigen, wenn Nutzer Fotos im Vollbildmodus ansehen.
- Die Zahl, mit der Nutzer Inhalte taggen, sollte mit aufgenommen werden.
- Das Engagement von Nutzern, die noch nicht die Marke geliked haben, sollte aufgenommen werden.
- Es sollte eine Anpassung für den Anteil der Fans erreicht werden, die sich engagieren.
- Ist »Leute, die darüber sprechen« ein Synonym für das Teilen?
- Negative Threads können eine große Zahl von Likes, Kommentaren und Shares haben.
- Die Metriken für negatives Feedback können Sarkasmus nicht erkennen.

allfacebook.com bezieht sich in seinem Blog-Beitrag explizit auf Facebooks Engagement-Kennzahl. Deshalb verwundert es etwas, dass die Kennzahlen vermischt und Inhalte gewünscht werden, die nur durch Monitoring analysiert werden können.

Insgesamt erscheint mir die Konzeption des Engagements an sich sehr brauchbar. Würde man beispielsweise Kommentare, Likes und die Mediennutzung gewichten, so dürfte dies nicht für jeden Kommunikationszweck in der gleichen Weise geschehen. Das ist eher etwas für elaborierte Tools – eine höhere Anwendung. Weite Punkte – wie die Mehrfachnutzung, der Wechsel zum Vollbildmodus oder das Taggen von Inhalten – sind nette Details, und die Ergebnisse könnten punktuell sicher interessant sein. In der Gesamtsicht würden diese jedoch den Datenwust weiter vergrößern. Auch wenn Informationen hierzu in das API aufgenommen würden, so wäre es wenig ratsam, diese in den Insights zu präsentieren.

Konzeption des Engagement, an sich sehr brauchbar

Die weiteren Punkte beziehen sich nicht auf das Engagement, zudem ist die Bewertung des Sentiment sicher keine Aufgabe, die ein Werkzeug wie Facebook Insights, das kostenlos zur Verfügung gestellt wird, bewältigen sollte – zumal diese Aufgabe von recht teureren Werkzeugen auch nicht mit einer großen Sicherheit für viele Sprachen abgedeckt werden kann (vgl. Kapitel »*Social Media Monitoring – Funktionen & Auswahl von Werkzeugen*«, S. 161 ff.).

3.1.3.2 Talking About This = Personen, die darüber sprechen – Likes & Comments

Eine höhere Stufe der Interaktivität ist »Talking About This«. Wobei »sprechen« nicht wirklich der richtige Ausdruck in diesem Zusammenhang ist. »Kommunizieren« würde besser passen. »To communicate« ist auch auf Englisch länger und passt nicht so gut in Zellen von Excel und in Präsentationen. Dies könnte der Grund dafür sein, dass »Talking« gewählt wurde. Es geht darum, ob Like angeklickt oder ein Kommentar eingetragen wurde. Wiederum wird auf Beitragsebene die Zahl unterschiedlicher Accounts gemessen.

Sprechen oder kommunizieren?

So wird deutlich, dass Facebook die Messgrößen im Bereich der Interaktivität ausgeweitet hat. Bisher gab es die beiden Größen »Comment« und »Like«, die jetzt addiert die Größe »Talking About This« bilden. Hinzu kommt die schon beschriebene Größe »Engagement« und die Metrik »Virality«, die im folgenden Abschnitt erläutert wird.

3.1.3.3   Viralität

Viralität ist häufig ein wichtiges Ziel, das Unternehmen mit ihrem Facebook-Engagement verfolgen. Sie wollen mehr echte Fans. Wenn also Fans lediglich in einem Beitrag kommunizieren, den nur Fans sehen, die das Unternehmen ohnehin schon hat, so steigert dies möglicherweise die Kohäsion der Fans, mehr werden es hierdurch aber nicht. Leiten sie jedoch einen Beitrag weiter, dann besteht immerhin die Möglichkeit, dass der Beitrag von Nutzern gesehen wird, die noch nicht Fan des Unternehmens sind. Es geht also um die »Friends of Fans«. Leider sagt der Wert an dieser Stelle nicht, wie viele Nutzer durch das Teilen potenziell erreicht wurden. Alle Teilungsvorgänge werden addiert, ganz gleich, ob öffentlich geteilt wurde, an alle Freunde oder nur eine Person. Bedauerlicherweise habe ich im API auch keine Möglichkeit gefunden, die »Shares« weiter zu bewerten oder sie gar mit der Zahl potenziell erreichbarer Personen in Zusammenhang zu bringen. Zudem wird mit der angegebenen Methode nicht gemessen, wenn Fans einen Beitrag manuell in ein anderes Netzwerk weitergeben – also beispielsweise den Link auf einen Blog-Beitrag bei Twitter oder Google+ posten.

Facebook hat also drei neue Parameter für die Interaktion mit Beiträgen etc. entwickelt. Ich würde diese jedoch anders bezeichnen:

Redefinition der Bedeutung

1. Engaged Users: sich aktiv informierende Nutzer
2. Talking About This: Kommunikation über einen Beitrag, so dass dies maximal die Fans der Page sehen können
3. Viralität: Weitergabe von Beiträgen über die Fan-Gemeinde einer Page hinaus

Im den weiteren Teilen der Reihe werde ich die noch verbliebenen Werte erläutern und KPIs herleiten und erste Anhaltspunkte für die Bestimmung eines ROI geben. Zum Abschluss wird dann gezeigt, wie man aufgrund der gegebenen Daten die Bespielung der Seiten optimieren kann.

3.1.4   Likes und Unlikes

Hinsichtlich des Aufkommens der »Likes« sind zunächst die Mengen relevant. Diese sind – wie aus Abbildung 3–9 ersichtlich – Schwankungen unterworfen. Der Betreiber der Page sollte wissen oder zumindest begründet vermuten können, welche Ursachen die Schwankungen haben.

Was ist die Ursache für die Schwankungen?

Werbeaktivitäten, Postings und auch Viralität sind Ursachen. Relevant sind zugleich die Gründe für das »Gefallen« und das Zurückziehen desselben. Während Facebook hinsichtlich des Gefallens in den

Insights die Quellen nennt – diese sind messbar – muss man sich für das Verlieren von Fans auf Befragungsdaten verlassen.

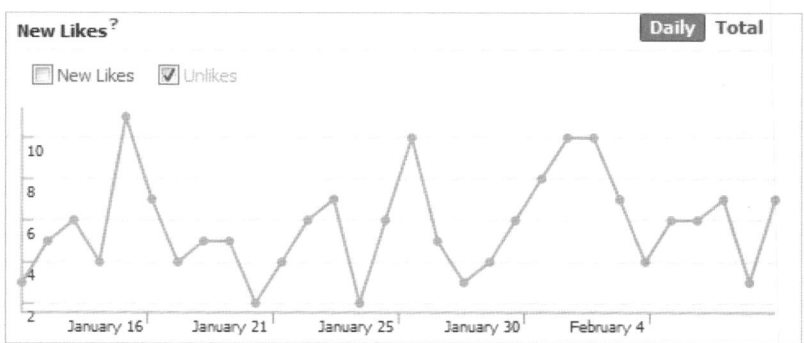

Abb. 3–9

Likes und Unlikes

3.1.5 Quellen für Likes

Im Gegensatz zu den verlorenen Fans werden die Quellen für Likes von Facebook ausgewertet und in den Insights quantifiziert:

New User Wizard: People who liked your Page in the New User Wizard when registering for Facebook

Dabei geht es um Nutzer, die bereits im Facebook-Registrierungsprozess zum Fan einer Page geworden sind. Es handelt sich offensichtlich um Fans mit besonders hoher Motivation. Grund für ein solches Verhalten können beispielsweise in Aussicht gestellte Gewinnmöglichkeiten in Broschüren sein. Ausschläge nach oben bedeuten also beispielsweise ein besonders erfolgreiches Marketing außerhalb von Facebook.

Admin Registration: People you added to your Page as admins

Die neu hinzugefügten Administratoren sollten eigentlich nicht verwundern.

Admin invite: People who liked your Page through an invite from an admin

Administratoren können ihre Freunde einladen, Fans ihrer Page zu werden. Sie sollten also die Zahl der verschickten Einladungen mit dem angezeigten Wert vergleichen, um den Erfolg der Aktion zu bewerten.

On Page, News Feed, or Ticker: People who liked your Page on the Page itself or in a News Feed or Ticker story

Hierbei handelt es sich um »organische Likes«, die auf der Facebook-Website stattfanden. Diese werden ausgelöst, wenn ein Nutzer nach einem Unternehmen bzw. einer Page sucht und zum Fan wird. Leider werden die durch »Viralität« gewonnenen Fans davon nicht getrennt ausgewiesen. Damit sind solche Fans gemeint, die von ihren Facebook-Freunden auf die Page hingewiesen wurden, indem diese auf die Wall gepostet wurde.

Ads and Sponsored Stories: People who clicked »Like« in an ad or Sponsored Story pointing to your Page. This does not include view-through or click-through Likes that occurred after people viewed your ad.

Bei der Definition des Erfolgs von Werbeanzeigen innerhalb von Facebook ist die Erläuterung ausführlich. Das Social Network legt Wert darauf, dass lediglich Klicks innerhalb von Anzeigen gezählt werden und nicht etwa auch Klicks, die in der Nachfolge eines Sichtkontakts mit einer Anzeige zustande kamen. Es handelt sich also um Fans, für die bei Facebook bezahlt wurde.

Facebook Recommendations: People who liked your page from Facebook »Recommended Pages«

Eben die Empfehlungen, die Facebook ausspricht. Diese erscheinen derzeit in der rechten Spalte, wenn diese nicht mit Anzeigen ausgefüllt ist.

Mobile: People who liked your Page from a mobile device

Dies ist auch ein Hinweis darauf, wie häufig eine Page von Mobilgeräten aufgerufen wird – dazu zählen Mobiltelefone und Tablets (die als solche erkannt werden). Der Anteil der Personen, die auf einem entsprechenden Gerät Fan einer Page werden, ist hierfür ein schwacher Indikator.

Third party applications: People who liked your Page via an application developed by a third party

Ebenso überaus spannend für Social Media Professionals ist der Anteil der Nutzer, die eine Third-Party-Applikation einer Page nutzen. Dieser Wert gibt einen schon etwas stärkeren Hinweis darauf als die »Mobile Likes«. Die Nutzung von Third-Party-Applikationen ist regelmäßiger als die von Mobiltelefonen.

Page Likes Another Page: Pages that have liked your Page

Likes von anderen Pages. Mehr muss man dazu nicht sagen.

Timeline Edit: People who added your page to their Likes on their Timeline

Dabei handelt es sich um Nutzer, die eine Page posten, also zu ihrer Timeline hinzufügen.

Page Browser: People who liked your Page using Facebook's Page Browser

Es sind Fans gemeint, die über den Facebook Page Browser zum Fan einer Page wurden.

Like box or Like button: People who liked your Page from an external site using a Facebook social plugin

Hierbei handelt es sich um einen sehr wichtigen Wert: Fans, die durch Social Plugins gewonnen werden. Dabei wird nur ein aggregierter Wert ausgewiesen, der für Dashboards sicher ausreichend sein mag. Wenn man den Erfolg hinsichtlich der Verwendung von Social Plugins genauer untersuchen möchte, ist man auf die Verwendung einer Web-Analytics-Lösung angewiesen. Nur so kann man beispielsweise feststellen, auf welcher Seite des eigenen Angebots Fans generiert wurden (Website etc.). Dies gibt wichtige Hinweise hinsichtlich der Interessen der Nutzer.

3.1.6   Was erwarten Nutzer von einer Page?

Mit den eben genannten Werten erfährt man, auf welchem Weg die Likes zustande kamen. Dieser Weg lässt sicher auch schon ein wenig hinsichtlich der Erwartungshaltung der Nutzer an die Page erahnen. Wenn die Fans über ein Gewinnspiel für eine Page gewonnen wurden, so ist die Wahrscheinlichkeit groß, dass sie auch in der Zukunft wieder Gewinnspiele erwarten. Man sollte die Werte also nicht nur bezüglich bestimmter Ereignisse auswerten, sondern auch hinsichtlich der gesamten Laufzeit. Leider ist dies bei bereits länger laufenden Pages nicht mehr möglich. Facebook erlaubt diese Auswertung nicht, da einfaches Kumulieren nicht möglich ist, weil es auch »Unlikes« gibt und für diese der entsprechende Status nicht übertragen wird.

Daneben gibt es noch Befragungsdaten, die Anhaltspunkte für die allgemeinen Nutzererwartungen hinsichtlich einer Page geben (vgl. Abbildung 3–10, Quelle: ExactTarget, Registrierung erforderlich). *Analysen über die Insights hinaus*

Überraschend ist hierbei kaum etwas: Exklusive Inhalte, Events, verbilligte Produkte werden erwartet. Es handelt sich dabei um das, was viele Unternehmen bereits auf Facebook machen und was Handbücher zum Facebook-Marketing empfehlen.

Abb. 3–10
Erwartungen von Nutzern
an eine Facebook Page
(nach einem Like)

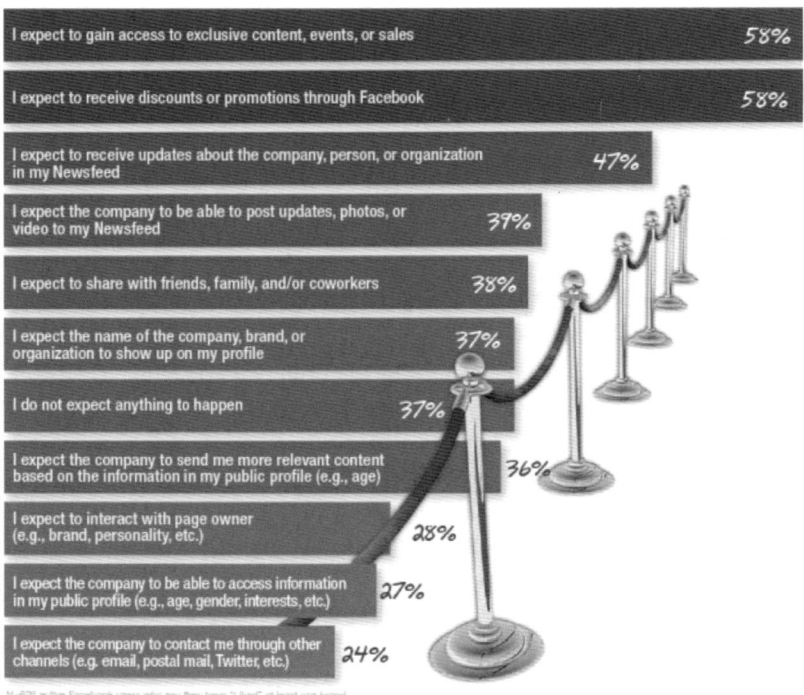

I expect to gain access to exclusive content, events, or sales — 58%

I expect to receive discounts or promotions through Facebook — 58%

I expect to receive updates about the company, person, or organization in my Newsfeed — 47%

I expect the company to be able to post updates, photos, or video to my Newsfeed — 39%

I expect to share with friends, family, and/or coworkers — 38%

I expect the name of the company, brand, or organization to show up on my profile — 37%

I do not expect anything to happen — 37%

I expect the company to send me more relevant content based on the information in my public profile (e.g., age) — 36%

I expect to interact with page owner (e.g., brand, personality, etc.) — 28%

I expect the company to be able to access information in my public profile (e.g., age, gender, interests, etc.) — 27%

I expect the company to contact me through other channels (e.g. email, postal mail, Twitter, etc.) — 24%

N=626 active Facebook users who say they have "Liked" at least one brand

Wenig überraschende
Ergebnisse

Wenn eine Page viele Nutzer ohne besondere Ereignisse verliert, kann die Ursache auch in der mangelnden Erfüllung dieser Erwartungen der Fans zu finden sein.

3.1.7   Warum Facebook-Nutzer nicht Fans einer Seite werden

Für die Gewinnung von Fans für eine Facebook-Page sollten auch die in der Abbildung 3–11 genannten Gründe in Betracht gezogen werden. Wenn die Zuwächse geringer sind als erwartet, können diese dafür verantwortlich sein (Quelle: ExactTarget, Registrierung erforderlich).

Aversionen von
potenziellen Fans
berücksichtigen

Man sollte also bei der Gewinnung von Fans durchaus auf die genannten Gründe eingehen und sicherstellen, dass man keine unnötigen Zugriffsrechte von den Fans in spe fordert.

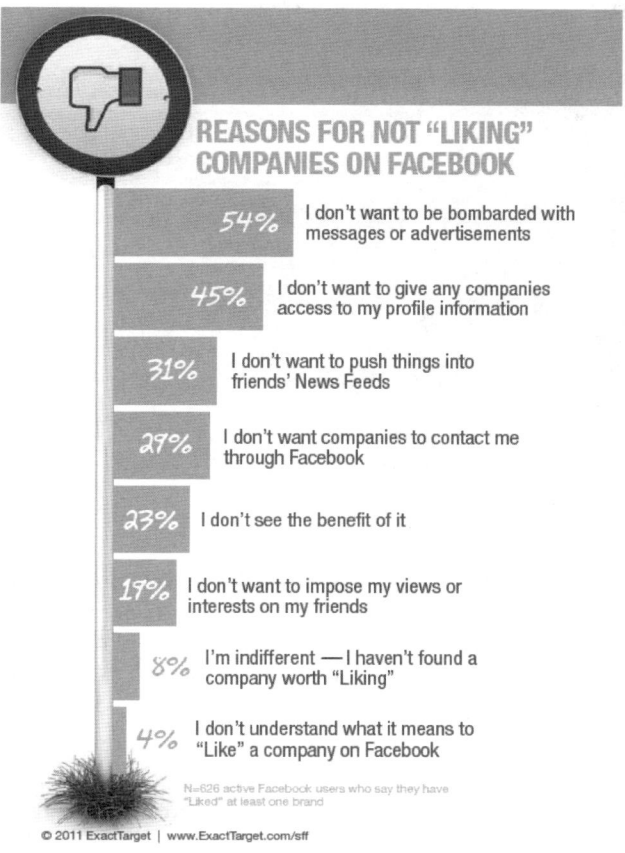

Abb. 3–11

Gründe, eine Unter-
nehmens-Page nicht
zu »Liken«

3.1.8   Unlikes

ExactTarget bietet auch zu Unlikes Befragungsdaten an. Leider ist zur Methode der Datenerhebung wenig bekannt. Die Zahlen in der Abbildung 3–12 sollten deshalb lediglich als grobe Anhaltpunkte verstanden werden, zumal diese sich auf die USA beziehen und aus dem Frühjahr 2011 sind.

»Zu viele Postings« wird als häufigste Ursache genannt, gleichauf mit dem Wunsch nach der »Reinigung« der Wall. Dieser Grund steht in engem Zusammenhang mit der »Langweiligkeit« der Posts, die sich naturgemäß ab und an wiederholen oder ähneln. In diese Gruppe fallen auch Gründe wie die Werblichkeit von Meldungen oder die Irrelevanz der Postings für den »Fan«. Es geht um Häufigkeit und Inhalte von Nachrichten.

Abb. 3–12
Gründe, warum Nutzern
Facebook-Pages nicht
mehr gefallen

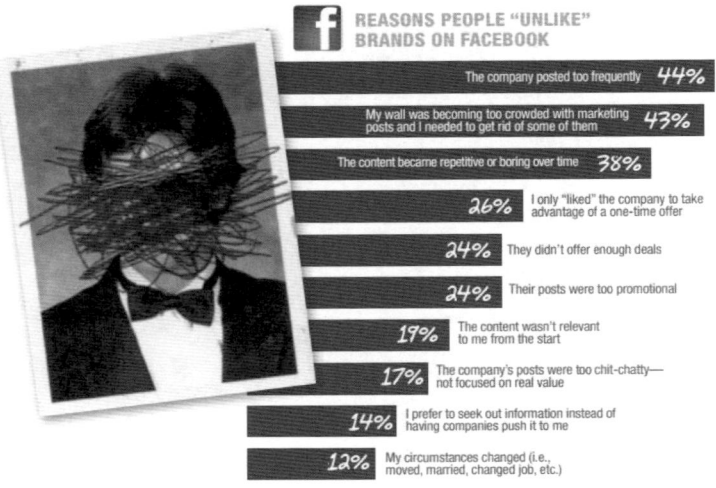

REASONS PEOPLE "UNLIKE"
BRANDS ON FACEBOOK

The company posted too frequently **44%**

My wall was becoming too crowded with marketing posts and I needed to get rid of some of them **43%**

The content became repetitive or boring over time **38%**

26% I only "liked" the company to take advantage of a one-time offer

24% They didn't offer enough deals

24% Their posts were too promotional

19% The content wasn't relevant to me from the start

17% The company's posts were too chit-chatty— not focused on real value

14% I prefer to seek out information instead of having companies push it to me

12% My circumstances changed (i.e., moved, married, changed job, etc.)

© 2011 ExactTarget | www.ExactTarget.com/sff

Bitte nicht langweilig sein!

Diese sollten im Falle hoher »Absprungraten« untersucht werden, auch – und das muss man ganz deutlich sagen – wenn letztendlich nicht der negative Effekt hinreichend für eine Änderung des Posting-Verhaltens sein sollte. Entscheidend ist immer der Nettoeffekt. Wenn ein Posting sehr viral ist, hierdurch mehr Fans gewonnen als verloren werden, dann ist es durchaus sinnvoll, auch in der Zukunft mit vergleichbaren Verfahren zu arbeiten. Letztlich sind die Ziele, die ein Unternehmen mit einer Facebook-Page hat, relevant für die Konstruktion von Kennzahlen für die Entscheidung.

Dann gibt es eine weitere Gruppe von Gründen für Unlikes, bei denen der Verlust von Fans für die Page nicht weh tut. Dabei handelt es sich zum einen um eigentlich unliebsame Fans – solche, die lediglich aufgrund von Anwerbeaktionen und möglichen Gewinnen Fan der Page sind. Zum anderen gibt es Personen, die aufgrund der Änderung ihrer Lebensumstände nicht mehr Fans einer Page sein möchten. Leider ist die Trennung der Aspekte für den »Unlike« nicht sauber möglich. Allerdings wird sich die zweite Gruppe eher schleichend verabschieden, während die zuerst genannte Gruppe sich in Wellen ausklinkt. Verlustwellen sollten also genauer analysiert werden.

3.1.9   Werkzeuge

Für Facebook sind nach meiner Einschätzung zwei Werkzeuge von besonderer Bedeutung. Es handelt sich einerseits um AllFacebook Stats (jetzt quintly) – einem Werkzeug aus Deutschland, mit dessen Hilfe man nicht nur die eigenen Facebook Insights auslesen kann. Damit ist es auch möglich, die öffentlich verfügbaren Daten von Wettbewerbern zu analysieren. Das andere Produkt – PageLever – erlaubt es, die Facebook-Insights-Daten besonders tief zu analysieren. Schön, weil man dadurch die aktuelle Leitungsfähigkeit hinsichtlich Facebook auch im Vergleich zu den Wettbewerbern zeigen kann, ist fanpage karma. Im Tool wird ein Score für das Engagement auf eine Fanseite ermittelt. Ein weiteres Werkzeug wird im Zusammenhang mit der Optimierung von Posting-Zeitpunkten beschrieben. Der Edgerank Checker hilft dabei (vgl. Kapitel »*Exkurs: Der Facebook EdgeRank*«, S. 122 ff.).

Es gibt noch viele weitere Tools, um diese Aufgabe zu lösen, beispielsweise Simply Measured, das die Daten wirklich hervorragend aufbereitet und als Excel-Download zur Verfügung stellt. Dabei sind auch Rohdaten enthalten, so dass eine automatisierte Weiterverarbeitung leicht möglich sein sollte. Erwähnenswert sind auch die Auswertungen der Insights bei viralheat, einem Management-Tool.

Es gibt viele Werkzeuge – hier werden einige wichtige vorgestellt.

3.1.9.1   quintly.com

AllFacebookStats heißt jetzt quintly. Es ist vor allem deshalb ein wertvolles Werkzeug, weil damit auch die frei verfügbaren Daten von Wettbewerbern auf Facebook ausgewertet werden können. Das ist in einer kompetitiven Unternehmensumwelt durchaus hilfreich. Man kann beliebige Pages von Wettbewerbern einstellen, und das Werkzeug weist einen sogar auf Pages ähnlichen Inhalts hin. In Abbildung 3–13 können Sie eine Übersichtstabelle zur Fanentwicklung sehen.

So kann man sehr leicht ersehen, welcher Wettbewerber möglicherweise eine Aktion gestartet hat. Selbst wenn die in Social Media operativ Tätigen das ohnehin mitbekommen und möglicherweise auch kommunizieren, dann wird hier doch der Effekt dokumentiert. Man kann nacharbeiten und durch das Tool schnell reagieren. Im anderen Fall ist man mitunter von Zufällen abhängig oder es entstehen Verzögerungen.

Fans Gesamt - Tabelle (Alle)					
Name	Fans ▼	7 Tage	%	30 Tage	%
Vodafone Deutschland	545.939	2.094	0,4%	10.760	2,0%
Telekom erleben	133.306	-66	-0,0%	1.192	0,9%
o2 Deutschland	132.500	539	0,4%	2.631	2,0%
BASE	68.558	1.531	2,3%	9.646	16,4%
simyo Deutschland	38.338	1.278	3,4%	4.944	14,8%
yourfone.de	33.705	2.864	9,3%	7.810	30,2%
Telekom-hilft	31.985	75	0,2%	448	1,4%
FONIC	30.851	36	0,1%	3.782	14,0%
Deutsche Telekom AG	23.580	135	0,6%	615	2,7%

Abb. 3–13
AllFacebookStats/quintly – Fan-Entwicklung von Pages Telekommunikationsanbietern

Abb. 3–14
*AllFacebookStats/quintly
– Interaktionsverteilung
auf Pages von Telekom-
munikationsanbietern*

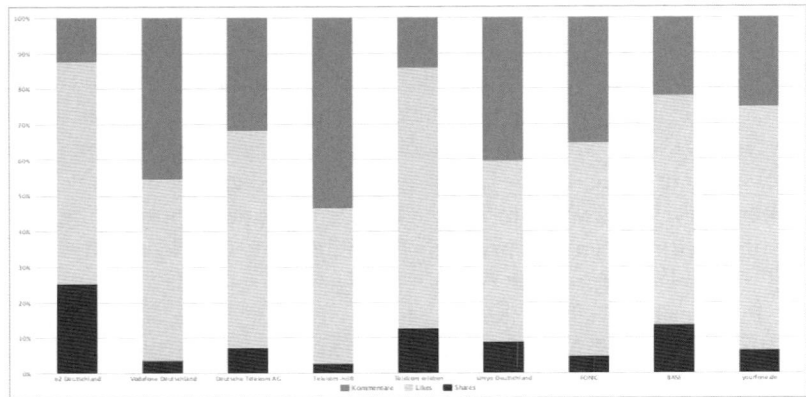

In Abbildung 3–14 können Sie die Verteilung der Interaktionen mit
den beobachteten Pages entnehmen. Entschuldigen Sie bitte, dass die
Beschriftung so winzig ist. Es handelt sich um eine Abbildung, die
direkt aus AllFacebookStats/quintly geladen wurde. Das Produkt eignet sich also auch, um Material direkt in Präsentationen zu übernehmen. Ansonsten wird in der Abbildung deutlich, dass die Nutzer mit
den verschiedenen Pages unterschiedlich kommunizieren. Wer in diesem Fall nicht O$_2$ ist und gerne etwas viraler werden wollte, konnte
sich bei der Page des Münchener Teils des Telefonica-Konzerns Anregungen abholen.

Durch die Auswertung der frei verfügbaren Daten bildet AllFace-
bookStats/quintly in seinem Bereich für die Insights lediglich noch die
per Login zugänglichen Daten ab. Das ist auf den ersten Blick recht
unübersichtlich. Durch die Trennung entsteht nicht wirklich ein Zugewinn. Zudem fehlen die detaillierten Auswertungen der Page Insights.
In Abbildung 3–15 sehen Sie beispielsweise die täglichen Likes und
Unlikes, wie sie Simply Measured in seinem Report ausweist.

Abb. 3–15
*Simply Measured –
Page Likes & Unlikes*

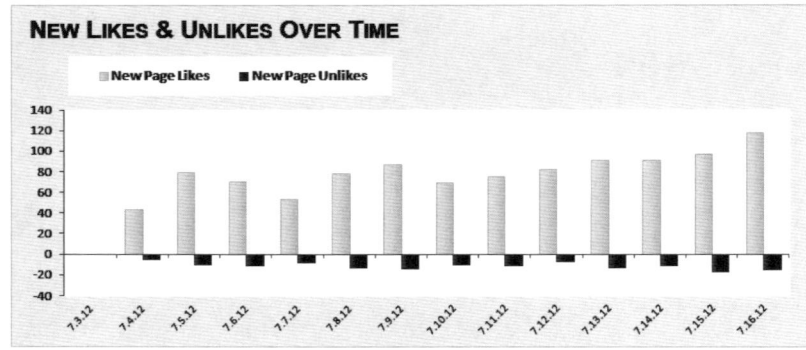

3.1.9.2 PageLever

PageLever konzentriert sich darauf, die Daten einer Page möglichst detailliert aufzubereiten. Es gibt also keinen Vergleich mit Wettbewerbern, dafür wird der Page auf den ersten Blick gezeigt, womit sie erfolgreich war. In Abbildung 3–16 ist das zu sehen. Dort wird nicht einfach eine Abbildung präsentiert, die Daten enthält – es werden wichtige Ereignisse identifiziert. Dabei kann der Nutzer die Sensibilität des Werkzeugs selbst einstellen. Über den Regler »Importance« kann man die Zahl der angezeigten Ereignisse festlegen. Klickt man das Ereignis in der Datumsleiste an, dann wird angezeigt, was passiert ist. Man kann also gezielt nachsehen.

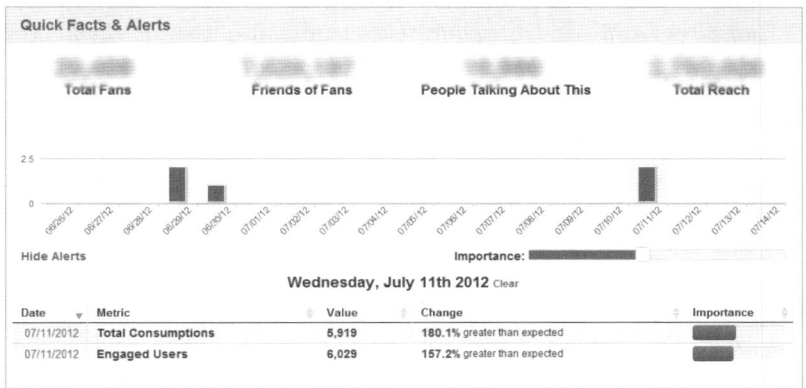

Abb. 3–16
PageLever – das Importance Dashboard

Vielleicht findet man die Ursache ja schon etwas tiefer auf der Seite. Dort werden die Ergebnisse der erfolgreichsten Posts der vergangenen Wochen bzw. des Untersuchungszeitraums angezeigt. Dabei wird das Facebook-eigene Vokabular benutzt. Das ist ausgesprochen hilfreich (vgl. Abbildung 3–17). Zudem bietet PageLever an anderer Stelle den

Hilfe bei der Identifikation wichtiger Ereignisse

Abb. 3–17
PageLever – die erfolgreichsten Meldungen der vergangenen Wochen

Top Posts by Impact Efficiency								
Type	Message	Posted	Comments	Likes	Reach	Engaged Users	Talking About This	Virality
Photo		06/30/2012 06:02 AM	62	1,095	24,974	4,978	1,830	7.33%
Photo		06/29/2012 05:14 AM	44	696	22,356	5,919	1,150	5.14%
Photo		07/11/2012 06:07 AM	29	509	23,511	5,426	895	3.81%
Photo		07/08/2012 02:00 AM	25	818	24,610	3,417	1,373	5.58%
Photo		06/30/2012 01:40 AM	15	578	17,042	3,016	982	5.76%

Download der Meldungsdaten im Excel-Format an. Das ist schon sehr viel bequemer als die Daten, die man direkt von Facebook bekommt. Technisch nicht so sehr versierte Nutzer benötigen mit dem Tool weniger Unterstützung als bei der Nutzung des Facebook-Downloads.

Weniger Unterstützung ist ohnehin ein gutes Stichwort. An vielen Stellen baut PageLever Erläuterungen in die Module seiner Dashboards ein, so dass häufig gestellte Fragen oder Fragen, die aufgrund der Datenlage entstehen, direkt beantwortet werden. Ein Beispiel hierfür ist folgender Satz:

Hilfreiche Hinweise

Why aren't my Viral numbers always showing up on this chart?

The Viral Impressions/Reach are usually a very small part of your total visibility and so they won't show up on the chart unless you unselect Total and Organic if there are too few of them. Try clicking the legend to remove some of the data points – this works on all of our charts if you need a more simple view.

So wird dem Nutzer direkt bei einer Abbildung erläutert, warum keine Balken für die virale Reichweite zu sehen sind. Ansonsten muss man vielleicht gar nicht mehr weiter recherchieren. In Abbildung 3–18 sehen Sie, dass das Unternehmen, das diese Page betreibt, sehr viel richtig macht, wenn es auf Interaktion und Viralität aus ist. Fotos erzielen hierfür die besten Ergebnisse, und es werden auch vorwiegend Fotos publiziert. Die Post-Analyse leistet hier bereits volle Arbeit, so dass man – wenn man weiter optimieren möchte – die Inhalte der Fotos klassifizieren müsste. Solche und ähnliche Themen werden u.a. im Kapitel »*Die Bestimmung der idealen Posting-Zeitpunkte*«, S. 115 ff., behandelt.

Zur detaillierten Analyse der Facebook-Insights-Daten ist PageLever bestens geeignet. Sowohl die Datenanalyse als auch die Aufbereitung der Daten in Dashboards wurde nach meiner Einschätzung sehr gut gelöst. Zudem ist die Möglichkeit zum Export der Daten in Excel ausgesprochen hilfreich.

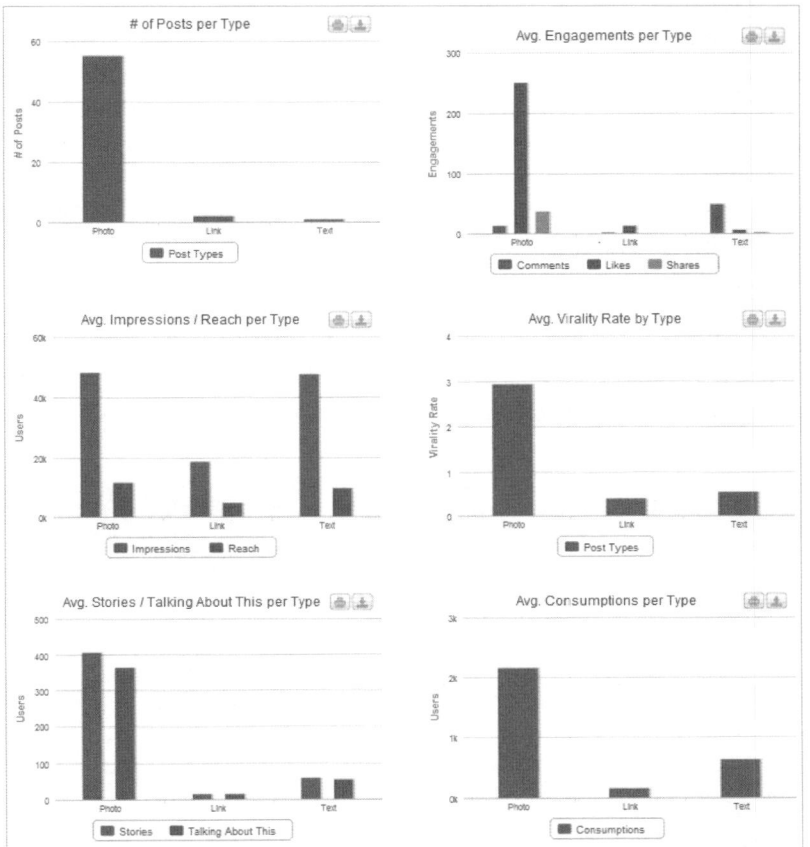

Abb. 3–18
PageLever – Post-Analyse

3.2 Twitter

So umfangreich die Möglichkeiten zur Analyse bei Facebook sind, so bescheiden ist die Lage bei Twitter. Der »Normalkunde« erfährt sehr wenig. Es gibt gerade mal die Summe der Tweets, der Follower und der gefolgten Accounts – mehr nicht. Dafür gibt es dann erstaunlich viele Werkzeuge, die diese wenigen Daten aufbereiten, damit man daraus Schlüsse ziehen kann, doch dazu weiter unten. Große – wichtige – Kunden, dazu gehört auch Sascha Lobo, bekommen seit Anfang 2012 etwas mehr an Daten. Berauschend ist das nicht wirklich. Allerdings muss man zur Entschuldigung von Twitter hinzufügen, dass aufgrund der offenen Struktur und der Winzigkeit der Kommunikate auch nicht sehr viel getrackt werden kann. Hier analysiere ich zunächst, was man eigentlich an Daten bräuchte, um sauber arbeiten zu können.

Twitter selbst bietet dem Normalkunden nur wenige Daten.

3.2.1   Datenbedarf

Sicher, die Follower benötigt man für seine Arbeit – und diese eben auch nach Zeitschnitten und nicht immer nur als Summe im Profil. So wie Twitter diese direkt anbietet, müsste man sie an den entsprechenden Tagen manuell in das Reporting übertragen. Fehler wären vorprogrammiert.

Anpassung an das Facebook-Konzept

Aber nicht nur die Follower benötigt man. Hier gibt es bei Twitter ja nur die Summe, während Facebook auch noch Informationen über Land, Stadt, Alter etc. gibt. Nun gut, die Profile sind an sich eben auch sehr viel schmaler gestrickt, und vieles hinsichtlich eines Accounts ergibt sich aus den Posts, den gesendeten Nachrichten. Wenn man darüber hinaus in der von Facebook vorgegebenen Struktur bleibt, ergibt sich das Bild aus Abbildung 3–19.

*Abb. 3–19
Der Twitter-Funnel*

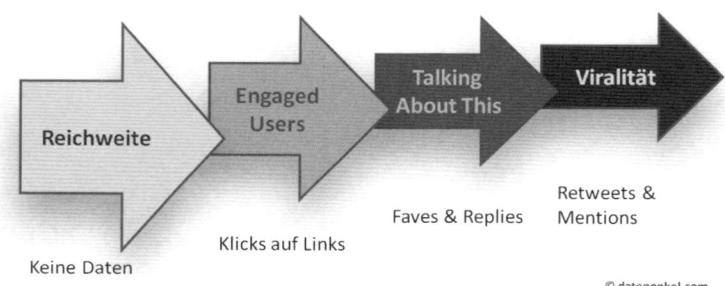

3.2.1.1   Reichweite

Ein großes Manko gibt es, und es lässt sich nach meiner Einschätzung auch kaum so beseitigen, dass valide Daten entstehen würden. Es kann weder etwas wie die Tages-, Wochen- oder Monatsreichweite eines Twitter-Accounts noch die Reichweite für einzelne Tweets bestimmt werden. Die technische Struktur von Twitter erlaubt dies nicht. Wenn in Werkzeugen wie TweetReach ein Wert für die Reichweite genannt wird, hat dieser eine völlig andere Qualität als beispielsweise bei Facebook oder wenn man Werte von comScore oder compete.com zurate zieht.

Keine valide Reichweitenmessung möglich

Ein Tweet hat 140 Zeichen und er ist statuslos. Etwas wie eine Empfangsbestätigung gibt es nicht. Tweets werden über ein API verteilt; was letztlich damit geschieht, kann nicht wirklich gesagt werden. Hierzu bräuchten die Tweets ausführliche Header-Daten, die Tweets nicht haben, und es müsste etwas wie die eben angesprochene Empfangsbestätigung geben. Ein anderer Weg bestünde darin, eben nur das zu messen, was auf der Twitter-Website passiert – aber dieser Anteil ist weitaus geringer als beispielsweise bei Facebook. Es gibt eine Vielzahl von Clients für die Nutzung auf Mobilgeräten, Notebooks etc.

Was taugen also Werte wie die Reichweite, die TweetReach kommuniziert? Es handelt sich um einen theoretischen Wert für die Reichweite von Tweets. In Abbildung 3–20 veranschaulicht TweetReach seine Kalkulationsmethode. Es handelt sich um die kumulierte Summe von Followern aller Accounts, die eine Tweet direkt oder per ReTweet erhalten haben könnten. Beachten Sie an dieser Stelle bitte den Konjunktiv »könnten«. Man nimmt also einfach die Summe der Follower des eigenen Accounts plus der Summe der Follower der Accounts, die eine Nachricht retweetet haben, und vermindert diese um Doppler.

Das API verhindert die valide Messung.

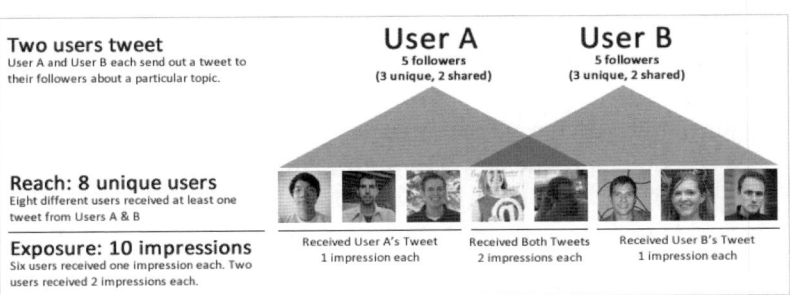

Abb. 3–20
Die TweetReach-Reichweiten-Konstruktion

Diese Methode ist in verschiedener Hinsicht nicht valide:

- Nur ein Bruchteil der auf diesem Kalkulationsweg gezählten Accounts sieht die Tweets auch tatsächlich.
- Twitter-Nutzung findet nicht nur über das Verfolgen von Accounts statt, sondern auch über das Verfolgen von Hashtags und über Suchen. Kontakte mit Tweets auf diesem Weg werden nicht kalkuliert.

Reichweite als Summe der Follower

Mit dieser Methode erhält man einen groben Eindruck hinsichtlich der Kontaktchance. Mit einer tatsächlich erzielten Reichweite hat der Wert indes wenig zu tun und sollte diesbezüglich auch nicht zurate gezogen werden. Das betrifft alle (!) Tools, die derzeit Reichweitenwerte für Twitter ausweisen. Ohne die oben angesprochene tiefgreifende Änderung der technischen Rahmenbedingungen wird sich an dieser Situation leider nichts ändern. So ist man gezwungen, fehlende Informationen auf anderem Weg zu generieren.

3.2.1.2 Engaged Users

Engagement bei Twitter bedeutet die Nutzung eines Tweets, ohne dass andere Twitter-Nutzer über Twitter die Möglichkeit haben, etwas hin-

Anklicken von Links

sichtlich dieser Nutzung zu erfahren. Man kann es auch einfacher sagen: Prinzipiell wäre es das Öffnen einer Twitter-Nachricht auf Twitter, was nicht gemessen werden kann und das Anklicken eines in einer Nachricht enthaltenen Links. Diese Interaktion kann über die Verwendung eines Redirect gemessen werden – also über eine Umleitung, die zählt und Informationen für die Auswertung bereitstellt. Hinzu kommen die Summen, die aus den Bereichen »Talking About This« und der Viralität kommen.

Arbeit mit Redirects

Mit das bekannteste Werkzeug zur Kalkulation des angesprochenen Bereichs des Engagements ist bitly. Es gibt noch sehr viele weitere solcher Tools. Google hat beispielsweise mit goo.gl auch eines im Angebot. Das Management-Tool Hootsuite hat einen eigenen Shortener ow.ly. Letzlich sind die Auswertungen dieser Werkzeuge ganz ähnlich. Bitly hat sein Interface kürzlich hübscher gestaltet und lässt die Übertragung der Ergebnisse per API zu, so dass diese an anderer Stelle zusammen mit anderen Werten gespeichert werden können.

Umfelddaten können ausgewertet werden.

Man erhält auf diesem Weg Informationen über die Zahl der Klicks auf einen Link und kann diese noch weiter analysieren. Im Beispiel von Abbildung 3–21 sieht man neben den Klicks auf die einzelnen Zielseiten auch noch den Ursprung der Klicks, die Referrer. Wenn tatsächlich alles über Twitter gegangen wäre, würde als Referrer ausschließlich t.co erscheinen. Das ist der Twitter-hauseigene Redirect-Dienst, mit dem die Klicks gezählt werden und dessen Ergebnisse derzeit lediglich VIP-Kunden zu sehen bekommen. Der Link an sich kann für andere Zwecke genutzt werden oder sich auf anderen Wegen im Netz verbreiten. Im Report sieht man entsprechend die »Orte«, an denen der Link genutzt wurde. So gewinnt man auch einen gewissen Überblick darüber, welcher Teil der Nutzung von Twitter direkt auf der Plattform stattfindet und wie stark andere Clients dafür genutzt werden. Wenn Sie sich dafür interessieren, sollten Sie dies im Einzelfall für Ihr Thema prüfen. Die Erfahrung zeigt, dass es beträchtliche Unterschiede je nach Themas und Zielgruppe geben kann. Das betrifft auch die Resultate hinsichtlich der Länder. Hierbei wird die IP-Adresse des anfordernden Clients ausgewertet. Entsprechend sind die Ergebnisse zu verstehen.

Klick nicht Unique Users

Man sollte beachten, dass es sich um die Summe der Klicks handelt und nicht um Unique Users. Diese können mit etwas Aufwand für die im eigenen Zugriff befindlichen Websites mit einem Web Analytics Tool gemessen werden. Allerdings kann man hierbei nur eine Näherung ermitteln, da die Links auf anderem Weg weiterverteilt werden können als durch die eigenen Tweets.

Abb. 3–21
Das bitly Dashboard

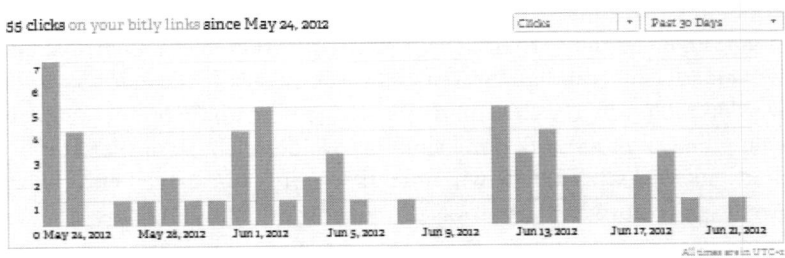

TIME	CLICKS VIA YOUR SHORTLINK		TOTAL CLICKS	TOTAL SAVES
	Past 7 days	Total		
Jun 15	When Is Pinterest's iPad, API, and Andr… www.businessinsider.com/when-is-pinterests-ipad-	1	340	14
Jun 13	Monitoring Social Media with Listening … www.socialbane.net.emener-monitoring-social-me	6	27	3
Jun 12	Here's ComScore's Massive Report On … www.businessinsider.com/heres-comscores-mass	1	43	4
Jun 8	Wer suchet, der findet! Wirklich? Marc … www.socialbane.net.TFT-11-eb-Business-wer-such	1	1	1
May 22	datenonkel.files.wordpress.com/2012/…	84	88	2
May 22	Most viewed presentations this Month www.socialbane.net.popular-month?lang=ger-oei	3	3	1
May 21	New Framework for Social Media Anal… socialmedia.com/interno1.4922?-hal-frame	0	179	48
May 21	The Long Tail Of Pinterest Traffic Info… marketingonpinterest.com.2012.05.09.the-long-tal	0	0	1
May 7	Pinterest für Unternehmen – der ultima… datenonkel.com.2012.05.07.pinterest-fur-unterneh	0	21	9
May 3	wisemetrics.com/blog/the-big-list-150-…	0	1118	78

55 clicks on your bitly links **since May 24, 2012** | Clicks ▾ | | Past 30 Days ▾ |

All times are in UTC-7

Referrers   **Locations** 6 Countries

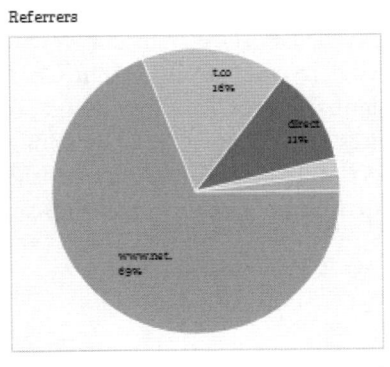

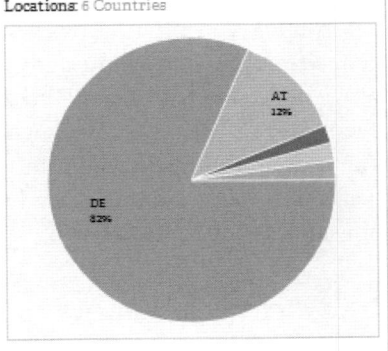

Referrer	Click(s)
■ www.netzschnipsel.de	38
▨ t.co	9
■ Email Clients, IM, AIR Apps, and Direct	6
▨ menschenimsalon.de	1
■ www.google.de	1

Country	Click(s)
■ Germany (DE)	40
▨ Austria (AT)	6
■ Switzerland (CH)	1
▨ Ireland (IE)	1
■ United Kingdom (GB)	1
▢ More	

3.2.1.3   Talking About This

Faves & Replies

Das »darüber sprechen« für Twitter zu analysieren, ist nicht ganz einfach. Bei Facebook handelt es sich um die »Likes« und »Kommentare«. Bei Twitter entsprechen diesen Werten »Faves« und »Replies«. Bei Faves handelt es sich um favorisierte Tweets. Im Grunde handelt es sich dabei um eine Merkfunktionalität, um sich später noch mal mit dem Inhalt eines Tweets auseinanderzusetzen. Diese Äußerung eines Nutzers können seine Folger sehen, wenn diese beispielsweise bei Twitter.com in die Rubrik »Aktivitäten« schauen. Der Vergleich mit einem Like sollte in diesem Sinne durchaus erlaubt sein. Eine Antwort (Reply) erscheint automatisch in der Timeline der Folger eines Accounts. Es ist tatsächlich so etwas wie ein Kommentar zu einer Nachricht. Der Vergleich passt also.

Datensammlung

Messen bzw. auszählen kann man diese Werte auch mit einigen Werkzeugen. TwentyFeed oder Social Bakers sind solche Tools, mit denen die strukturierte Auswertung möglich ist. Übrigens erlauben die Tools auch die Integration von blitly-Zahlen, so dass man sich den einen oder anderen Arbeitsschritt spart. Mit diesen beiden Tools lässt sich eine Reihe von Plattformen auswerten. Es ist leider wie so oft – es werden nicht alle Daten sein, die Sie letztendlich haben möchten. Und wenn die Daten da sind, dann sind diese leider nicht so aufbereitet, wie man das wünscht. Ihnen wird nichts anderes übrig bleiben, als eine Analyse der notwendigen Tools durchzuführen, um möglichst effizient an die Daten zu kommen. Bei Twitter hat man eine Herausforderung, die es meines Wissens auf keiner anderen Plattform gibt: Eine einfache Zuordnung von Interaktionswerten zu den Posts war in der Vergangenheit nicht einfach und automatisiert möglich. Aus diesem Grund werden die Daten von den Werkzeugen i.d.R. auf Tage heruntergebrochen. Sie erfahren also, wie viele Likes etc. Sie an einem bestimmten Tag hatten, und nicht, aufgrund welches Tweets. Gerade hinsichtlich der Klicks heißt dies, dass Sie hierfür Kampagnen aufsetzen müssen, um sauber messen zu können.

3.2.1.4   Viralität

ReTweets & Mentions

Viralität ist das, was sich viele Unternehmen wünschen – die Verbreitung der eigenen Nachrichten. Diese findet durch sogenannte »ReTweets« – die Weiterleitung von Tweets an die eigenen Folger – und »Mentions« – die Nennung des eigenen Account-Namens – statt. Hinsichtlich der ReTweets sollte man berücksichtigen, dass es sich in der Tat um den technischen Vorgang eines ReTweets handelt. Wenn ein Nutzer, der einen Tweet erhalten und geöffnet hat, einen Tweet identischen Inhalts verschickt und hierfür nicht den ReTweet-Knopf oder den entsprechenden Schalter in einem anderen Tool benutzt, dann wird dies nicht gezählt. Es handelt sich also um einen Minimalwert. Mentions sind aus technischer Sicht eben nur Mentions und als solche zählenswert, wenn sie technisch korrekt gesetzt wurden, d.h. mit »@« vor dem Account-Namen. Eine Mention bedeutet, dass ein Account benannt wurde – die Follower des Senders der Nachricht und des benannten Accounts sehen diese.

Gemessen werden können die Werte mit den gleichen Werkzeugen wie die »Faves« und »Replies«.

3.2.2 Werkzeuge

3.2.2.1 Twitter Analytics

Große Unternehmen und VIPs wie Sascha Lobo (»Meine Frisur ist mein Kapital«) bekommen Zugriff auf die hauseigenen Twitter Analytics. Das Dashboard sehen Sie in Abbildung 3–22. Die für die Analyse notwendigen Werte werden abgebildet. Zusätzlich finden sich

Abb. 3–22

Das Twitter Analytics Activity Dashboard

Daten hinsichtlich Interessen und Location der Follower. Man erfährt auch, welchen Accounts die eigenen Follower sonst noch folgen. Die Daten scheinen – soweit ich das beurteilen kann – valide zu sein. Fehler, die andere Tools bei der Auswertung der API-Daten gemacht haben, scheinen korrekt abgebildet. So werden beispielsweise zurückgenommene Aktionen nicht gezählt.

3.2.2.2   Weitere Werkzeuge

Es gibt viele Werkzeuge. Bei Twitter hat man es wirklich nicht leicht. Man hat eine Unzahl von Werkzeugen. Das Management des Accounts erfolgt in einem Tool. Recht oft übernimmt dieses Werkzeug auch die Verkürzung der Links und man kann so die Zahl der Referrals messen. Manchmal kann man auch einen eigenen Service einbinden beziehungsweise eine eigene Domain verwenden. Das alles ist auch nicht zwingend auf Twitter begrenzt und wird ja letztlich auch nicht in dieser Weise gewünscht. Für jede Plattform ein anderes Tool verwenden zu müssen ist einfach nur lästig.

Wenn Sie nicht ohnehin wissen, welche Tools benutzt werden, dann informieren Sie sich über deren Funktionalitäten. Mitunter werden die entsprechenden Werte ja auch in Monitoring-Werkzeugen angezeigt – auch dort können Sie bei Bedarf suchen. Es bleibt Ihnen leider nichts anderes übrig, als zu schauen, auf welchem Weg Sie am günstigsten an die Daten kommen. Alleine wegen der Daten das Management-Tool wechseln zu wollen, wird kaum auf Wohlwollen bei Social-Media-Redakteuren stoßen. Dann ist es womöglich sinniger, sich ein kleines Analytics-Tool anzuschaffen, das die Daten entsprechend auswertet und vielleicht auch noch direkt als CSV zur Verfügung stellt. Auch dies ist mehr oder weniger eine Ochsentour. Die Tools weisen die Daten meist nach Datum aus. Um detailliert arbeiten zu können, wäre jedoch die Zuordnung zu Tweets notwendig. In Bezahlversionen werden dann wenigstens die Zeitschnitte verfeinert, und man kann die Daten als CSV laden, wie beispielsweise beim TwitterCounter.

3.3   Google+

Noch magere Datenlage Die Datenlage hinsichtlich Google+ ist ähnlich mager wie bei Twitter und das, obwohl Google einiges misst und man bei diesem Netzwerk auch deutlich mehr messen könnte. Gerade jetzt, da ich an diesem Buch arbeite, gibt es mit Hootsuite ein erstes Tool, das per API Meldungen nach Google+ schicken darf. Die Schnittstelle wurde bisher sehr zurückhaltend entwickelt. Eine Begründung hierfür war die Eingrenzung von Spam, wie er durch die Öffnung der APIs bei Twitter und Facebook auftritt.

Allerdings gibt es schon einige Werkzeuge, die das wenige, das Google über seine Social-Network-Plattform preisgibt, auswerten. Es ist leider noch bruchstückhaft.

3.3.1   Datenbedarf

Grundsätzlich sollte man erwarten, dass Google ähnliche Daten wie Facebook zur Verfügung stellt. Beiträge werden angezeigt, es gibt Inhalte, mit denen man interagieren kann, man kann Beiträge mögen, das heißt bei Google »+1«, man kann Beiträge kommentieren und teilen. Soweit ergeben sich keinerlei gravierende Unterschiede. Es gibt Follower. Das sind Personen, die einen innerhalb eines ihrer Kreise haben. Das Kreiskonzept lässt sich leichter nutzen als die entsprechende Funktionalität bei Facebook. Das führt dazu, dass Beiträge nicht angezeigt werden, auch wenn ein Nutzer zur richtigen Zeit online ist und einer Page folgt. Hinsichtlich der durch Facebook geprägten Ergebnislogik spielt dies im Vergleich der Netzwerke jedoch keine Rolle. Beiträge erhalten durch dieses Verfahren eine geringere Reichweite. Allerdings wären hier Daten zur internen Optimierung von Google+ hilfreich. Es geht also darum zu erfahren, wann und wie die Nutzer von Google+ mit ihren Kreisen arbeiten und welche Rolle diese bei der Anzeige von Nachrichten spielen.

Insgesamt bedeutet dies, dass die von Facebook entwickelte Messschablone auch auf Google+ anwendbar ist. Warum Google noch zurückhaltend mit der Herausgabe von Daten ist, möchte ich nicht beurteilen. Zumindest mit den Ripples, die vertiefende Informationen zur viralen Verbreitung eines Beitrags liefern, hat Google etwas, das die anderen Netzwerke in dieser Form nicht zu bieten haben.

Facebook sehr ähnlich

Abb. 3–23
Der Google+-Funnel

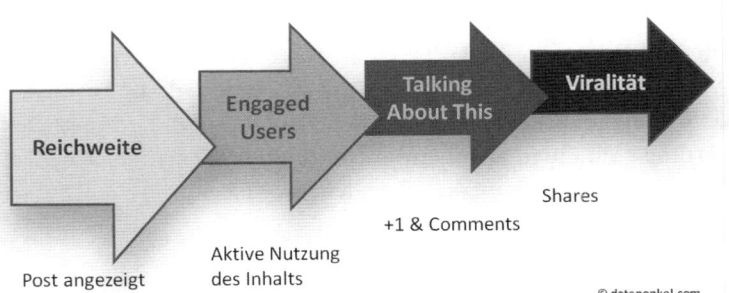

3.3.1.1   Reichweite

Keine Reichweitenwerte Natürlich erhält man Informationen darüber, wie viele Accounts einen in einem Kreis haben – also den Wert, der mit dem eines Fans oder Followers vergleichbar ist. Ob man den Wert über ein API beziehen kann, muss dann jeweils noch geprüft werden.

Zahlen hinsichtlich der Reichweite von einzelnen Beiträgen gibt es derzeit noch nicht – zumindest nicht öffentlich. Sie sollten die Verfügbarkeit prüfen. Die Reichweiten für einzelne Beiträge oder auch Wochenreichweiten sind bei Social Networks vor allem auch deshalb wichtig, wenn Sie, wie hier, Google+ im Rahmen von Markenbildungsmaßnahmen einsetzen. Die große Mehrheit der Nutzer interagiert nicht mit Beiträgen – was auch völlig klar ist bei der Menge an Beiträgen, die durch ihre Timeline laufen. Ihre Meldung sehen eben sehr viel mehr Nutzer. Während dieser Wert für Twitter aus den oben genannten Gründen nicht messbar ist, gibt es diese Möglichkeit bei Google+ zumindest potenziell. Ich gehe deshalb davon aus, dass ein entsprechender Wert in absehbarer Zeit verfügbar sein wird. Bis dahin muss man ohne Reichweitenwerte für Beiträge auskommen.

3.3.1.2   Engaged Users

Auch hinsichtlich des Engagements ist die Datenausbeute bei Google+ mager. Allerdings kann man wenigstens die Klicks auf Links messen, indem man Werkzeuge wie bitly oder goo.gl benutzt. Inhaltlich und funktional gibt es keine Unterschiede zur Verwendung bei Twitter (vgl. Abschnitt »*Twitter*«, S. 57 ff.).

Hilfswerkzeuge notwendig Allerdings gibt es einen bedeutenden Unterschied zum Einsatz des Shorteners bei Twitter. Während das Anklicken eines Links, abgesehen von den Aktionen in den Bereichen »Talking About This« und der »Viralität«, das Einzige ist, was ein Nutzer machen kann, gibt es bei Google+ im Grunde das gleiche Arsenal, das auch bei Facebook möglich ist (vgl. Abschnitt »*Facebook*«, S. 31 ff.). Dazu zählen beispielsweise Foto- und Videoaufrufe, das Anschauen der Kommentarliste durch Aufklicken etc. Diese Tatsache muss bei der Analyse der Daten im Vergleich zu Facebook berücksichtigt werden, da es ansonsten zu einer Schieflage in der Bewertung der Zahlen kommt. Zur korrekten Bewertung sollte man also beispielsweise die Summen der Klicks über die verschiedenen Netzwerke gesondert vergleichen.

3.3.1.3 Talking About This

Die Daten hinsichtlich »Talking About This« sind öffentlich einsehbar. Bei jedem Beitrag ist vermerkt, wie oft er »+1« bekommen hat. Gezeigt wird einfach die Summe. Das betrifft ebenso die Kommentare. Dennoch wäre es schon umständlich, die Werte manuell zu erfassen.

Anscheinend sind öffentliche Werte für Google auch kein Problem mehr. Diese lassen sich zumindest mit der Google App Engine entsprechend aufbereiten, so dass eine automatisierte Übertragung in ein anderes System möglich ist. In Abbildung 3–24 können Sie eine Aufbereitung der Daten durch Gerwin Sturm sehen. Es handelt sich um Zahlen für Meldungen von Christoph Kappes, einem vielgekreisten Kommunikator auf Google+.

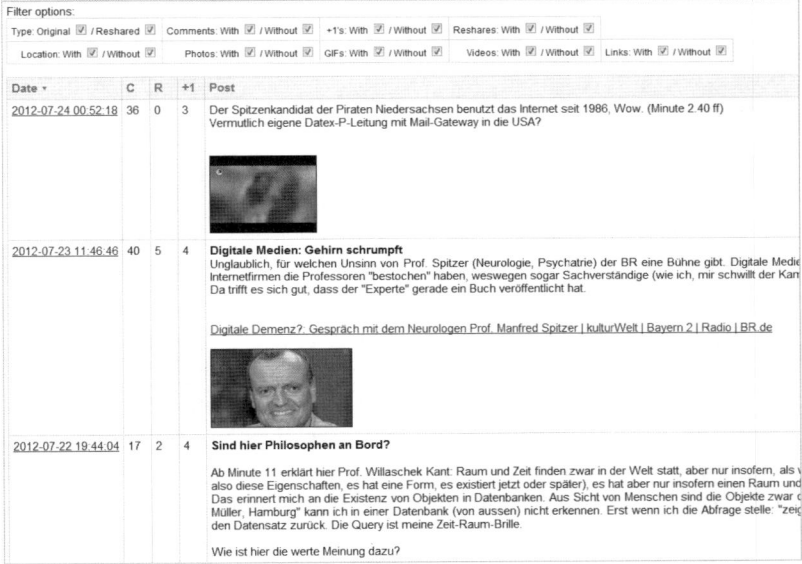

Abb. 3–24

Daten für Google+ in der Google App Engine allmyplus.appspot.com von Gerwin Sturm

3.3.1.4 Viralität

Auch die für die Viralität entscheidende Größe der Shares steht in der Google+ API zur Verfügung und kann wie die Werte für »+1« und Kommentare entnommen werden. Hinsichtlich der eigenen Datenhaltung sollte man beachten, dass es sich um Summen handelt und Tages- oder Wochenwerte entsprechend ermittelt werden müssen. Wenn die Werte auf Tagesebene als relevant erachtet werden, müsste die Erfassung also täglich zum gleichen Zeitpunkt erfolgen, um jeweils das Delta in einer entsprechenden Datenbank wegzuschreiben.

Abb. 3–25
*Google Ripples für einen
meiner G+-Beiträge*

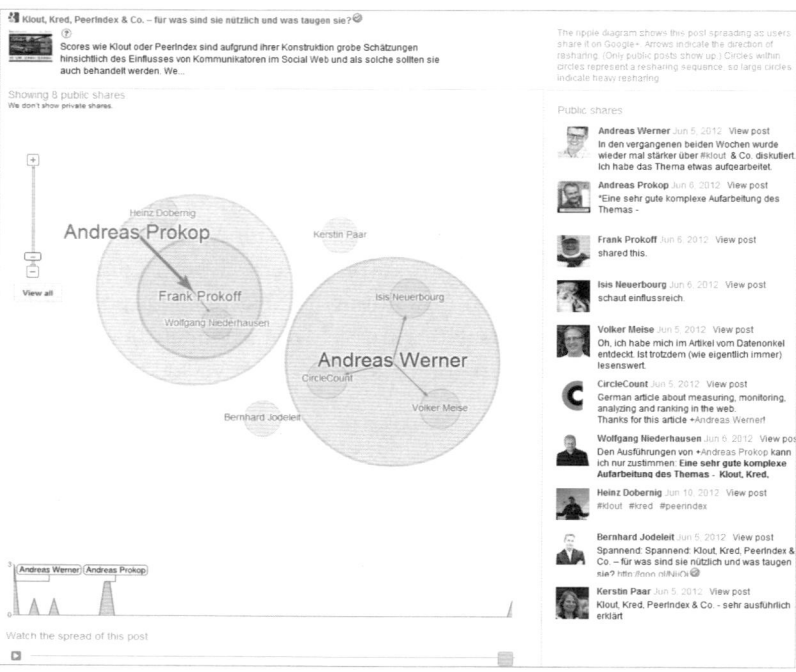

Zusätzlich gibt es allerdings etwas, das hinsichtlich der internen Optimierung des Netzwerks ausgesprochen hilfreich ist, wenn man die Verbreitung von Nachrichten nachvollziehen möchte – die Google Ripples. Sobald ein Beitrag geteilt wurde, kann man in der rechten oberen Ecke des Beitrags auf den kleinen Pfeil klicken und ganz unten in der Liste Ripples auswählen. Das funktioniert übrigens bei allen öffentlichen Beiträgen, die geteilt wurden, nicht nur bei den eigenen. Auf diese Art kann man erkennen, auf welchen Wegen sich eine Meldung weiterverbreitet hat. Im Zusammenhang mit der Identifikation von Multiplikatoren ist dieses Verfahren also ausgesprochen hilfreich.

3.3.2   Werkzeuge

3.3.2.1   All my +

All my + ist ein Werkzeug zur Auswertung der Daten für öffentliche Google+-Meldungen. Es wurde von Gerwin Sturm mit Google-Werkzeugen entwickelt. Die Nutzung ist bisher kostenfrei und die Daten können für alle Google+-Profil-IDs angezeigt werden. Neben der tabellarischen Übersicht für alle öffentlichen Meldungen kann man die Rohdaten auch noch als CSV exportieren, was für manchen sicher eine Erleichterung bedeutet.

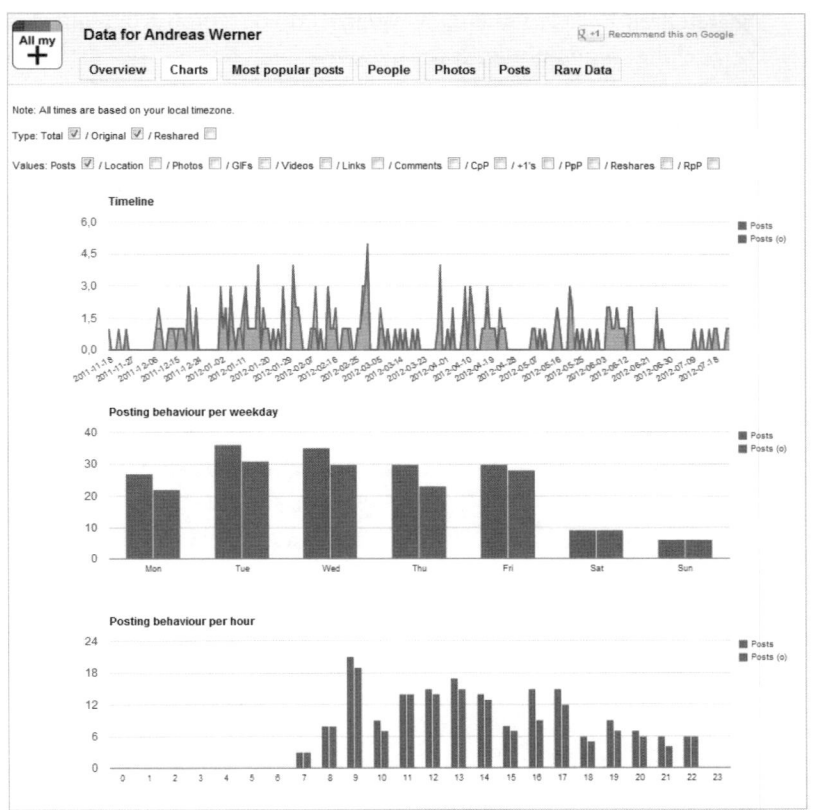

Abb. 3–26

AllMy+

In Abbildung 3–26 können Sie ein Beispiel für ein Chart in All my + *Ganz Google*
sehen. Deutlich wird hierbei, dass meine Nutzung nach einem Höhe-
punkt auch wieder nachgelassen hat. Ein nicht nur für Google+ typi-
scher Verlauf. Sie können mit dem Tool die Kommunikationshäufig-
keit von bestimmten Nutzern des Netzwerks und ihren Kommunikationserfolg analysieren, indem Sie deren Profil-ID eintragen. Es dauert
dann ein wenig, bis die Daten alle angezeigt werden können. Für Mas-
senanwendungen ist das Werkzeug nicht geeignet.

Darüber hinaus sollte durch die Abbildung 3–26 klar werden, welche Dinge man mit All my + machen kann:

▪ Es werden Charts wie in der Abbildung 3–26 angezeigt, dabei kann *Die Funktionalitäten*
  man durch die Auswahlboxen auch Teilergebnisse visualisieren.
▪ Es gibt eine Liste der populärsten Meldungen.
▪ Anzeigbar sind Listen von Accounts, die geteilt wurden, geteilt
  haben, kommentiert und »geplust« haben (allerdings begrenzt das
  API teilweise die Zahl hier auf die 15 neusten Meldungen).

≡ Die geteilten Fotos können angezeigt werden. Durch Klick auf das
  Foto gelangt man zum Beitrag.
≡ alle Meldungen
≡ Rohdatenexport als CSV

3.3.2.2   CircleCount

Ähnlich gelagerte Ergebnisse kann man mit CircleCount erzielen –
auch wenn (noch) kein Datenexport möglich ist. Nach außen bietet

Abb. 3–27

CircleCount

CircleCount Ranglisten an. Wer hat in welchem Land die meisten Follower? Wer das höchste Engagement?

Nach innen bietet es den Teilnehmern – also Accounts, die sich ranken lassen – Statistiken an, die aus dem Google API gewonnen werden. Das sieht zunächst auch nicht so viel anders aus als bei All my + – man kann eine Page zu seinem Account bei CircleCount hinzufügen, allerdings keine fremden Profile-IDs auswerten. Sehr hübsch ist die Follower-Map. Es handelt sich um eine GoggleMaps-Anwendung, in der man die regionale Verteilung seiner Follower entnehmen kann.

Nicht nur Ranglisten

Sehr schön ist auch ein anderes Feature von CircleCount. Man kann die Ranking-Faktoren gewichten. So kann man Kommunikatoren, die öfter geteilt werden, beispielsweise ein höheres Gewicht geben. Im Rahmen der Bildung von Scores ist dieses Feature wichtig, wird jedoch nur von CircleCount berücksichtigt (vgl. Kapitel »*Klout & Co. – Tauglichkeit der Scores als Instrument*«, S. 101 ff.).

Gewichtung von Ranking-Faktoren

3.4 Pinterest

Pinterest bot auch im Frühjahr 2013 selbst keine Analytics-Daten an, obwohl es fleißig mit Google Analytics misst. Man ist also auf Werkzeuge von anderen Anbietern angewiesen. Die gibt es zuhauf. Das birgt natürlich in einer frühen Phase der Entwicklung gewisse Gefahren. Wenn man sich an ein Tool bindet und dies mit großem Aufwand in eigene Strukturen integriert, dann ist es durchaus misslich, wenn ausgerechnet dieses Werkzeug nicht weiterentwickelt wird oder sich nicht in die gewünschte Richtung entwickelt.

Beispiel für Netzwerk in einer frühen Entwicklungsphase

Ich habe eine ganze Reihe von Werkzeugen analysiert. Dabei gibt es schon welche, die erstaunlich leistungsfähig sind. Doch dazu weiter unten. Insgesamt lässt sich auch für Pinterest der auf die Facebook Insights zurückgehende Ansatz weiterführen.

3.4.1 Datenbedarf

Was man zunächst benötigt – ich habe auch schon bei den übrigen Netzwerken darauf hingewiesen – ist die Zahl der Fans, die im Falle von Pinterest »Follower« heißen. Allerdings gibt es davon gleich zwei Typen. Bei Pinterest kann einem Account gefolgt werden – so wie bei Twitter und Facebook – aber auch einzelnen Boards. Damit ergeben sich folgende Definitionen:

Zwei Follower-Typen

▨ **Followers**
Zahl der Accounts, die mindestens einem Board des Accounts folgen

▨ **Following**
Zahl der Accounts, bei dem mindestens einem Board gefolgt wird

▨ **Board Follower**
Die Zahl der Accounts, die diesem Board folgen. Diese Zahl ist i.d.R. geringer als die Zahl der Follower, da nur ein Teil allen Boards folgt.

Inhaltlich sind die Followers also nur bedingt mit den Followers auf Twitter oder den Facebook-Fans vergleichbar. Während diese alles sehen, wird für Pinterest derzeit keine Zahl von Fans ausgewiesen, die allen Boards folgen. Es gab hierfür auf der Seite von Pinterest auch schon Umstellungen der Zählweise. Sollte es inzwischen ein funktionierendes API geben, dann muss zweifellos geprüft werden, welche Zahlen das von Ihnen genutzte Werkzeug ausweist oder ob es vielleicht sogar konfigurierbar ist. Hinzu kommt noch die inhaltliche Fragestellung: Welche Zahl soll man nehmen, damit die Vergleichbarkeit mit den übrigen Netzwerken gewahrt bleibt?

Board Followers & Account Followers

In Abbildung 3–28 sehen Sie, dass mein Board »Infographics« die meisten Folger hat: 312. Das Board »Alles zum Thema Pinterest« ist ein sogenanntes Gruppen-Board, das Christine Pfeil angelegt hat. Es wird bei Pinpuff mit aufgeführt, aber – völlig richtig – nicht mit in die

Abb. 3–28
Pinpuff Dashboard

Andreas Werner's Boards (Max 20)				
Board	Followers	Pins	Repins	Likes
Infographics	312	317	622	115
Social Media - general	227	52	45	25
Analytics / Monitoring	223	30	28	20
Social Commerce	223	16	15	10
SEM - SEO & SEA	222	25	24	19
Pinterest Marketing	223	48	65	20
Facebook	224	20	15	4
Twitter	224	18	21	6
Google+	224	5	4	2
Blogs	219	12	15	6
Mobile	221	18	22	4
Books Worth Reading	221	5	1	0
Webinars	218	3	2	1
My Blog Articles	219	15	8	2
Alles zum Thema Pinterest	571	672	1286	790
Typo	220	17	17	3
Gadgets	219	5	0	0
Cartoon	217	11	10	6
Art	217	22	11	6
Elsworth Kelly	217	17	3	0

Kalkulation einbezogen. Allerdings wäre beim Tool selbst eine Kennzeichnung von Gruppen-Boards hilfreich. Insgesamt hatte ich zu diesem Zeitpunkt 351 Follower, die mindestens einem Board folgten. Dies sollte auch die Zahl sein, mit der man in den meisten Fällen im Vergleich zu den anderen Netzwerken richtig liegt. Nicht alle Pins werden für alle Folger angezeigt. Das ist nicht anders als bei Google+, wenn sich Follower nur einen Teil des Streams anzeigen lassen, oder bei Facebook und Twitter, wenn die Fans mit Listen arbeiten. Im Einzelfall kann es allerdings sinnvoller sein, die Follower für einen Teil der Boards zu summieren, wenn es beispielsweise Boards gibt, deren Ziel-URLs auf eine eigene Website zeigen, und Boards, die ausschließlich fremde URLs tragen.

Viele kostenlose Tools weisen die Zahlen in Übersichten aus, so dass man diese in eine interne Dokumentation übertragen kann. Pinpuff in Abbildung 3–28 ist ein Beispiel dafür. Allerdings scheint die Dokumentation von Zeitschnitten für Pinterest schwierig zu sein oder die Entwickler der Werkzeuge möchten sich den Aufwand der Datenhaltung sparen. So kommt man nicht umhin die Aktualisierung regelmäßig manuell durchzuführen. Dies spart zudem den Login-Effekt – man bindet sich dadurch nicht an ein Tool.

Zeitschnitte manuell erfassen

3.4.1.1 Reichweite

Leider bekommt man (noch) keine validen Reichweiten-Informationen für seinen Account oder seine Pins – auch wenn manche Tools diese vortäuschen. So weist beispielsweise Pinerly (jetzt Reachly) eine Reichweite für Pins aus. Dabei handelt es sich um die Summe der Board Followers, auf die ein Pin gesetzt wurde, plus die Summe der Board Followers inklusive aller direkten Repins. Es ist also eher etwas wie eine potenzielle Auflage oder eine Kontaktchance – keinesfalls aber eine valide Reichweite. Man könnte es allenfalls als maximal erwartbare direkte Reichweite bezeichnen.[3]

Keine valide Messung...

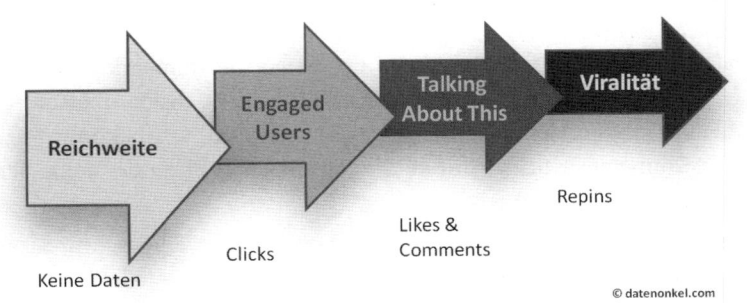

Abb. 3–29
Der Pinterest Funnel

---

3. Der Grund, warum ich den Begriff »direkt« benutze, ist, dass Repins von Repins und deren »Reichweite« nicht mit in die Kalkulation eingehen.

... auch nicht in Zukunft
zu erwarten

Ob es in absehbarer Zeit valide Reichweiten-Informationen geben wird, ist fraglich. Was wäre darunter zu verstehen? – Die Zahl der Pinterest-Nutzer, die interhalb eines interessierenden Zeitraums mit mindestens einem Pin – gleich ob direkt oder als Repin – in Kontakt gekommen sind. Diese Messung ist eine echte Herausforderung im Datenwust von Pinterest. Jedem Pin, der angezeigt wird, müsste die entsprechende Information mitgegeben werden – ein gewaltiges Datenaufkommen. Facebook benötigte einige Jahre bei einer weitaus geringeren Anzahl zu trackender Elemente, um entsprechende Daten zur Verfügung zu stellen.

Hinsichtlich der weiteren Werte im Funnel ist es leichter. Hierfür gibt es bereits Daten.

3.4.1.2   Engaged Users

Die der Ebene eigene Form des Engagements drückt sich bei Pinterest derzeit in Clicks aus. Daneben gibt es noch die in den Ebenen »Talking About This« und der »Viralität« beheimatete Ausdrucksformen.

Öffnen und Anklicken
von Pins

Hier handelt es sich nicht um die Öffnung eines Pins, was aus fachlicher Sicht die erste Stufe wäre. Es handelt sich um das Anklicken des Bildes bei einer geöffneten Ansicht eines Pins. Genau diese Klicks werden hochgezählt. Wenn man das völlig valide machen wollte, müsste man die unterschiedlichen Cookies (oder andere Identifikationsmerkmale) für die Summe der Klicks zählen und aufgrund dieses Wertes die Summe der Engaged Users und damit die Engagement-Rate bestimmen.

Die derzeit am Markt befindlichen Werkzeuge haben hierbei allesamt Nachteile:

- **Pinerly/Reachly**
  Man kann alle Pins messen. Als Ergebnis bekommt man die Summe der Klicks – auf der Ebene einzelner Pins oder aggregiert. Allerdings steht als Ursprung des Pins in der Pin-Hauptansicht immer Pinerly.com. Das Messverfahren greift also in die Darstellung ein.

- **Pintics/Pinfluencer**
  Man kann damit lediglich das Engagement der Pins mit einer Ziel-URL auf im eigenen Portefeuille befindliche Websites messen, bei denen Google Analytics im Einsatz ist. Als Ergebnis bekommt man die Summe der Klicks – auf der Ebene einzelner Pins oder aggregiert.

- **Curalate**
  Es ist ebenso wie bei Pintics, allerdings derzeit eingeschränkt auf ein Google-Analytics-Konto. Die Erweiterung wurde bereits in Aussicht gestellt.

◾ **Google Analytics**
Damit kann man die Klicks messen, und dies sogar hinsichtlich der
Unique Users. Was man leider nicht (direkt) kann: auf die Pins des
eigenen Pinterest-Accounts einschränken.

◾ **Bitly & Co**
Solche Werkzeuge können für Pinterest derzeit nur begrenzt eingesetzt werden, da die entsprechende Manipulation der Ziel-URL bei
Pinterest nicht erlaubt ist bzw. nur bei manuellen Uploads nicht
moniert wird. Hier hat Pinterest in der Vergangenheit öfter Änderungen durchgeführt.

Es ist also schwierig. Selbst mit einer Kombination von Pintics und   *Hoher Aufwand*
Google Analytics direkt kommt man nur mit großem Aufwand zu
einem hochgerechneten Wert für die Engagement-Rate. Man sollte
sich deshalb die Frage stellen, ob der Aufwand sich lohnt. In den meisten Fällen sollten die Arbeit mit einem Tool, das Bewusstsein dafür,
wie der Wert einzuschätzen ist, und gegebenenfalls ein Test zusammen
mit Google Analytics, um einen Gewichtungsfaktor für die Engagement-Rate zu erhalten, ausreichend sein.

3.4.1.3   Talking About This

Dies entspricht bei Pinterest den »Likes« und den »Comments« (abge-   *Einfach auswertbar*
sehen von den Ausdrucksformen der Viralität). Diese können mit den
meisten Tools in Summe ausgewertet werden, mitunter auch auf der
Ebene einzelner Pins. Aus meiner Sicht handelt es sich um einen unkri-
tischen Wert. Man sollte nur wissen, dass es sich bei beiden Werten um
die Summen für eigene Pins handelt. Likes und Comments von Repins
werden nicht mitgezählt.

3.4.1.4   Viralität

Die Viralität ist das, wofür Pinterest bekannt ist und in der Fachpresse   *Repins*
gelobt wird. Viralität findet bei Pinterest ihren Ausdruck in den
»Repins«. Deren Summe wird ebenso wie die der »Likes« und »Comments« in allen Tools ausgewiesen. Allerdings wird nur die direkte
Viralität bzw. die Viralität erster Stufe gemessen. Wenn ein Repin ein
weiteres Mal repinnt wird, geht dies nicht in die Kalkulation ein. Wird
ein Beitrag bei Facebook geteilt und eben dieser geteilte Beitrag ein
weiteres Mal geteilt, dann wird dies mitgerechnet. Hier ist die technische Struktur von Pinterest und Facebook sehr unterschiedlich. Technisch ist die Messung bei Pinterest zwar auch denkbar und möglich.
Ob diese jedoch zur Realisation kommt – man kann dies auch von
außen messen – ist fraglich. Nur um den Wert der entsprechenden

Größe bei Facebook anzugleichen, ist aus meiner Sicht kein hinreichender Grund. Als Indikator ist die einfache Auszählung – also so wie derzeit verfahren wird – völlig ausreichend.

3.4.2   Werkzeuge

Gerade der Markt an Werzeugen für Pinterest ist sehr dynamisch, wie das letztlich bei allen neuen Netzwerken der Fall war und auch in Zukunft sein wird. Es gibt neue Werkzeuge – teilweise werden die erfolgreich fortgeführt, mitunter sogar erweitert, teilweise werden diese in andere Tools integriert oder auch eingestellt. Hier nenne ich einige Werkzeuge und Ansätze, die ich für spannend halte – auch wenn es diese nicht mehr gibt. Die Prinzipien, mit denen gearbeitet wurde, sind ausschlaggebend.

3.4.2.1   PinReach

Mit PinReach gibt es ein kostenloses Tool, mit dessen Hilfe man die Leistung seiner Pins ein wenig im Blick behalten kann. Es handelt sich jeweils um aggregierte Werte für Boards, ohne dass eine Entwicklung angezeigt würde. Dies wird lediglich für die Gesamtwerte von Pins, Boards, Likes, Repins etc. im Vergleich zur letzen Periode angegeben. Es wird ein Score – ähnlich dem Klout – ermittelt und die Möglichkeit gegeben, sich mit seinen erfolgreichsten Followern zu vergleichen.

PinReach hat kommuniziert, bald mit einer PRO-Version an den Markt zu gehen. Dann soll es verbesserte Statistiken geben.

Weitere Informationen finden Sie in meinem Blog-Beitrag

http://wp.me/p20Oco-cG

und bei PinReach direkt.

3.4.2.2   Pinpuff Pinfluence

Pinfluence ermittelt ebenfalls einen Score. Dieser wird etwas transparenter errechnet als bei PinReach. Zusätzlich wird den Pins ein Geldwert zugemessen. Viel mehr als eine Spielerei ist das aber nicht. Allerdings gibt es eine recht brauchbare Übersichtstabelle (vgl. Abbildung 3–28), aus der man relativ einfach Werte in eine Dokumentation übernehmen kann.

Weitere Informationen finden Sie in meinem Blog-Beitrag

http://wp.me/p20Oco-cV

und bei Pinpuff direkt.

3.4.2.3 Pinerly/Reachly

Pinerly (jetzt Reachly) hat einen viel stärkeren Tool-Charakter. Man kann damit Kampagnen anlegen und bekommt für diese Auswertungen gezeigt. Das erlaubt eine erheblich tiefgehendere Analyse. Zudem soll es um ein Management-Tool erweitert werden. Nach meiner Einschätzung ist das Tool auf dem Weg, so etwas wie ein Hootsuite für Pinterest zu werden. Auch wenn dies zunächst mit einigen Haken verbunden sein wird und sich das Werkzeug noch in einer geschlossenen Beta-Phase befindet. Man kann sich bereits anmelden.

Ausführlichere Informationen finden Sie in einem meiner Blog-Beiträge

http://wp.me/p20Oco-fe

und bei Pinerly/Reachly direkt.

3.4.2.4 Pintics

Pintics fuhr nach meiner Einschätzung den elaboriertesten Ansatz. Leider ist es aus der geschlossenen Beta-Phase nicht herausgekommen. Das ist sehr schade. Vielleicht lässt sich ein anderes Softwareunternehmen inspirieren. Es lässt es sich mit Google Analytics verbinden und so erhält man Daten für den gesamten Prozess inklusive der Sales – aggregiert, auf der Ebene der Boards und auf der Ebene einzelner Pins. Das ist toll – eben so, wie es sein soll. In Abbildung 3–30 ist ein Übersichts-Dashboard für einzelne Pins zu sehen. Das ist schon ausgesprochen hilfreich. Leider konnte man die Daten nicht exportieren. So hätten diese manuell in ein integriertes Datenmanagement bzw. ein Social-Media-Übersichts-Dashboard übertragen werden müssen. Eine ent-

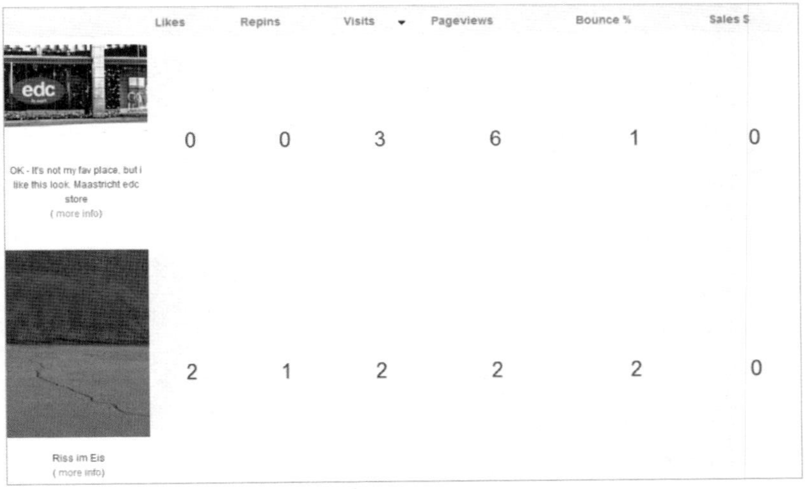

Abb. 3–30

Pintics Übersicht auf Ebene einzelner Pins

sprechende Schnittstelle sollten Werkzeuge für die Social-Media-Umwelt haben.

3.4.2.5   Curalate

Curalate arbeitet mit einem ähnlichen Ansatz wie Pintics. Das Werkzeug ist nicht kostenlos. Schon alleine durch die Aufbereitung der Daten wird sein professioneller Anspruch deutlich. Datenexport ist möglich. Das Tool hat zudem eine Nutzerverwaltung, und verschiedene Accounts können bedient werden. Allerdings kann es derzeit nur mit einem Google-Analytics-Konto verbunden werden, was ja meistens keine wirkliche Einschränkung darstellt. Etwas gravierender ist die Tatsache, dass nur Referrals und generierte Visits ausgezählt werden. Hier ist Pintics noch im Vorteil, da sowohl die Bounces als auch der generierte Umsatz mit berücksichtigt werden. Dennoch sollte man sich Curalate ansehen. Inzwischen wurden die Defizite möglicherweise beseitigt, und die Möglichkeit zum Datenexport per CSV ist besonders hinsichtlich der Optimierung von Prozessen von Vorteil. Der Vorgang kann automatisiert werden und Datenübertragungsfehler werden reduziert.

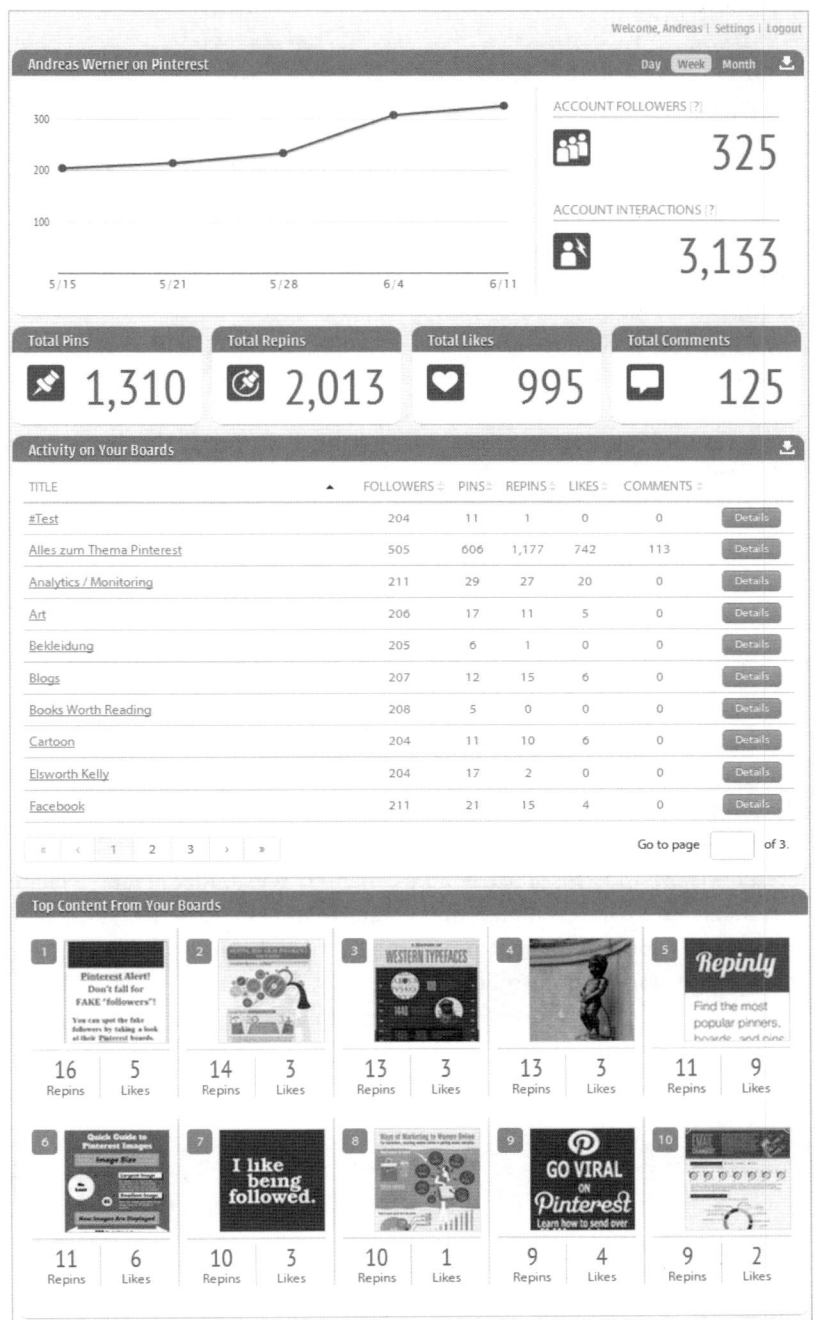

Abb. 3–31
Curalate Main Dashboard

3.5   Blog

Blog ist nicht gleich Blog. Während die Lage für soziale Netzwerke wie Facebook, Twitter oder Google+ relativ klar ist und man den Facebook-Ansatz hinsichtlich der Abbildung eines User Funnels ohne große Schwierigkeiten umsetzen kann, ist die Lage für Blogs etwas verworrener. Blogs sind mal netzwerkartig, mal sind sie es nicht. Mal kann mal den Tag einer Web-Analytics-Software einhängen, mal nicht. Mal gibt es Plugins und man kann nichts anderes messen als den vorgegebenen Standard, mal ist ein wenig mehr möglich.

Oft näher an einer Corporate Website als an einem Social-Media-Objekt Auch die Ausgangssituationen können vielfältig sein. Mal haben Unternehmen ein Blog, mal möchten sie eines starten. Mal geht es um ein Blog, dann mal wieder um ein ganzes Bündel von Blogs. Mal darf es spartanisch ausgestattet sein, dann gibt es Kunden, die Blogs sehr nahe am Corporate Design haben möchten. Es gibt Unternehmen, die vorwiegend Bilder und Filme bloggen möchten, andere möchten textlastig arbeiten.

Wieder: Maßstab Facebook Die Situation ist also ganz ähnlich wie bei der Web Analytics von anderen Websites. Es ist verworren, und man muss zunächst ganz klar analysieren, was zu tun ist. Schließlich sollte ein Tracking so stattfinden können, dass ein Vergleich der Daten mit den anderen Social-Media-Aktivitäten und dem, was im Rahmen des Betriebs von Websites geschieht, möglich sein.

Kriterium Trackbarkeit bei Softwarebeschaffung nachrangig behandeln Eines sollte man jedoch auf keinen Fall machen: die Blog-Software hinsichtlich der Trackbarkeit auswählen. Dieses Kriterium darf nur dann greifen, wenn die übrigen inhaltlichen und funktionalen Parameter identisch sind. Insofern geht es hier vorwiegend darum, welche Parameter und Metriken man nutzen kann, um eine gewisse Vergleichbarkeit zu den anderen Kommunikationsinstrumenten im Social-Media-Universum herzustellen.

3.5.1 Kommunikative Einordnung

Blogs spielen in der Social-Media-Umwelt i.d.R. eine gravierend andere Rolle als die netzwerkartig aufgestellten Plattformen. Während es kaum vorkommt, dass beispielsweise mit Twitter auf Beiträge oder Diskussionen auf Facebook oder Google+ verwiesen wird, so tritt das hinsichtlich Blogs auf allen anderen Netzwerken auf. Blogs haben eine Vertiefungsfunktion und können den Ausgangspunkt für Diskussionen darstellen. Diese Diskussionen erfolgen mittlerweile zum größten Teil nicht mehr im Kommentarbereich der Blogs direkt, sondern auf Facebook, Google+ etc. Die Herausforderungen in diesem Bereich sind also neben der Identifikation von Metriken, die eine Einordnung erlauben, die Bewertung und Gewichtung der Ergebnisse. Ein Follower eines Blogs hat in den allermeisten Fällen ein völlig anderes Gewicht als ein Twitter-Follower.

Kommunikative Rolle zwischen Netzwerken und Corporate Website

3.5.2 Datenbedarf

3.5.2.1 Follower

Die Follower haben bei Blogs i.d.R. ein höheres Gewicht als beispielsweise bei Twitter. Allerdings ist ihre Zählung auch etwas schwieriger. Meist gibt es drei Möglichkeiten, einem Blog zu folgen:

- Mitglieder eines Blog-Netzwerks können einen Follow-Button anklicken.
- Folgen per E-Mail
- Folgen per RSS

Fans an verschiedenen Stellen

Während die Zahlen für die ersten beiden Wege von den Blog-Applikationen ausgewiesen werden und man diese manuell einer Weiterverarbeitung zuführen kann, ist für die Ermittlung der Summe der RSS-Follower der Einsatz eines eigenen Werkzeugs notwendig. Das bekannteste dürfte wohl der feedburner sein, das im Google-Universum zu finden ist. Man bekommt durch das Tool – neben der Zahl der Abonnenten – noch reichlich weitere Informationen, z.B. welche RSS-Reader genutzt werden und welche Reichweite durch RSS-Feeds erzielt wurde.

Die Statistik kann, wenn es sein muss, auch über eine Schnittstelle bezogen werden. Da es jedoch noch aller Wahrscheinlichkeit notwendig sein wird, die Zahl der Follower auf anderen Wegen manuell zu behandeln, kann man sich das eigentlich sparen.

Meist manuelle Erfassung am effizientesten

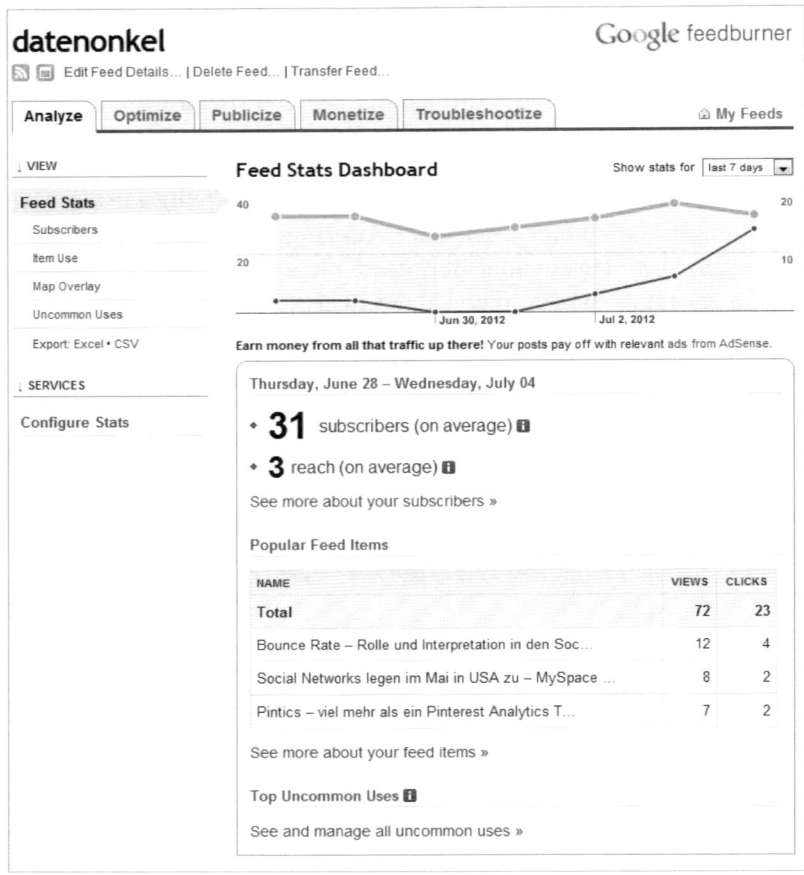

3.5.2.2   Reichweite

Unique Users   Die Messung der Reichweite ist davon abhängig, welche Blog-Applikation man einsetzt und ob bzw. wie diese die Einbindung eines Analytics-Tools erlaubt. In vielen Fällen kann man den Google Analytics Tracking Code einhängen oder wenigstens die Google-Analytics-Kontonummer angeben. Auf diesem Weg erhält man die Unique Users. Mintunter kann man auch den Tracking-Code anderer Analytics-Werkzeuge einsetzen. Schwierig wird es, wenn die Blog-Applikation keine Unique Users ausweist und gleichzeitig auch keine Möglichkeit angeboten wird, dies durch ein eigenes Werkzeug zu messen. Bei WordPress.com ist das beispielsweise so.[4] Hier muss man genau prüfen, ob der Wert notwendig ist oder ob über eine Hilfskonstruktion eine Schätzung den Anforderungen genügt.

3.5.2.3   Engaged Users

Engagement ist im Sinne des Facebook-Ansatzes die vertiefte Nutzung. Bei einem Blog ist das ähnlich wie bei einer Website. Es sind User, die nicht nur eine Seite des Blogs aufsuchen, sondern mehrere. Alternativ sollten sie mindestens einen Link im Blog-Beitrag angeklickt haben. Im Idealfall sollte man beide Mengen durch ein »oder« verknüpfen. Treue Besucher eines Blogs werden oft nur eine Seite anschauen – nämlich die, auf die sie per Twitter, Facebook, RSS etc. aufmerksam wurden. Auf diesem Weg würde man aus fachlicher Sicht richtig messen, wäre da nicht die Schwierigkeit, die Daten an sich zu bekommen. Die Lage ist entsprechend der Reichweitenmessung im vorigen Abschnitt. Wenn die Benutzung von Google Analytics, Webtrends, Omniture & Co. möglich ist, kann man die Werte generieren – wobei gerade die Herleitung der Vereinigungsmenge in einem Report tiefergehendes Wissen hinsichtlich des eingesetzten Werkzeugs erfordert. Ist es nicht möglich, mit einem eigenen Werkzeug zu arbeiten, dann wird es schwierig. Die Blog-Applikationen bieten meines Wissens in ihren Backends keine entsprechenden Werte an.

Einsatz von Web-Analytics-Software notwendig

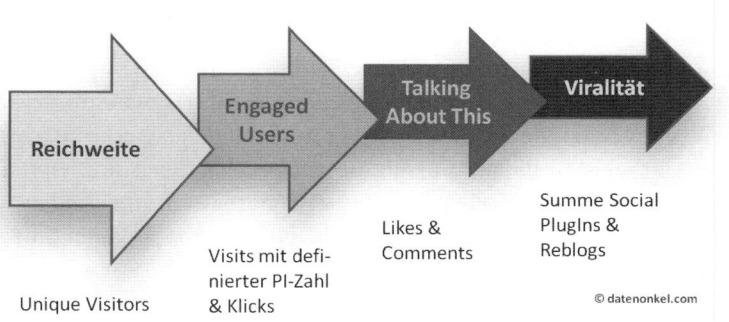

Abb. 3–33
Der Blog Funnel

3.5.2.4   Talking About This

Das »Darüberreden« ist bei den Blogs letztendlich in den meisten Fällen identisch zu den großen Netzwerken – allerdings mit dem Unterschied, dass die Zahlen in der Regel geringer ausfallen, weil auf Facebook & Co. die Inhalte der Blog-Posts diskutiert werden. Der Grund dafür ist auch ganz einfach: Wenn Nutzer auf den großen Netzwerken öffentlich diskutieren, ist der Effekt bezüglich ihrer eigenen Reputation größer.

Niedrige Werte

---

4.   Also wenn man WordPress nicht auf einem eigenen Web Space laufen lassen möchte. Bei einem selbst betriebenen WordPress gibt es viele Möglichkeiten durch Plugins.

Datenerfassung
aufwendig

Leider ist die Datenerfassung in diesem Fall relativ aufwendig. In den Blog-Applikationen, die mir bekannt sind, müssen diese Werte manuell erfasst werden. Sie sollten sich also die Frage stellen, ob sich der Aufwand der Erfassung lohnt, und möglicherweise zunächst einige Woche das Blog im Auge behalten. Comments müssen ja freigegeben werden, und es gibt mitunter eine entsprechende Übersicht, so dass man das beobachten kann. Daneben sollte man bei WordPress die sogenannten Pingbacks bei den Comments nicht mitzählen. Dabei handelt es sich um eine Form der Viralität. In anderen Blogs wurde ein Link auf den eigenen Beitrag gesetzt.

3.5.2.5   Viralität

Posting von Beiträgen auf
anderen Netzwerken

Bei Blogs ist das auf den ersten Blick ganz einfach: Wenn ein Social Plugin angeklickt wird und der Link auf einen Beitrag bei Twitter, Facebook & Co. gepostet wird, dann findet die Verbreitung des Beitrags statt. Damit erhöht sich meist auch die Reichweite, und die Zahl der externen Links steigt. Dies wiederum ist bestens für die SEO.

Nun ist es abhängig davon, wie gearbeitet wird. Man kann direkt die Social Plugins der Plattformen einbinden, mitunter haben die Blogs auch entsprechende Möglichkeiten im Angebot, oder es gibt Dienste wie AddThis, die man nutzen kann. Wenn es möglich ist, kann man auch das entsprechende Tagging implementieren, das man auf der eigenen Website nutzt, um Nutzer-Postings in soziale Netzwerke zu messen.

In den meisten Fällen müssen die entsprechenden Summen manuell in ein Dokumentations- und Auswertungssystem übertragen werden. Dabei darf man nicht vergessen, dass die Pingbacks auch hinzugerechnet werden müssen.

3.5.3   Werkzeuge

Web-Analytics-Software
einsetzen

Um die Daten für Blogs zu generieren, würde ich natürlich bevorzugt ein elaboriertes Web-Analytics-System wie Google Analytics, Webtrends oder Omniture einsetzen. Die Gründe dafür sind einfach: Man sammelt die Daten in einem Topf, und es gibt Schnittstellen, mit deren Hilfe man die Resultate an die entsprechende Stelle zur Weiterverarbeitung kopieren kann. Leider kann man meist nicht ausreichend in die Blog-Software eingreifen, um die Beiträge mit den entsprechenden Tags zu versehen. Wenn Sie die Möglichkeit haben, sollten Sie darauf achten, eine solche Software auszuwählen, bei der vollständiger Zugriff auf den Code möglich ist und man wie bei einer Corporate Website tracken kann. Nicht vergessen sollte man noch den feedburner zur Messung der Nutzung der RSS-Feeds.

3.6   Slideshare

Sie fragen sich vielleicht, warum ich Slideshare mit in dieses Kapitel einbaue. Dafür gibt es zwei Gründe: Zum einen ist es eine wichtige Plattform zur Verbreitung umfangreicherer Dokumente im Internet – beispielsweise Präsentationen oder Konzeptpapiere. Ich habe darüber meinen Guide »Pinterest für Unternehmen« verbreitet. In der Bezahlversion kann man hierdurch auf relativ kostengünstige Weise zielgruppenspezifische Leads generieren. Insbesondere Agenturen und Beratungsunternehmen können auf diesem Weg Kunden gewinnen. Mit Hilfe des Social Web lassen sich die Dokumente rasch verbreiten, wenn diese einen ansprechenden Informationsgehalt für die Zielgruppe haben. Zum anderen dient es als Beispiel für eine Spezialplattform mit völlig anderen kommunikativen Eigenschaften als die großen Netzwerke Facebook, Twitter, Google+ oder auch LinkedIn.

Gerade die völlig andere Einbettung in den Kommunikationsraum Internet macht es zu einer Herausforderung, die von Slideshare zur Verfügung gestellten Daten im Kontext der übrigen Netzwerke und beispielsweise auch Blogs richtig zu interpretieren. Vielleicht ist Slideshare ja ähnlich wie ein Blog zu bewerten. Es gibt auf jeden Fall sehr viel weniger Beiträge als bei Twitter oder Facebook – normalerweise auch weniger als bei einem Blog. Die eingestellten Dokumente haben eine relativ große Halbwertszeit, so dass sich die Reichweite im Gegensatz zu Beiträgen bei Twitter nicht in Minuten oder Stunden aufbaut und dann sofort wieder verflüchtigt. Der Aufbau erfolgt in der Regel über mehrere Tage und setzt sich dann in auslaufenden Wellen fort. Sie können das im Daily-View-Chart in Abbildung 3–34 sehen. Es handelt sich dabei um einen relativ typischen Verlauf.

Im oberen Bereich der Abbildung sehen Sie, was Slideshare als KPI ansieht. Es sind:

- Views
- Favorites
- Downloads
- Tweets
- Likes

Diese Daten kann man total und sortiert nach Präsentation bekommen. Und wie sollte es anders sein – auch diese Werte lassen sich in den von Facebook definierten Funnel fassen. In Abbildung 3–34 ist das zu sehen. Allerdings ist beim direkten Vergleich mit den Werten der – wenn man es so sehen mag – Turbo-Netzwerke Vorsicht geboten. Es gibt auch die Zahl der Fans. Die Wertigkeit dieser Metrik ist eher mit der der Follower eines Blogs zu vergleichen. Natürlich gibt es Views

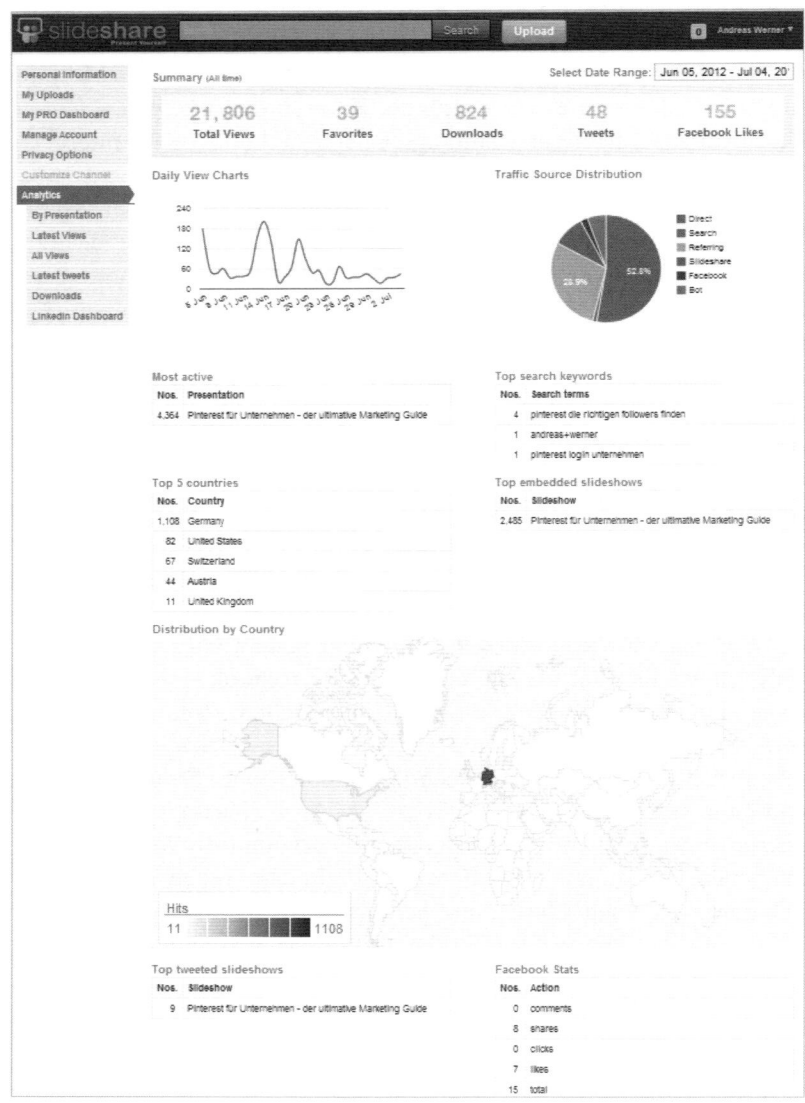

und Konversionen. Das Ziel besteht eigentlich in der Generierung von
Downloads. In der Professional-Version gewinnt man auf diesem Weg
Leads – Adressen.

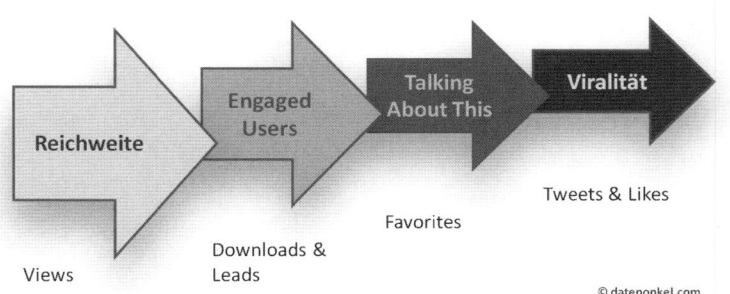

Abb. 3–35
Der Slideshare Funnel

Ich glaube, dass es für Sie langweilig wird, wenn ich die Werte hier wieder en détail bespreche. Das ist auch nicht notwendig. Wichtig erscheinen mir einige Dinge, die bei den übrigen Plattformen etwas anders sind. Bei Slideshare kann man nur mit dem vom Dienst zur Verfügung gestellten Daten arbeiten. Diese gibt es auch nur in der Professional-Version. Allerdings ist es schon aufgrund der Leads ratsam zu bezahlen. Der Preis für die Adressen ist recht gut – selbst wenn man qualitativ nicht ausreichende Adressen abzieht und die Bewertung hinsichtlich der brauchbaren Leads durchführt.

Ein weiterer Punkt, den es zu beachten gilt: Es gibt Interaktionseffekte zwischen Slideshare auf der einen sowie Facebook und Twitter auf der anderen Seite, die im Dashboard ausgewiesen werden. Dabei ist ein wenig eigenartig, dass nur die Viralität dieser beiden Netzwerke ausgewiesen wird, auch wenn noch weitere Shares beispielsweise auf Google+, LinkedIn oder Pinterest möglich sind. Zudem muss man aufpassen, dass man die Tweets & Likes sauber kalkuliert und nicht etwa doppelt zählt. Alternativ könnte man grundsätzlich doppelt zählen.

3.7   Quellen

Für diesen Bereich ist es recht schwierig, Quellen zu finden. Er ist einfach zu dynamisch und steten Veränderungen unterworfen. Ihnen wird nichts anderes übrig bleiben, als nach Blogs wie beispielsweise meinem – datenonkel.com – Ausschau zu halten. Dort wie auch auf mashable.com oder t3n.de werden häufig neue oder aktualisierte Werkzeuge besprochen. Ansonsten sollte man ganz genau die Dokumentationen der Netzwerke studieren und sich ggf. hinsichtlich der in den APIs befindlichen Daten von Technikern beraten lassen.

4 Resultate mit Website-zentrischen Tools – Google Analytics & Co.

Social Media soll – nicht nur, aber in den meisten Fällen wohl vorwiegend – Traffic, Conversions und Sales für eine Website generieren. Gemeint ist hier der Weg des Traffic von sozialen Netzwerken hin zu Websites. Das ist jedoch nur die eine Richtung. Um erfolgreiche Netzwerke zu betreiben, sind Fans, Follower etc. notwendig. Eine Quelle für die Gewinnung sind die Websites selbst sowie u.a. Newsletter. Zudem bieten Websites Quellen für Content, der auf Netzwerken verteilt werden kann. All dies kann dokumentiert, gemessen werden. Zum Einsatz kommen hierbei die für die Website genutzten Analytics-Tools.

Effekte zwischen Social Networks & Corporate Websites

Für den Weg des Traffic von den Social Networks hin zu den Websites wird die Herangehensweise mit Google Analytics geschildert. Selbst wenn vieles auch mit anderen Werkzeugen – wie Omniture oder Webtrends – möglich ist, so hat Google derzeit aus meiner Sicht das umfangreichste Arsenal an Board-Mitteln und im Frühjahr 2012 einen sehr spannenden Ansatz zur valideren Beurteilung von Social-Media-Aktivitäten und deren Auswirkungen auf Websites geliefert. Dass das Werkzeug auch noch am weitesten verbreitet ist, braucht man eigentlich nicht zu erwähnen.

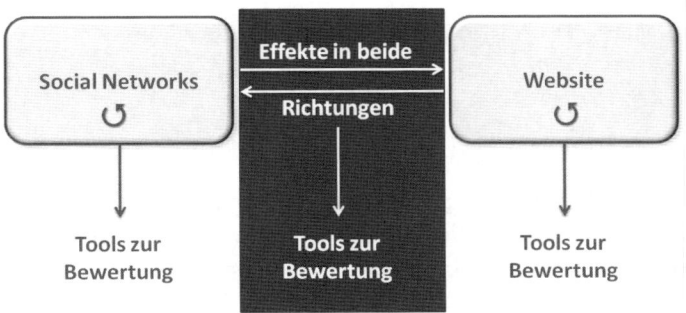

Abb. 4–1
Einordnung

Gleichzeitig soll das natürlich nicht heißen, dass Sie Ihr Web-Analytics-Tool wechseln sollen. Der Wechsel auf ein anderes Werkzeug ist

Messung mit vielen Tools möglich

in der Regel mit einem gravierenden Bruch in der Datenstruktur verbunden und eigentlich nur dann wirklich ratsam, wenn ohnehin starke strukturelle Änderungen an der Website oder im gesamten Reporting einer Organisation anstehen. Vieles von dem, was in diesem Kapitel beschrieben wird, lässt sich durch Anpassungen erreichen. Auch wenn dies mit hohen Kosten verbunden ist, so sind entsprechende Erweiterungen meistens kostengünstiger als ein kompletter Wechsel auf ein anderes Tool.

Dies wäre aus meiner Sicht nur dann ratsam, wenn es mit dem derzeit in Einsatz befindlichen Tool nicht möglich ist, die Gewinnung von Fans, Followern, Shares, Pins etc. zu messen. Man sollte sich dann wohl mittelfristig nach einem anderen Werkzeug oder Dienstleister umschauen.

4.1   Von den Netzwerken zur Website

Ganz grundsätzlich geht es um Erfolge, die eine Website durch Social Media generiert. Das beginnt mit der Überleitung eines Nutzers aus einem Social Network auf eine Website und endet im Grunde noch nicht mit einem generierten Umsatz. Hier werden zunächst die aus meiner Sicht relevanten Ebenen geschildert. In einem weiteren Schritt geht es dann um die Messung.

Abb. 4–2
Der »Erfolgs-Flow« auf
einer Website

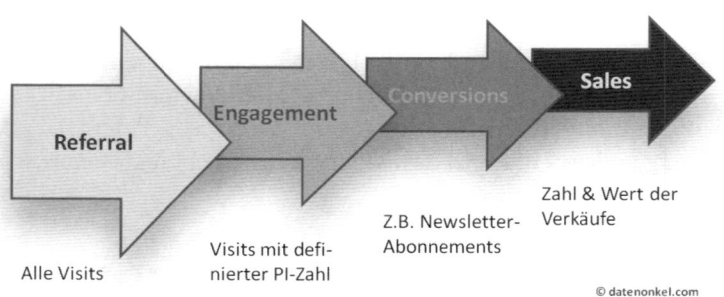

4.1.1   Referrals

Überteilungen auf
eine Website

Referrals sind Überteilungen auf eine Website. Damit wurde hinsichtlich der Leistungen von Social Networks für Websites in der Vergangenheit häufig argumentiert. Das ist schön und gut, sagt aber letztlich nichts über den wirklichen Erfolg aus. Ein Referral ist ein Seitenaufruf mit einem externen Referrer. Also eine PageImpression, bei der ein Besucher der Website zuvor an einer anderen Stelle im Internet aktiv war – beispielsweise auf einer anderen Website oder einem Social Media

Client wie Hootsuite. Eine Aussage darüber, ob der hierdurch induzierte Visit mehr als eine PageImpression hatte, eine Conversion oder gar ein Verkauf realisiert wurde, wird nicht getroffen. Im ungünstigsten Fall kann es sich ausschließlich um Bounces handeln – also um Besuche mit nur einer Seitenansicht. Der Besucher ruft in diesem Fall also eine Website auf, um sie sofort wieder zu verlassen.

4.1.2   Bounces

Ganz grundsätzlich ist die Bounce Rate definiert als Anteil der Visits mit einer PageImpression an den gesamten PageImpressions. In Analytics-Werkzeugen wird die Rate mitunter verschieden gemessen; teilweise musste sie auch noch als Metrik manuell angelegt werden, dann ist sie abhängig von der Implementation.

Visits mit einer PageImpression

Der Anteil von Bounces an den Visits durch Pinterest ist beispielsweise in der Regel deutlich höher als bei Facebook. Der Grund hierfür sind unter anderem auch Pins. Nutzer bei Pinterest können auf der Plattform repinnen, also einen Pin an ein eigenes Board heften. Sie können allerdings auch, wenn sie die Website besuchen, das Bild direkt pinnen und an ein eigenes Board heften. Direkt ist dieser Vorgang nicht mit 100-prozentiger Sicherheit messbar – nur wenn das entsprechende Social Plugin genutzt wird und nicht etwa das Pin Market oder andere Methoden. Man sollte also nicht alle Bounces in einen Topf werfen und genau prüfen, welche Bedeutung Bounces für Sie und Ihre Website haben. Dabei hilft manchmal auch die Unterscheidung nach

Bounce ist nicht gleich Bounce.

- Quell-Netzwerken,
- Inhaltstypen (News, Bilder, Videos, Games),
- Typen von Landingpages und v.a. hinsichtlich
- neuer und wiederkehrender Besucher.

Bounce Rate 1 & Bounce Rate 2

Sicher ist es schlimm, wenn 75 Prozent der Nutzer eine Website nach nur einer PI verlassen. Es ist geradezu tragisch – man muss etwas tun. Stellen Sie sich bitte vor, Sie haben ein Blog und treue Leser. Ihre neuen Texte teasern Sie auf Twitter, Facebook und Google+. Wie viele Ihrer Seiten werden diese Nutzer anschauen? Der größte Teil der treuen Leser wird eine Seite ansehen. Wenn sie Ihren Artikel toll finden, wird der Artikel von einigen Nutzern erneut geteilt. Wie wird es sich mit neuen Nutzern verhalten? Wenn diese Ihr Blog toll finden, sollten sie mehr als eine Seite anschauen, Ihrem Blog in einem Social Network folgen etc.

Treue Ein-Seiten-Leser

Aus meiner Sicht ist die Differenzierung der Bounce Rate hinsichtlich neuer und wiederkehrender Besucher sehr wichtig. Das betrifft eben insbesondere Social-Media-Aktivitäten. Und das ganz abgesehen von der Messproblematik der Bounce Rate an sich. Google Analytics definiert die Bounce Rate als den Anteil der Visits mit nur einer Page-Impression an allen Visits. Bei einer genaueren Analyse bemerkt man, dass dies nicht ganz stimmt. Es gibt schließlich Seiten, auf denen sich ein Nutzer auch etwas länger beschäftigen kann und vielleicht auch noch Aktionen ausübt, die mitunter als Event gemessen werden, aber nicht als PageImpression/PageView. Es kann sich um das Abonnement eines Newsletters, die Nutzung eines Social Plugins etc. handeln. Justin Cutroni hat das sehr anschaulich beschrieben.

Anteil der Visits mit nur einer PageImpression

Um es nicht ausufern zu lassen:

- **Bounce Rate 1**
  Anteil unbekannter Nutzer, die bouncen
- **Bounce Rate 2**
  Anteil bekannter Nutzer, die bouncen

Durch diese Differenzierung wird die Interpretation der Daten, wie sie beispielsweise Avinash Kaushik empfiehlt, bereichert und damit sicherer.

Abb. 4–3
Bounce Rate 1 & 2

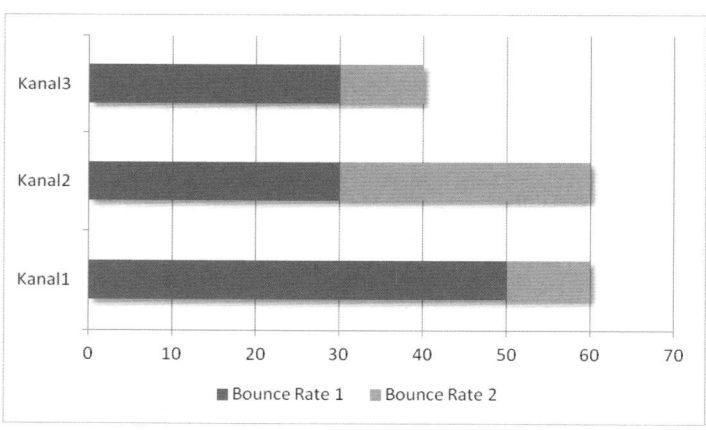

In der Abbildung 4–3 habe ich es etwas überzeichnet dargestellt: Der Balken entspricht der gesamten Bounce Rate. Der dunklere Teil ist der Teil der unbekannten Nutzer, die bouncen. Der hellere Teil des Balkens sind bekannte Nutzer, die bouncen. Während bei Kanal 1 die Bounce Rate mit 60 Prozent recht hoch liegt und der Anteil der bekannten Nutzer gering ist, ist dies bei Kanal 3 anders. Hier stammt die Hälfte der Bounces von bekannten Nutzern. Das ist weit weniger tragisch. Es heißt schließlich, dass Nutzer regelmäßig zu einem Kurzbesuch der Seite zu bewegen sind.

Durch die Unterscheidung wird die Interpretation der Daten sicherer.

Hinsichtlich Kanal 3 fällt auf, dass der Anteil neuer Besucher, die bouncen, mit Kanal 2 identisch ist. Allerdings ist der Anteil bekannter Besucher, die bouncen, geringer.

Es ergeben sich also sowohl neue Erkenntnisse als auch neue Fragestellungen aus dieser Betrachtung. Im Fall des Vergleichs von Kanal 2 und Kanal 3 sollte man die Besuche mit einer höheren Nutzungsintensität auch hinsichtlich neuer und bekannter Besucher vergleichen.

Es sollte klar geworden sein, dass man durch die weitere Differenzierung der Bounce Rate zu wertvollen Schlüssen kommen kann. Dass in diesem Zusammenhang die Web-Analytics-Tools noch unzureichend mit Standardberichten vorbereitet sind, ist sicher nur eine kleine Schwierigkeit. Einen Bericht zu kopieren, um ihn mit einer weiteren Dimension zu versehen, erscheint mir in vielen denkbaren Fällen allerdings durchaus lohnend – und das betrifft nicht ausschließlich Social Media. Auch bei AdWord-Kampagnen kann das hilfreich sein.

4.1.3   Engagement

Wenn ein Besucher über ein Social Netzwork zu einer Website gelangt und diese nicht sofort wieder verlässt. Insbesondere wenn es sich um ein Markenangebot ohne E-Commerce handelt, sind Konversionen mitunter nur sehr schwer zu definieren oder geben nur einen Teil der erwünschten Wirkung wieder – beispielsweise Newsletter-Anmeldungen. Wenn es also erwünscht ist, dass ein Nutzer sich viele Seiten einer Website ansieht, dann handelt es sich um Engagement, das gemessen werden sollte.

Viele Seiten ansehen etc.

4.1.4   Conversions

Bei Konversionen handelt es sich um Ereignisse, die für den Erfolg einer Website entscheidend sind. Das kann auch das Engagement sein und natürlich Verkäufe, die ich in eigene Kategorien im Goal Flow gepackt habe. Bei diesen Conversions kann es sich beispielsweise um geteilte Nachrichten, absolvierte Spiele, bestellte Newsletter, abgeschlossene Servicefälle etc. handeln.

4.1.5   Sales

Bei E-Commerce-Websites sind die Sales das finale Ziel. Gemessen werden sollen die Verkäufe – Anzahl und Wert – die durch Social Media induziert wurden. Sicher sollte man dabei auch die direkten Verkäufe auswerten, also die Fälle, bei denen der Visit, während dessen der Verkauf stattfand, den Referrer eines Social Networks trägt. Viel häufiger wird der Nutzer nicht direkt kaufen, sondern bei einem späteren Besuch. In diesem Fall sollte man wissen, dass der Kontakt über ein Social Network stattfand. Es kann sich in diesem Fall um die aus dem Online-Advertising bekannte Methode des »Last Cookie Wins« handeln. Dann wäre keine andere Werbung mehr dazwischengekommen. Nicht nur der letzte Keks kann spannend sein: Für Verkäufe ist es aus meiner Sicht ausgesprochen wichtig zu wissen, ob ein Kunde auch die Behandlung auf einem Social Network erfahren hat.

4.2   Der Kampagnen-Ansatz

Vieles kann in technischer Hinsicht als Kampagne interpretiert werden.

Im Grunde kann man vieles, was man auf Social-Media-Pattformen macht, als Kampagne interpretieren und entsprechend messen. Es muss an dieser Stelle bei Meldungen und Ziel-URLs, die in Social Networks platziert werden, nichts anderes gemacht werden als bei Display-Werbung auch. Es muss ein Werbeträger angegeben werden, weitere Umfeldvariablen – bzw. Parameter – können ebenso benutzt werden.

Abb. 4–4

Kampagnen-Parameter bei Google Analytics

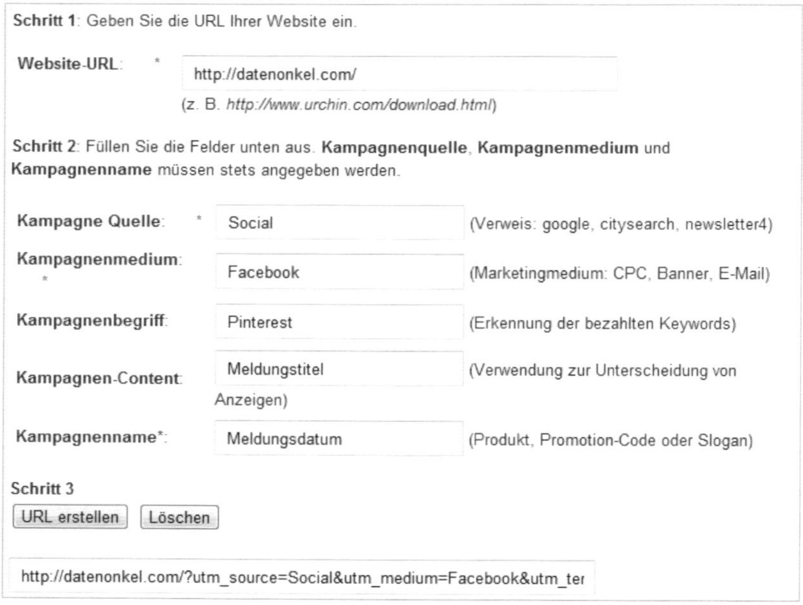

Schritt 1: Geben Sie die URL Ihrer Website ein.

Website-URL: *   http://datenonkel.com/

(z. B. *http://www.urchin.com/download.html*)

Schritt 2: Füllen Sie die Felder unten aus. **Kampagnenquelle**, **Kampagnenmedium** und **Kampagnenname** müssen stets angegeben werden.

Kampagne Quelle: *	Social	(Verweis: google, citysearch, newsletter4)
Kampagnenmedium: *	Facebook	(Marketingmedium: CPC, Banner, E-Mail)
Kampagnenbegriff:	Pinterest	(Erkennung der bezahlten Keywords)
Kampagnen-Content:	Meldungstitel	(Verwendung zur Unterscheidung von Anzeigen)
Kampagnenname*:	Meldungsdatum	(Produkt, Promotion-Code oder Slogan)

Schritt 3
[URL erstellen]   [Löschen]

http://datenonkel.com/?utm_source=Social&utm_medium=Facebook&utm_ter

Dabei handelt es sich bei der »Kampagnenquelle« und bei dem »Kampagnenmedium« um Pflichtparameter. Die übrigen Parameter sind optional. Für was Sie die Parameter benutzen, um später Schlüsse ziehen zu können, bleibt Ihnen überlassen. Durch den Text in Abbildung

4–4 sollte allerdings deutlich geworden sein, dass die Parameter ursprünglich hinsichtlich des AdWords-Programms entwickelt wurden.

Um die Wirkung von Social Media mit AdWords und anderen Werbeformen kontrastieren zu können, muss die Belegung der Parameter angepasst erfolgen. Man muss sich also gegebenenfalls mit anderen Abteilungen und deren Planung abstimmen. Dienstleister müssen das entsprechend koordinieren, damit es zu keinem Durcheinander kommt, das später zu Datenbrüchen führen würde.

Filterung ermöglichen

Als Kampagnen-Quelle empfiehlt es sich bei allen Social-Media-Kampagnen, einen Code für Social Media – beispielsweise »Social« – einzutragen. So können alle Social-Media-Kampagnen einfach gefiltert werden. Wurden die übrigen Quellen beispielsweise mit »AdWords«, »Display« und »Affiliate« belegt, so ist eine einfache Übersicht hinsichtlich der Ergebnisse in einem Standardreport möglich. Zudem ermöglicht es die einfache Filterung von Reports, um die Ergebnisse tiefer liegender Parameter analysieren zu können. All das ist ausgesprochen praktisch. In Abbildung 4–5 wird das Anlegen eines Filters für die Kampagnenquelle »Social« gezeigt. So ist es möglich, einen Report, wie angesprochen, auf Social-Kampagnen zu filtern und entsprechend auszuwerten. Je nach Analytics-Strategie können Sie Filter auf der Ebene von Profilen oder Reports setzen.

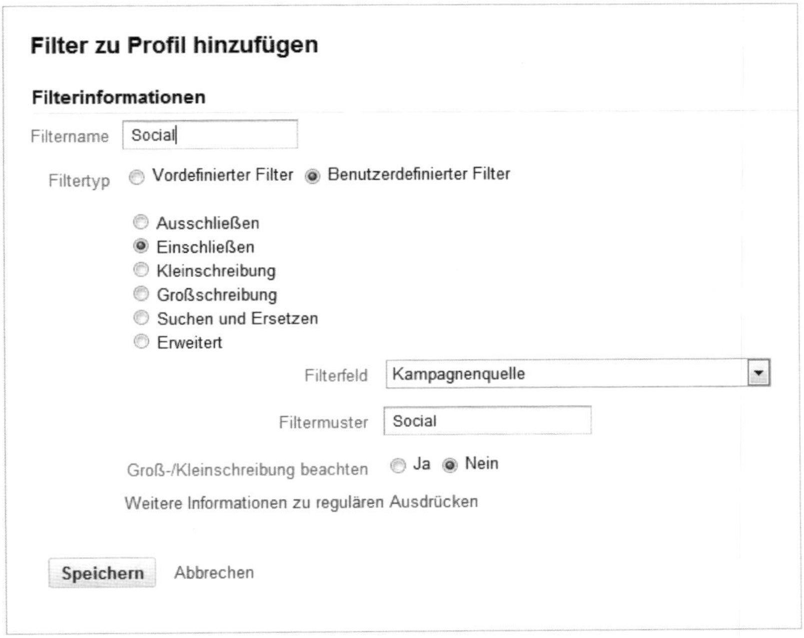

Abb. 4–5
Anlegen eines Filters bei Google Analytics

Dann gibt es noch die bereits angedeuteten Conversions-Events. Diese können in Google Analytics über ein relativ einfach zu bedienendes Modul angelegt werden. In Abbildung 4–6 wird gezeigt, wie ein Engagement-Event angelegt wird.

Abb. 4–6

Anlegen eines
Conversions-Events in
Google Anclytics

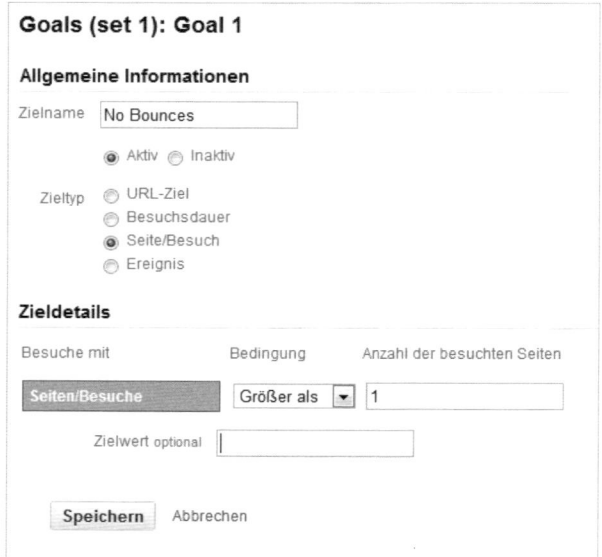

Sie müssen in diesem Fall einfach nur die minimale Zahl für einen Besuch eintragen, damit es sich im Sinne Ihrer Website um Engagement handelt. Wenn es sein muss, können Sie auch mehrere diesbezügliche Ziele definieren – also beispielsweise Low-Engagement und High-Engagement. Sie müssen allerdings beachten, dass Sie nur maximal fünf Ziele auf diese Weise definieren können. Wenn Sie noch Abschlüsse als Ziel definieren müssen, verwenden Sie am besten die Definition per URL. Es muss dann nur die URL der Bestätigungsseite eingetragen werden. Gleiches kann man auch für das Abonnement von Newslettern machen. Wenn es eng wird, kann man sich auch dafür entscheiden, nicht die Abschlüsse zu zählen, sondern einfach nur den erzielten Umsatz. Dieser wird an anderer Stelle ohnehin erfasst.

Erfolge definieren   Prinzipiell kann man auf diesem Weg weiterarbeiten und einen entsprechenden Report entwickeln, der alle Überleitungen aus Social Networks enthält. Durch den Vergleich beider Reports kann man sehen, welche Anteile jeweils durch eigenes – werbliches – Zutun erfolgten und welcher Anteil durch die Fans und Follower selbstständig generiert wurde.

Einiges weiß man durch dieses Verfahren allerdings nicht: Hin-   *Historie*
sichtlich der Kampagnen-Parameter und des Umsatzes wird in diesem
Fall mit dem letzten eingegangenen Parameter vor dem Abschluss
gearbeitet. Kommt also ein Nutzer über eine Facebook-Meldung mit
Kampagnen-Parameter auf die Website und klickt vor dem Kauf noch
Werbemittel – beispielsweise ein Banner – mit Kampagnen-Parametern
an, dann wird die Konversion und der Verkauf diesem Banner zugerechnet.

4.2.1   Die Google Analytics Social Reports

Nun hat Google Analytics im Frühjahr 2012 neue Standardreports
eingeführt, mit deren Hilfe man etwas leichter den Überblick behalten
kann:

- Übersichtsreport
- Quellenreport
- Seitenreport
- Conversions-Report
- Report für Plugins sozialer Netzwerke
- Report zum Fluss sozialer Besucher

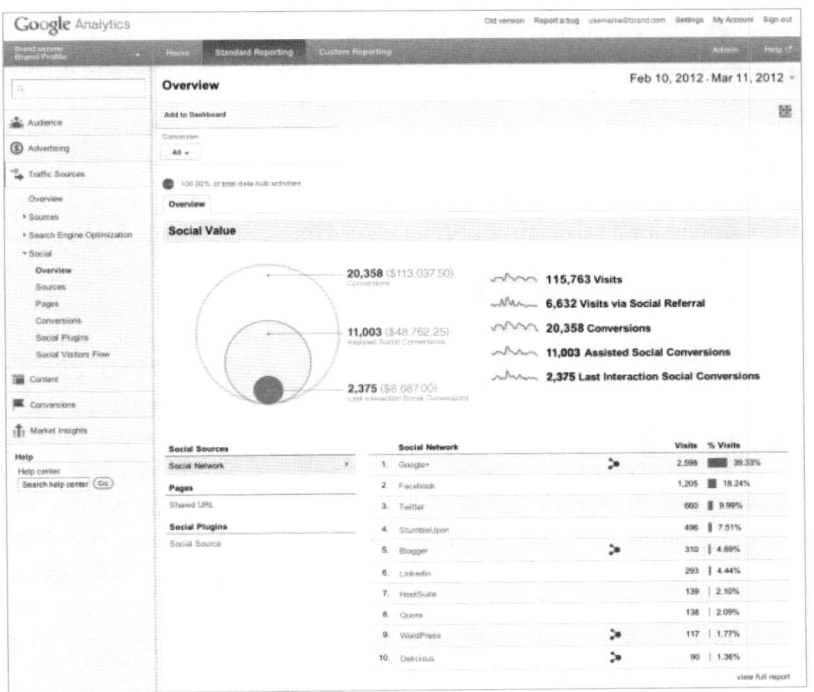

Abb. 4–7
Overview der Google
Social Reports

Dabei bietet gleich der Übersichtsreport die entscheidenden Aussagen: Der Anteil von Social Media an den Conversions der Website – direkt oder im Verlauf der Customer Journey – wird erkennbar.

Umsatz durch Social Media

Es geht dabei eben um harte Fakten: Welcher Umsatz wurde durch die direkte Umwandlung eines Besuchs einer Social-Media-Plattform in Umsatz (oder definierte Conversions) gemacht (Last Interaction Social Conversions)? Das ist erfahrungsgemäß ein recht seltener Fall. Viel häufiger kommt es vor, dass Kunden, bevor sie tatsächlich kaufen, eine Website und darauf befindliche Produkte anschauen und erst bei einem der darauffolgenden Visits kaufen. Google nennt dies Assisted Social Conversions – vorbereitete soziale Conversions.

Conversions

Der Abstand zwischen den beiden Größen ist davon abhängig, wie die Conversionen definiert werden, d.h., ob tatsächlich nur ein Kauf zählt oder auch die Anforderung eines Infopakets oder Visits einer bestimmten Länge (z.B. vier PIs). In der Kreis-Darstellung von Google Analytics erkennt man deutlich die Relevanz von Social Media für den Gesamterfolg.

4.2.1.1   Woher kommt der Erfolg?

In einem weiteren Schritt – dem Report »Quellen« – werden die sozial generierten Visits und PageViews den einzelnen Plattformen zugewiesen. So kann man nachverfolgen, welchen Anteil am Traffic das Engagement in einem speziellen Network hat – mitunter können auch Networks auftauchen, in denen man nicht aktiv ist. Ein Beispiel dafür kann Referral Traffic aus den bildorientierten Netzwerken Pinterest und Tumblr sein. Für diesen Report gibt es auch eine Zeitachse, die ausgesprochen hilfreich ist. Man kann also auch Aktionen und deren Erfolg hinsichtlich des Traffic auf der Ebene der einzelnen Netzwerke beurteilen und so deren Effektivität bestimmen. Zusätzlich gibt es noch einen Report, der Entsprechendes für einzelne Zielseiten abbildet.

Erfolgsquellen

Neben diesen Details zeigt der Report »Conversions« den quantifizierten Wert für die einzelnen Networks an. Man erkennt auf diesem Weg sehr einfach, wie wichtig ein Network direkt für den Unternehmenserfolg ist.

Was auf diesem Weg messbar ist, sind die Conversions auf einer Website. Was in den Köpfen der Nutzer eines Networks vorgeht, kann nicht abgebildet werden – wie auch? Wenn ein Network also viel Traffic hat, die Nutzer aber nicht direkt zur Website wechseln, Produkte in einem Laden kaufen oder die Adresse der Website direkt in den Browser eingeben, dann ist dies nicht dokumentierbar. Es ist bei den Social Networks in diesem Fall nicht anders als bei der Display-Werbung auch. Auf die Zahlen von Google Analytics alleine sollte man sich

nicht verlassen. Der grundsätzliche Werbeeffekt durch das Engagement innerhalb der Plattformen muss ebenso berücksichtigt werden.

4.2.1.2   Der Flow

Wirklich beeindruckend ist die Darstellung des Besucherflusses bei
Google Analytics. Anders als beispielsweise bei Webtrends möglich,
beginnt die Darstellung bei den Networks, von denen aus der Besuch
erfolgt – und nicht nur das! Für derzeit 21 Netzwerke kann der Flow
sogar mit dem in den entsprechenden Plattformen verbunden werden.
Leider fehlen Facebook, Twitter und WordPress dabei. Aber Blogger,
Google+, VKontakte und TypePad sind ja schon etwas, mit dem man
gegebenenfalls arbeiten kann.

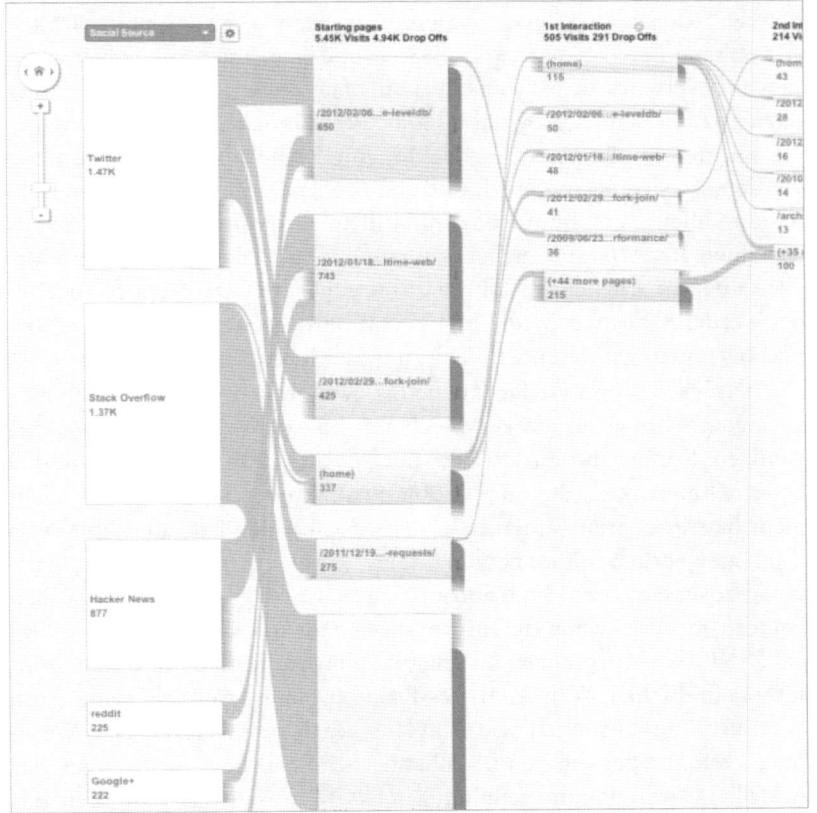

Abb. 4–8

Der Flow

Nicht vergessen sollte man auch die Tatsache, dass man bei Google
Analytics mit Bordmitteln auch den Weg von der eigenen Website in
Social Networks tracken kann. Die Registrierungen über Social Plug-
ins sind messbar und werden in einem Report abgebildet.

*Der Flow beginnt im
Social Network.*

4.3   Der Weg in die Networks

Fans und Follower müssen für die Networks gewonnen werden, ebenso Shares, Pins etc. Eine der Quellen hierfür sind die eigenen Online-Objekte wie Websites oder Newsletter. Durch die Messung der Nutzung der Badges und Social Plugins ist es möglich, den eigenen (Online-)Beitrag zu beurteilen und in Relation zu stellen. Man kann beurteilen, welche Rolle für die Gewinnung von Fans die Website spielt und das hinsichtlich anderer Quellen kontrastieren. Gleiches gilt für die auf der Website publizierten Inhalte oder Produkte.

Einen eindeutig »besten« technischen Ansatz hierfür kann ich an dieser Stelle nicht formulieren, da die Einbindung von Social Plugins und den Badges recht heterogen ist. Wenn es sich bei einer Badge beispielsweise nur um den Link auf ein Network-Profil handelt, dann können Klicks auf Links gemessen werden – also nicht wirklich gewonnene Fans. Nutzer, die klicken und gemessen werden, müssen sich im Network selbst entschließen, Fan zu werden. Im Gegensatz dazu ist es in manchen Social Plugins direkt möglich, Fan zu werden.

Was wird gemessen – Klick auf Link oder Like?

Bei der Implementation des Tagging sollte also darauf geachtet werden, was gemessen wird, und die Messstrategie ist so auszulegen, dass möglichst nur homogene inhaltliche Zusammenhänge in jeweils einzelnen Reports auftauchen können – also nicht beispielsweise die eben angesprochenen Verfahren zusammen in einem Report abgebildet werden. Dies würde die Interpretation der Daten sehr erschweren und bis hin zu gravierenden Fehlern in der Interpretation führen.

Hilfswerkzeuge notwendig?

Natürlich könnten Sie auch das, was Ihnen die Social Plugins anzeigen, manuell in ein entsprechendes System übertragen. Was bei wenigen Seiten und Produkten noch bedenkenswert ist, kann bei Unternehmen mit 100 oder 1.000 Produkten schon zu einer nicht mehr bewältigbaren Aufgabe werden. Was bei den Fan- und Follower-Zahlen eigentlich immer geht, ist dann – abgesehen von Stichproben – völlig ausgeschlossen. Eine automatisierte Lösung ist in einem solchen Fall erforderlich, wenn die Informationen als notwendig erachtet werden. Sollte ein entsprechendes Tagging mit dem für die Website im Einsatz befindlichen Web-Analytics-Produkt nicht möglich sein, kann alternativ mit Lösungen wie AddThis gearbeitet werden. Das Werkzeug verfügt über eine entsprechende Schnittstelle, um die über das AddThis Social Plugin geteilten URLs etc. auszuwerten und in das gewünschte System zu übertragen.

Noch ein Datentopf?

Allerdings müsste durch dieses zusätzliche System eine weitere Schnittstelle bedient werden. Im Sinne einer weitestgehenden Begrenzung sollte man jedoch versuchen, dies direkt über das Web-Analytics-

System der Website zu lösen. Zu vergleichende Daten wären damit schon im gleichen Datentopf.

Es geht um folgenden Zusammenhang: Um den Erfolg der eigenen Social-Media-Aktivitäten in Relation zu dem eigenständig viralen Effekt der Website oder des Newsletters beurteilen zu können, sollte man diese Daten vergleichen.

Wie nun eine Umsetzung erfolgt, ist natürlich in erster Linie von der Kommunikationsstrategie des Unternehmens und den gesamten technischen Rahmenbedingungen abhängig. Grundsätzlich sollte man dyadisch arbeiten:

Einkreisen

▥ Alle Ziellinks auf die eigene Website, die selbst auf Social-Media-Plattformen publiziert werden, sollten mit Kampagnenparametern versehen werden, um die eigene Kampagnenleistung beurteilen zu können. Eine Auswertung auf Ebene der Plattformen sollte durch das Setzen der Parameter möglich sein.[1]

▥ Sie sollten Reports für Social Media Referral Traffic, Conversions und gegebenenfalls Sales anlegen, so dass es Dimensionen oder Reports für die Plattformen und Referrals gibt. Man hat also drei Dimensionen, die abzudecken sind:

- Zielseite
- Plattform
- Referrer

Durch dieses Vorgehen kann man nun den Gesamterfolg der Plattform mit dem Kampagnenerfolg in Relation setzen.

4.4 Muss man auf Google Analytics umsteigen?

Um an die dargestellten Informationen zu kommen, muss man nicht zwingend auf Google Analytics umsteigen. Das Produkt ist zwar in der Normalversion kostenlos. Der Umstieg ist jedoch unter Umständen mit ganz erheblichen Kosten für ein neuerliches Fachkonzept und Hilfe beim Tagging verbunden. Auch mit Produkten wie Webtrends oder Adobe Omniture lassen sich viele Fragestellungen entsprechend beantworten, indem Custom Reports angelegt werden. Schwierigkeiten bei der Umsetzung können insbesondere die »vorbereiteten sozialen Interaktionen« machen. Der Aspekt der Social Hubs ist in Google Analytics

Nein – auch wenn GA toll ist

---

1. Sie sollten in einem Parameter stehen haben, um welche Plattform es sich handelt, z.B. Facebook, Twitter oder Google+. Die Werte können Sie im Klartext, abgekürzt oder verschlüsselt eintragen – ganz nach Anforderung des Kunden und den Möglichkeiten des Web-Analytics-Systems.

ohnehin noch nicht vollständig gelöst, so dass dies zu verschmerzen sein sollte.

Hinsichtlich des Tracking von Social Plugins oder des Effekts von Badges auf die Fanzahl bietet Goggle Analytics aus meiner Sicht keine Vorteile. Die Fragestellungen lassen sich mit einem Tool der Enterprise-Klasse zweifellos beantworten.

4.5   Quellen

Hinsichtlich Web Analytics im engeren Sinne gibt es eine große Anzahl von Büchern, die empfehlenswert sind. Deren Ausrichtung ist auch durchaus unterschiedlich und ausreichend in deutscher Sprache vorhanden. Meier & Zumstein (2013) betonen die Integration ökonomische Prozesse und bleiben auf einer recht allgemeinen abstrakten Ebene. Hassler (2012) verfolgt einen eher umsetzungsorientierten Ansatz. Aden (2012) hat eine wirklich umfangreiche Bedienungsanleitung für Google Analytics vorgelegt.

Wen das Lesen in englischer Sprache nicht schreckt, sollte Kaushik (2010) als Einführung zurate ziehen. Werkzeuge und Herangehensweisen werden systemsch erklärt.

Wie in vielen anderen Fällen lohnt es sich durchaus, einschlägigen Kommunikatoren im Social Web zu folgen. Ich selbst bevorzuge hierfür Google+. Dort sind leichter Diskussionen möglich als auf Twitter, und neue Blog-Beiträge werden kommuniziert. Ich nenne hier einige Herren in alphabetischer Reihenfolge ihrer Nachnamen:

- Justin Cutroni
- Stephane Hamel
- Avinask Kaushik
- Jim Sterne
- Daniel Waisberg

Daneben sollten Sie natürlich die Blogs der Produkte verfolgen, die Sie im Einsatz haben. Bei Google Analytics gibt es auch immer wieder sehr gute Schulungsvideos auf YouTube, die ausgesprochen hilfreich sein können. Hierfür gibt es einen eigenen Channel, dem man folgen kann.

5 Klout & Co. – Tauglichkeit der Scores als Instrument

In diesem Kapitel, wird das Thema »Einfluss-Scores« strukturiert auf-gearbeitet. Die Beschäftigung mit dem Thema ist durchaus lohnend. Wenn die herausgearbeiteten Defizite beseitigt werden, handelt es sich – neben der Relevanz für die SEO – um ein ausgesprochen nützliches Instrument für Online-Marketing und E-Commerce. Die Aufgabe im Kontext dieses Buchs ist die Einschätzung der Tauglichkeit der Werte und eine Empfehlung hinsichtlich sinnvoller Einsatzmöglichkeiten.

Wofür sind Scores nützlich?

Nützlich könnten solche Score-Information in verschiedenen Be-reichen sein:

Warum man sich damit beschäftigen sollte

- Suchmaschinen nutzen Scores als Relevanzmaß.
- So identifizierte einflussreiche Kommunikatoren können als Fan für das eigene Angebot angesprochen und gewonnen werden.
- Relevante Kommunikatoren für bestimmte Themen können iden-tifiziert werden, um diese beispielsweise zu Tests für bestimmte Produkte einzuladen.
- Wenn man in einem Service-Center weiß, dass eine Anfrage von einem einflussreichen Kommunikator gestellt wurde, kann dieses einem besonders qualifizierten Mitarbeiter zugewiesen werden. In diesem Zusammenhang ist beispielsweise auch der Kauf von Radian6 durch SalesForce zu verstehen.
- Die Scores können ein Motivator hinsichtlich der Steigerung des Einflusses für Mitarbeiter oder für Fans zur Erlangung von Perks sein.

5.1 Die Sicht der Betreiber

Die Anbieter selbst definieren, für was ihre Daten nützlich sind. Nicht nur Klout setzt dabei auf sogenannte »Perks«. Nutzer mit einem Klout-Score ab einem bestimmten Niveau erhalten Vergünstigungen. Das Prinzip wird in Abbildung 5–1 veranschaulicht.

Einflussreichen Kommunikatoren Rabatte versprechen …

Abb. 5–1

Das Klout-Prinzip

am Beispiel einer

Neuwagen-Einführung

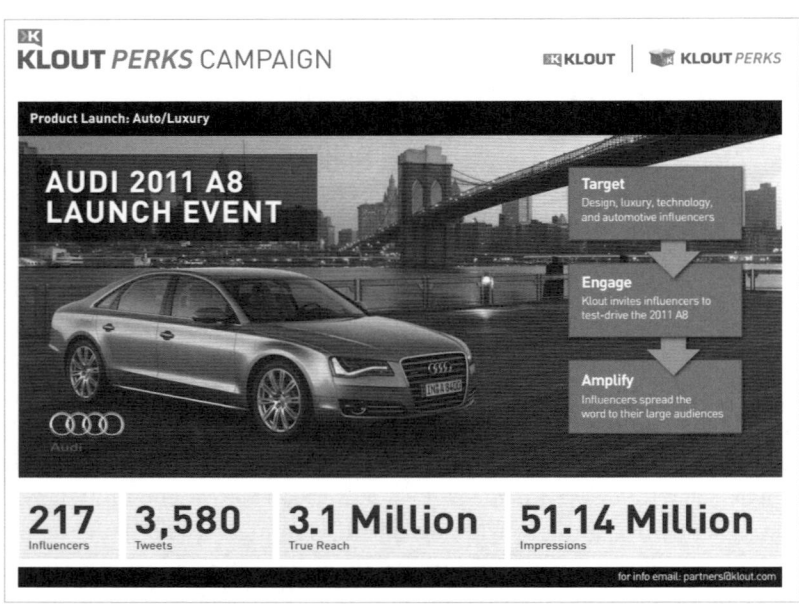

...und diese zur
Kommunikation
motivieren

Zusammengefasst funktioniert das Business-Konzept hinter Klout so: Wenn einflussreiche Personen über Produkte kommunizieren, ist das spannend für Unternehmen. Über Klout können sie diese erreichen. Klout ist dabei so angelegt, dass die Teilnehmer dazu motiviert werden, ihre Reichweite und ihre Kommunikationsfrequenz zu erhöhen. Dies könnte für Unternehmen vorteilhaft sein. Man gibt einem einflussreichen Kommunikator ein Produkt billiger oder kostenlos und dann kommuniziert dieser möglicherweise über das Produkt. Die Kommunikation von einzelnen Personen oder Freunden wird im allgemeinen als vertrauenswürdiger empfunden als Werbung. Über den Umweg Klout wird dies erreicht.

Neue Form des
Jouranisten-Rabatt

Was Klout macht, kann man nicht einfach mit einem Journalistenrabatt vergleichen. Es gibt zwei wichtige Unterschiede: Nutzer, die Perks erhalten – beispielsweise ein Smartphone –, empfangen nicht gleichzeitig Anzeigengelder. An dieser Stelle kann man sicher anmerken, dass auch freie Journalisten den entsprechenden Rabatt erhalten. Allerdings schiebt Klout nach eigener Aussage einen weiteren Riegel dazwischen: Das Perks vergebende Unternehmen bekommt nicht die Adressen der Personen, an die die Produkte vergeben werden. Es gibt also keinen weiteren Weg der Einflussnahme als die Vergünstigung selbst.

Kriterien, nach denen Klout gebucht werden kann, sind:

- Der Score-Wert
- Regionale Eingrenzungen (Land, Bundesland, Ballungsraum)
- Themen für die ein Kommunikator Einfluss hat
- Zahl der Influencer, die erreicht werden sollen.

Nachfolgend geht es darum, für verschiedene Scores die Validität der Messung hinsichtlich dieser Kriterien zu bewerten. Die übrigen bereits genannten Nutzungszusammenhänge werden ebenfalls geprüft.

5.2   Kriterien zur Unterscheidung und Beurteilung von Scores

Scores kann man hinsichtlich der untersuchten Plattformen einteilen in

Untersuchte Plattformen

- allgemeine, die über viele Netzwerke hinweg gültig sind (z.B. Klout, Kred, PeerIndex),
- spezielle, die einen Score lediglich für eine Plattform angeben (z.B. TweetLevel, PinReach).
- weitere Ranglisten, die sich lediglich auf die Zahl von Followern sowie Interaktionen beziehen (z.B. CircleCount).

Ein weiteres Unterscheidungsmerkmal ist die Identifikation von Themen. Es gibt Scores,

Identifikation von Themen

- die auch Themen oder Themenbereiche einbeziehen (z.B. Klout, PeerIndex, TweetLevel), und solche,
- bei denen es keine Berücksichtigung von Themen gibt (z.B. PinReach).

Eng verknüpft mit diesem Kriterium ist die Sprachabhängigkeit:

Sprachabhängigkeit

- Sprachunabgängige Scores zählen einfach häufig vorkommende Begriffe/Hashtags in Kommunikaten aus und ordnen diese den Nutzern zu. Eine Hierarchie der Begrifflichkeit gibt es nicht (z.B. TweetLevel).
- Sprachabhängige Scores werten lediglich einzelne Sprachen aus und verlassen sich zusätzlich auf vorgegebene Dictionaries. Klout macht das so.

Gemeinsam ist in der Tat allen, dass sie Nutzer dazu motivieren möchten, mehr Freunde zu haben. Die meisten empfehlen auch, die Zahl der Nachrichten zu erhöhen, um den Score zu steigern. Edelmanns Tweet-Level fordert zusätzlich Reaktionen auf Tweets in Gestalt von Diskussionen. Die Funktionsweise der Scores kann man an dieser Stelle hinsichtlich des bevorzugten Aktivitätsmusters unterscheiden in

Bevorzugte Aktivitätsmuster

▤ **Tachometer-/Performance-Funktion**
Der Score berücksichtigt lediglich die Entwicklung der vergangenen 90 Tage (Klout) oder 30 Tage (PeerIndex).

▤ **Höhenmesser**
Der Score zählt alle vorhandenen Daten zusammen (z.B. PinReach).

Transparenz der Erstellung

Auch nicht ganz unwichtig als eine weitere Dimension für die Beurteilung von Scores ist die Transparenz bei der Erstellung.

▤ Nahezu völlige Intransparenz herrscht bei Klout, das zugegeben auch das komplexeste Instrument ist.

▤ Sehr viel transparenter sind Dienste wie Kred oder pinpuff mit Pinfluence.

▤ An transparentesten sind Ranglisten, die einfach nur Fans und Follower auszählen.

Um diese Scores in Deutschland einsetzen zu können und Influencer für Themen zu identifizieren, müssten dies Scores also für die deutsche Sprache verfügbar oder sprachunabhängig sein.

5.3   Die Validität der Scores

Wie valide müssen Scores sein?

Die Frage der Validität der Scores – ihre Gültigkeit – ist natürlich ausgesprochen wichtig für den professionellen Einsatz. Messen die Scores, was sie vorgeben zu messen? Nur bedingt entscheidend ist dafür der Einfluss, der den Kommunikatoren außerhalb des Netzes zugewiesen wird – Spitzenpositionen, wie sie von hochrangigen Politikern oder Firmenchefs eingenommen werden. Aber – und um es salopp zu sagen – die interessieren für den Verwendungszweck auch kaum. Auch die viel zitierten »Stars« – Lady Gaga, Justin Bieber & Co. – sind nicht wirklich relevant. Diese sind ohnehin bekannt und für die meisten Unternehmen kaum erreichbar oder schlicht zu teuer.

Spannend ist nicht die absolute Spitze, spannend ist ein viel größerer Teil potenziell einflussnehmender Kommunikatoren.

Auch wenn die Werte für einzelne Nutzer oder ein einzelnes Unternehmen *en detail* spannend sein mögen (ebenso wie die Veränderung ihrer Scores), so sind für die generelle Nutzung Werte ausreichend, die den Einfluss grob abbilden. Es ist unwichtig, ob jemand wie bei einem Sportwettbewerb auf dem Treppchen landet. Es ist völlig ausreichend zu wissen, dass die Kommunikatoren – je nach Fragestellung, Zielsetzung und Größe eines Themas – etwa zu den Top-100- oder vielleicht auch zu den Top-10.000-Kommunikatoren gehören.

5.3.1 Die Scores an sich

Die genaue Formel, die hinter der Berechnung eines Scores steckt, bleibt i.d.R. das Geheimnis des Anbieters. Das ist auch gut so. Ansonsten wären die Scores zu leicht manipulierbar. Sicher – Kred ist transparenter als Klout. Beschweren sollte man sich dennoch nicht oder haben Sie bei den Sinus Milieus schon mal überlegt, wie diese genau ermittelt werden?

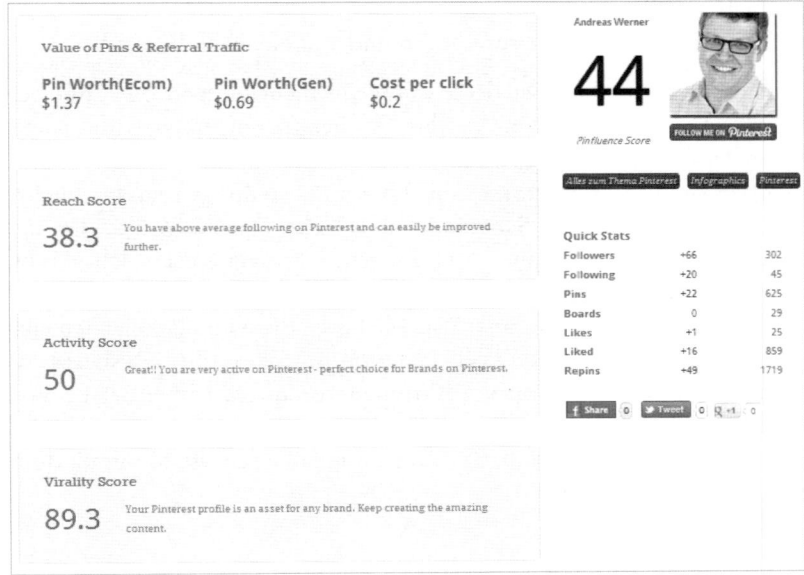

Abb. 5–2

Pinfluece Score von pinpuff

Am Beispiel des Pinfluence-Scores von pinpuff lässt sich das schon ein wenig erläutern.

Deutlich wird, dass der Reichweitenaspekt das größte Gewicht hat. Würden die Werte nämlich gleichmäßig gewichtet, so wäre das Ergebnis ein Score von 59. Das Gewicht des Reach-Scores im Beispiel ist zehn Mal höher als das Gewicht der beiden anderen Scores. Würden die Scores näher beieinander liegen, dann wären die Gewichte andere.

Für meine eigene Pinterest-Aktivität sagt mir der Score, dass ich meine Reichweite ausbauen soll. Meine Pins sind eigentlich schon superviral und ich mache auch schon recht viel bei Pinterest.

Welche Aspekte sind relevant für die Bildung eines Social Media Scores?

5.3.1.1   Klout

Klout arbeitet mit ähnlichen Parametern, die allerdings leicht verklausuliert dargestellt werden:

Die Einflussfaktoren

- **True Reach**
  Die Zahl von Menschen, die direkt oder indirekt beeinflusst werden.
- **Amplification**
  Die Stärke der Beeinflussung (Frequenz von likes, RTs etc.).
- **Network Impact**
  Die Stärke des Einflusses von Freunden, Fans & Followern.

Verständlich ist, dass bei der Reichweite nicht einfach die Zahl der Köpfe errechnet wird. Um Einfluss zu generieren, müssen die Menschen erreicht werden. Doch das kann Klout nicht messen – zumindest nicht korrekt. Sichtkontakte mit Twitter-Mitteilungen sind schlichtweg nicht messbar und Schätzungen schlecht. Der Aufwand, dies bei Facebook aus den Insights zu errechnen, wäre gigantisch. Ich glaube nicht daran, dass dies entsprechend umgesetzt wird, und Google gibt die Daten bisher nicht heraus. Was bleibt, ist die Möglichkeit, sich einfacher Metriken wie Retweets, Mentions, Likes oder Reshares zu bedienen. Wenn es zu solchen Aktionen kommt, wird bei der Ermittlung der Werte der Klout oder einer seiner Bestandteile für die Kalkulation benutzt. Dieses Verfahren bietet Möglichkeiten zur Manipulation.

5.3.1.2   PeerIndex

Auf Twitter konzentriert

Der PeerIndex ist prinzipiell ähnlich aufgebaut. Der Einfluss errechnet sich aus Aktivität, Publikum und Autorität. Zusätzlich wird noch die PageAuthority von Blogs berücksichtigt. Analysiert man das Instrument näher, so wird klar, dass ein höheres Gewicht auf Twitter liegt. Womöglich werden Facebook und LinkedIn nicht ausgewertet. Die Werte wurden bei meinem Test nicht angezeigt. Sie sollten das also selbst nochmal überprüfen.

Abb. 5–3
PeerIndex Coming Soon

5.3.1.3 Kred

Kred erlaubt es, zusätzlich Offline-Statusmerkmale einzubeziehen. Journalisten, Politiker, Unternehmenslenker erhalten so einen höheren Score. Diese Kreds können selbst beantragt werden oder von anderen Teilnehmern zugewiesen werden. Man könnte auf diesem Weg beispielsweise Werner Feymann zu einem weltweit sehr einflussreichen Mann machen. Derzeit begrenzt sich diese Einflussnahme wohl vorwiegend auf Österreich und einige Aspekte innerhalb der EU. Ausgewertet werden bei Kred derzeit Twitter und Facebook.

Auch Offline-Einfluss integrierbar

5.3.2 Mess- und Übertragungsfehler

Natürlich stellt sich die Frage, ob der Status entsprechend dem, was die Scores vorgeben zu messen, korrekt kalkuliert wird. Schon bei der internen Validität stößt man auf Schwierigkeiten. Ein Beispiel sehen Sie in Abbildung 5–4.

Interne Validität

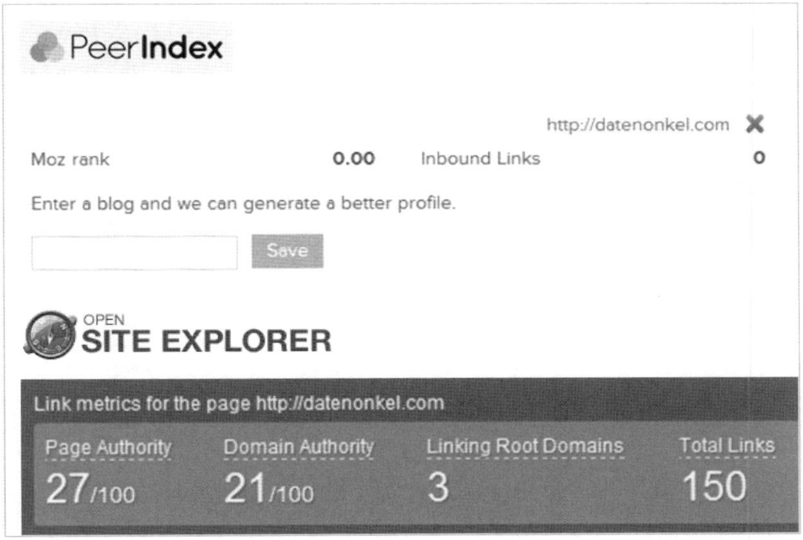

Abb. 5–4
Blog Authority im PeerIndex

Obwohl ich mein Blog im Rahmen meines Tests schon seit mehreren Wochen bei PeerIndex angegeben hatte, wurden die Moz-Rank-Werte, die über den OpenSiteExplorer abrufbar sind, nicht inkludiert. Die Frequenz und der korrekte Abruf von Zahlenwerten (Fans, Likes, Retweets etc.) erfolgt sowohl bei Klout als auch bei PeerIndex mitunter stark verzögert und zum Teil fehlerhaft. Bei PeerIndex wird beispielsweise nur eine Stichprobe der Tweets ausgewertet.

Stichproben,
Verzögerungen, Fehler

Verständlich ist dieses Verfahren: Die Datenmengen, die über die APIs ausgewertet werden müssen, sind gewaltig und die Anbieter der Scores nicht wirklich Unternehmen, die sich ausreichend Rechenpower leisten können.

Sie müssen also, um die Validität aktualisiert bewerten zu können, die entsprechenden Prüfungen wiederholt durchführen.

5.3.3   Sprünge durch notwendige Anpassungen

Interpretation erschwert

Besonders die Betreiber der komplexeren Systeme wie Klout oder Peer-Index leiden unter Veränderungen des Gesamtsystems Social Media. Es kommen neue Plattformen hinzu, die abgebildet werden sollten. Existierende Plattformen verändern ihr Konzept oder ihr API und schon muss der Index angepasst werden. In Abbildung 5–5 sind zwei Sprünge in den Scores bei Klout zu sehen (Kästen), die höchstwahrscheinlich auf die Anpassung des Instruments zurückzuführen sind.

Weder bei mir noch bei Volker Meise lagen nach meinem Wissen entsprechende Ereignisse vor (z.B. Zugewinne von Fans, viele Shares etc.). Auch das kann passieren: Ende Mai 2012 veränderte Pinterest die Zählweise der Follower, mit nahezu katastrophalen Folgen für die Anbieter von Analytics Tools.

Abb. 5–5
Sprünge im Klout-Verlauf

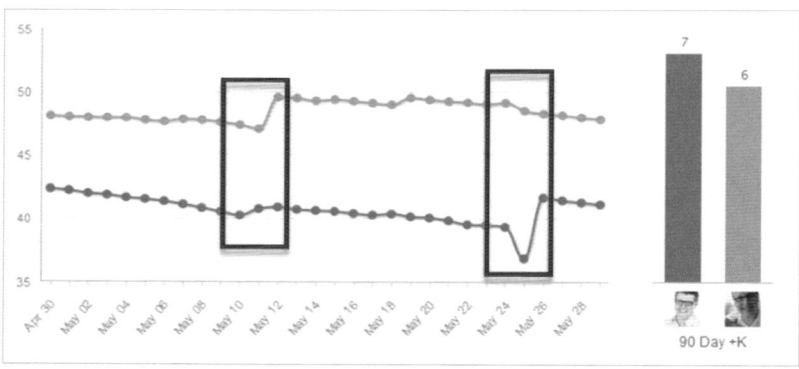

5.3.4   Sprache & Land als Hürde

Während es sich bei den bisher genannten Kriterien um quantitative Fehler handelt, die den Score-Wert an sich beeinflussen und von denen alle Teilnehmer am Score mehr oder weniger gleich betroffen sind, handelt es sich bei dem Sprachkriterium um ein weitaus gravierenderes Problem, wenn man das Ziel hat, Influencer für einen bestimmten Bereich zu identifizieren. Dann muss die Zuweisung von Themen möglichst korrekt sein.

Hierzu gibt es verschiedene Ansätze. Gerade bei Klout kommt es für deutsche Kommunikatoren zu Fehlmessungen. Themen werden bei Klout aus einem Katalog vergeben. Wie ein Begriff in den Katalog hineinkommt, bleibt verborgen. Bei PeerIndex ist der Einfluss auf die Themen noch geringer.

Der Einfluss von Themenkatalogen

Begriffe englischen Ursprungs werden bei Klout korrekt abgebildet – also beispielsweise »Marketing« oder »Social Media«. Dagegen findet man »Maschinenbau« oder »Getriebe« nicht, wohl aber »Bier« und »Sauerkraut«. Es ist eigentlich ein gewaltiges Durcheinander. Der Einsatz des Instruments ist in Deutschland kaum möglich.

Automatisch generierte Listen haben Tücken

Edelmans TweetLevel ist prinzipiell sprachunabhängig und deshalb einer genaueren Analyse wert. Die Funktion ist einfach: Es werden häufig vorkommende Begriffe unabhängig von Sprachen aus den Tweets extrahiert. Leider bin ich dabei auf eine andere Herausforderung gestoßen. Der Online-PR- und Social-Media-Mann Klaus Eck ist sehr einflussreich für »Infografik«. Eigentlich würde mein Score auch für die Top 40 ausreichen, nur schreibe ich in meinen Tweets immer »Infographic«. Wer sauber arbeiten wollte, müsste also sogenannte Dictionaries einsetzen – Synonymwörterbücher. Ansonsten ist keine valide Zusammenfassung von Zusammenhängen möglich. Seien wir also gespannt, ob sich die Instrumente trotz dieser Unzulänglichkeiten nach Deutschland wagen, wo man besonderen Wert auf solche Details legt.

Zusätzlich ist dann die Eingrenzbarkeit auf Länder tatsächlich absolut notwendig. Noch müsste uns das eigentlich nicht berühren. Perks kann man bisher nur für den englischen Sprachraum kaufen. Man sollte sich also (noch) keine Sorgen machen. Obwohl – ich habe einen Perk für LoveIt.com genutzt. Nachdenken müssten eher die Amerikaner und Briten. Einen mir angebotenen Perk für drei Monate Deezer habe ich bei PeerIndex übrigens nicht bekommen, weil ich keine IP-Adresse im UK hatte. Die hätte ich mir bei einem Starbucks-Besuch abholen können – deren WLAN wird im UK verortet. Aber das sind dann wirklich nur Petitässen.

Nationale Zuordnung

Die Frage ist letztlich, in welche Sprache(n) die Scores erweitert werden. Naheliegend sind Spanisch, Französisch und Deutsch. Bevor Deutsch als Sprache eingeführt wird, ist die Arbeit mit den Scores leider nur selektiv sinnvoll, z.B. dann, wenn im interessierenden Themenbereich vorwiegend mit englischsprachigen Fachausdrücken kommuniziert wird. Allerdings werden in diesem Fall Kommunikatoren, die vorwiegend deutschsprachige Pendants der englischen Fachausdrücke benutzen, untermessen.

In welche Sprachen wird erweitert?

5.4   Fehlende Individualisierung

Nur ein Instrument erlaubt die Gewichtung von Kriterien

Besonders Großunternehmen haben mitunter besondere Ansprüche an Kommunikatoren und Instrumente. Oft geht es dabei um die Individualisierung derselben. Die Reichweite eines Kommunikators ist manchem aber vielleicht gar nicht so wichtig, ihre Vertrauenswürdigkeit soll höher gewichtet werden. Bei meinen Recherchen habe ich nur ein Instrument gefunden, das eine solche Möglichkeit der Individualisierung erlaubt. Es ist CircleCount aus – Deutschland! Ein Unternehmen aus Essen erstellt dieses Ranking für Google+, das eine Gewichtung der Parameter erlaubt.

Abb. 5–6
Parametergewichtung bei CircleCount

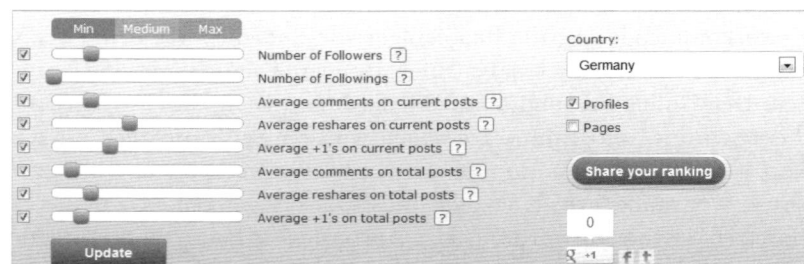

5.5   Scores nur eingeschränkt nutzbar in Online-Marketing und E-Commerce

Perks sind für Deutschland ohnehin noch nicht verfügbar. Dennoch erscheint mir die Möglichkeit attraktiv, auf diesem Weg Produkte zu Promoten. Neben einer ausreichend granularen Möglichkeit, Kommunikatoren zu identifizieren, muss die Einschränkung auf Länder gegeben sein. Derzeit eignet sich im Grunde lediglich der TweetLevel für solche Arbeiten. Die übrigen Scores müssten ihre Defizite beseitigen, ansonsten sind sie wirklich nur sehr eingeschränkt einsetzbar. Sie geben erste Anhaltspunkte – Monitoring-Werkzeuge (z.B. Sysomos, Radian6, BIG) sind hierzu weitaus besser geeignet, auch wenn diese Leistung dann mit mindestens fünfstelligen Summen pro Jahr zu Buche schlägt.

5.6   Der SEO-Aspekt von Scores

Google lässt mehr und mehr Aspekte aus dem sozialen Web in seinen Suchalgorithmus einfließen. Besonders zur Erlangung einer höheren Aktualität der Suchergebnisse ist dies sehr wichtig. Gleichzeitig ist es (noch) schwerer zu manipulieren als andere Aspekte des Algorithmus. Allerdings ist kaum anzunehmen, dass Unternehmen wie Google sich auf eingeschränkt valide und wenig performante Instrumente verlassen. Vielmehr sollte man davon ausgehen, dass Google bereits ein Instrument mit weniger Schwächen als Klout & Co. im Einsatz hat oder dieses sich wenigstens im fortgeschrittenen Entwicklungsstadium befindet. Es wird noch diskreter behandelt werden als Klouts Verfahren zur Erstellung des Score, um Manipulationen einzuschränken.

Unternehmen wird deshalb nichts anderes übrig bleiben, als die vorhandenen Instrumente zu nutzen und sich in ihrem Handeln an den Relevanz-Kriterien zu orientieren. Hilfreich sind die zugänglichen Scores schon. Man sollte das Ranking von Pages, die von Personen mit hohen Score verbreitet wurden, ebenso beobachten wie Rankings von vergleichbaren Seiten, die von Personen mit niedrigem Score verbreitet wurden.

Gibt es einen Google Score?

5.7   Scores und ihre Nutzer

Damit ein Mitarbeiter bzw. das relevante Personal strukturiert Einfluss aufbauen kann, gibt es Hilfsmittel, die von Klout und PeerIndex zur Verfügung gestellt werden.

Abb. 5–7

Twitter mit Klout Score

Dadurch, dass ein Nutzer seinen Score abfragt, kann er wissen, wie relevant/einflussreich er ist und das am besten noch im Vergleich zu anderen Nutzern. Die Scores kommunizieren, was sie dazu machen müssen: Mehr und am besten einflussreiche Freunde haben, viele Nachrichten versenden und darauf achten, dass die verschickten Nachrichten sich weiter verbreiten. Klout bietet ein Modul an, mit dessen Hilfe man den Score in Twitter angezeigt bekommt.

Scores und das Follower-Management

PeerIndex arbeitet mit einigen Tool-Herstellern zusammen, beispielsweise SocialBro. Dort kann man den Score für das Follower-Management nutzen. Während die Anzeige in Twitter sehr aufdringlich ist und darauf angelegt ist, bei der Benutzung der Website immer wieder mit den Scores der Verfolgten zu konfrontieren, um zu motivieren, erscheint der PeerIndex in SocialBro eher als Beurteilungs- und Sortierkriterium für das Twitter-Management. Dazu sollte der PeerIndex auch geeignet sein: Einflussreiche Kommunikatoren auf Twitter werden bestimmt. Ob diese thematisch passen, ist eine manuell zu bearbeitende Aufgabe.

5.8 Links zu den genannten Scores

- Klout – *http://klout.com*
- Kred – *http://kred.com*
- PeerIndex – *http://peerindex.com*
- Pinfluence – *http://pinpuff.com*
- PinReach – *http://www.pinreach.com*
- TweetLevel – *http://tweetlevel.edelman.com*
- CircleCount – *http://www.circlecount.com*
- OpenSiteExplorer – *http://www.opensiteexplorer.org*

6 Die Bestimmung der idealen Posting-Zeitpunkte

Die Bestimmung des idealen Posting-Zeitpunkts ist ein viel diskutiertes Thema. Deshalb nutze ich es hier als Beispiel für einen speziellen Anwendungsfall der Social Media Analytics. Es geht darum, wie man mit Methoden der Social Media Analytics Fragestellungen angehen kann und dabei mit mehr Detaildaten arbeitet, als es beispielsweise bei Dashboards üblich ist. Zielgruppe dieser Daten sind hauptsächlich Fachabteilungen, die am konkreten Objekt arbeiten und Informationen dafür benötigen, um ihre Arbeit zu optimieren. Es geht um die Anleitung des Community-Managements beziehungsweise um Vorgaben hinsichtlich der zeitlichen Verteilung von Meldungen.

Beispiel für einen Anwendungsfall mit hohem Detailbedarf

6.1 Zeitpunkte, Inhalte, Pläne

Mit der Optimierung der Meldungszeitpunkte – also der Frage danach, wann man einen vorgegebenen Inhalt kommuniziert – verweigert man sich ein wenig der Diskussion hinsichtlich der Optimierung der Meldungen an sich. Diese können prinzipiell mit der gleichen Methode optimiert werden. Doch Vorsicht: Bei einer einfachen Optimierung würden Sie nur einen Typ Inhalt mit einer bestimmten Aufbereitung zu einem bestimmten Zeitpunkt als Ergebnis bekommen. Wie würde man weiter verfahren? Nur diesen bestimmten Meldungstyp publizieren, und das über die ganze Woche zu den besten beiden Zeitpunkten – wenn man zwei Mal täglich melden möchte? Wie wäre das beispielsweise, wenn Sie Unterhaltungselektronik promoten sollen, feststellen, dass Fotos mit den eingesetzten Objekten besonders gut hinsichtlich des Engagements laufen, dies das vom Online-Marketing vorgegebene Ziel ist und Fotos, auf denen auch noch Katzen zu sehen sind, mit Abstand am besten laufen?

Optimieren heißt hier, nicht nur einen einzigen Inhaltstyp zu bevorzugen.

Die Konzentration auf die Zahlen allein und die Optimierung von KPIs alleine würde an dieser Stelle wohl zur einem Verfehlen der inhaltlichen Kommunikationsziele führen – dem »Was will ich sagen?«.

Kommunikationsziele berücksichtigen

Eben diese inhaltliche Dimension muss auch bei der Optimierung beachtet werden. Möglicherweise führen die gewonnenen Erkenntnisse ja hinsichtlich einer anderen, der strategischen, Dimension der Analyse zu einer Anpassung der Positionierung. Zunächst geht es um die Optimierung von Posting-Zeitpunkten, abseits der Inhalte. Der Plural ist an dieser Stelle wichtig. Nicht die Optimierung eines einzelnen Zeitpunkts ist die Aufgabe – es geht um die Optimierung eines Redaktionsplans, also darum, wann welche Inhalte voraussichtlich platziert werden sollen.

Auch Kontraproduktivität sollte belegt werden.

Hinsichtlich der Inhalte werden die Diskussionen innerhalb der Unternehmen ohnehin schwieriger. Wenn die so ermittelten Daten benutzt werden sollen, um gegenüber Stakeholdern zu argumentieren, ist es am erfolgversprechendsten, wenn man belegen kann, dass Kommunikationswünsche kontraproduktiv für die Erreichung eines Gesamtoptimums sein können und im Extremfall das Engagement auf einer Plattform gefährden. Besonders Vertriebsabteilungen bei Herstellern wünschen sich häufig unterstützende Maßnahmen für Händler, die sich negativ auf den Gesamterfolg auswirken. Gerade aus diesem Grund ist es ausgesprochen wichtig, den Erfolg von Einzelmeldungen bewerten zu können. Wenn sich diese dann auch noch negativ auf den Erfolg anderer Meldungen auswirken oder man belegen kann, dass dadurch Fans verloren gehen, ist das noch besser.

Beachten: Die Optimierung erfolgt mit Vergangenheitsdaten.

Aber um es gleich vorwegzunehmen: Die präskriptive Bestimmung des idealen Zeitpunkts ist sehr schwierig und aufwendig. Man sollte natürlich Social Media Analytics einsetzen. Es auf die Spitze zu treiben ist jedoch unsinnig. Warum? – Man analysiert immer Vergangenheitsdaten. Leider bleibt das Verhalten der Nutzer nicht so stabil, wie es notwendig wäre, um einen idealen Zeitpunkt für eine Mitteilung a priori bestimmen zu können. Was allerdings in der Tat funktioniert: Durch die regelmäßige Analyse von Meldungen kann man feststellen, welche Inhalte bzw. welche Kombination von Inhalten für Accounts in welchen Zeiträumen die besten Ergebnisse erzielten.

6.2   Aggregierte Daten wenig hilfreich

Häufig sind allgemeine Empfehlungen – beruhend auf aggregierten Auswertungen der gesamten Nutzerschaft einer Plattform – zu finden, wie beispielsweise in der Infografik von Abbildung 6–1. Hierzu muss man sich nur eine Frage stellen: Sind meine Kunden gleich dem durchschnittlichen Nutzer einer Social-Media-Plattform – beispielsweise Facebook – oder unterscheiden sich meine Fans vom Durchschnitt? Abgesehen davon beziehen sich die Daten von KISSmetrics und bitly

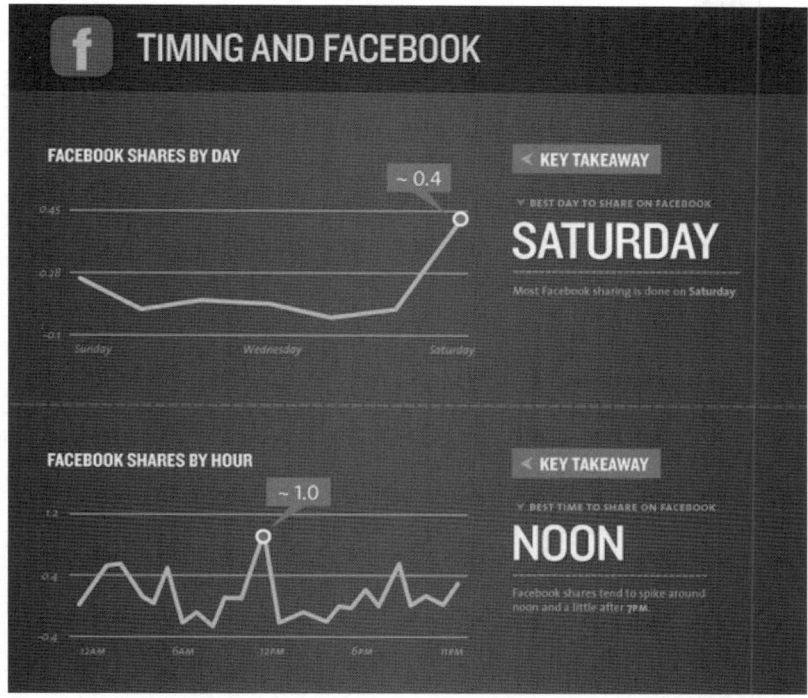

Abb. 6–1

Social Timing als
Durchschnitt
(Quelle: KISSmetrics.com)

auf die USA. Diese Daten sind also nur dann relevant, wenn die eigenen Fans und Follower den Durchschnitt der Plattform darstellen. Anregungen geben die Daten durchaus.

Von KISSmetrics werden Durchschnittswerte für

- die beste Posting-Zeit in verschiedenen Zeitzonen
- die beste Zeit für ReTweets/Reshares
- die beste Zeit für die höchste CTR/Interaktion

Durchschnittswerte
sind kaum hilfreich.

ermittelt. Aber wie schon geschrieben: Trifft das auch auf die eigenen Nutzer zu? Ich wage zu behaupten, dass dies in den seltensten Fällen so sein wird. Dennoch erhält man Anhaltspunkte für eigene Tests: Ab der Mittagszeit bis in den Nachmittag hinein bekommen Meldungen auf Facebook die meisten Klicks. Andere Erkenntnisse: Gegen »End of Business« wird am stärksten retweeted. Dagegen werden Facebook-Posts um die Mittagszeit am häufigsten geteilt.

Durchschnittsdaten
geben Anhaltspunkte
für eigene Tests.

6.3   Individuelle Bewertung

Erheblich aufschlussreicher sind die Ergebnisse von Tools wie SocialBro oder Tweriod. Darin werden die Zeiten für Twitter-Nachrichten entsprechend der Zahl der Follower bewertet, die zu den jeweiligen Zeiten online waren, nicht »sind«. Ausgewertet werden Vergangenheitsdaten. Wenn man sich die Empfehlungen über einen Zeitraum von mehreren Wochen hinweg anschaut, so stellt man doch regelmäßig Änderungen fest.

Abb. 6–2
Social Timing als
Durchschnitt
(Quelle: bitly)

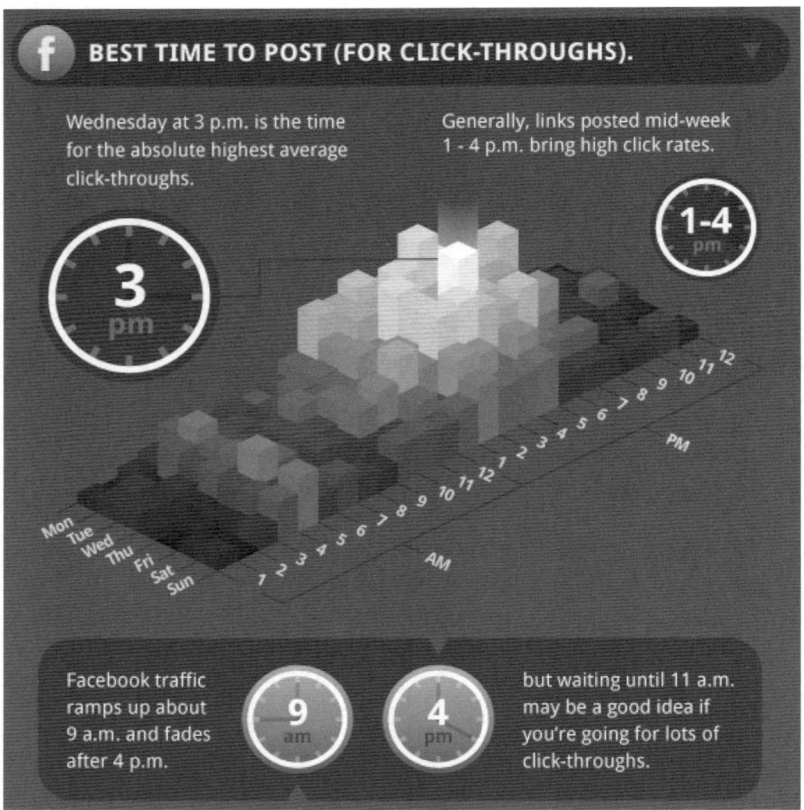

Individuelle Bewertung
möglich

Allerdings sind das auch wieder nur Durchschnittszahlen – bezogen auf den Durchschnitt der eigenen Follower. Dies müsste man – wenn man sauber arbeiten will – natürlich segmentieren und noch dazu das, was man erreichen möchte, auch noch berücksichtigen.

Was heißt das? – Die schwarzen Punkte in der Abbildung sagen, dass 10 % der Follower in der vergangenen Woche zu den jeweiligen Zeitpunkten online waren. SocialBro ist so nett und qualifiziert dies

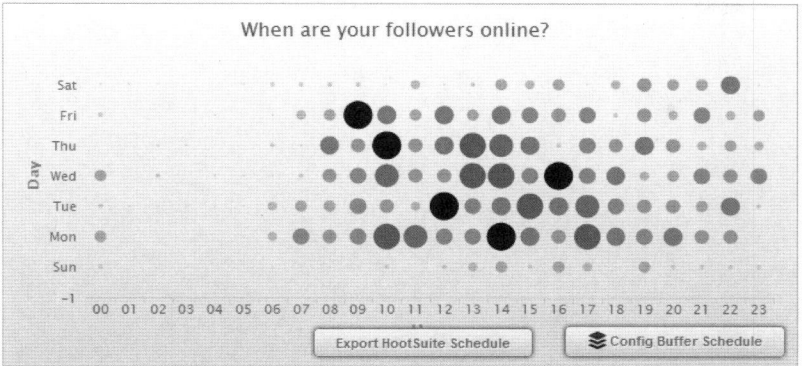

Abb. 6–3

Timing-Empfehlung für Twitter-Nachrichten des Datenonkel von SocialBro

noch ein wenig. Es werden jeweils die 100 Follower mit dem größten Einfluss – dem höchsten PeerIndex – in die Bewertung aufgenommen. Dabei handelt es sich um diejenigen, die besonders viele eigene Follower haben und gleichzeitig selbst posten, retweeten etc. (vgl. Kapitel 5). Bei Tweriod ist die Darstellung etwas anders (vgl. Abbildung 6–4). Allerdings wird auch in der kostenpflichtigen Version nicht live geprüft, wie viele Fans online sind. Dafür arbeitet Tweriod mit Klout und die Daten sind als CSV exportierbar.

Das ist schon sehr hilfreich. Follower, die zwar online sind, aber Tweets nicht verbreiten oder noch nicht einmal den enthaltenen Link anklicken, sind deutlich weniger wert. Diese recht allgemeine Aussage sollte an dieser Stelle erlaubt sein. Je nach Größe der Gefolgschaft ist jedoch eine Anpassung der Zahl der in die Auswertung genommenen Follower durchaus sinnvoll.

Wann sind die meisten Follower online?

Allerdings ergibt auch diese Methode lediglich Anhaltspunkte für Tests – mehr nicht! Eine tiefergehende Bewertung der Ergebnisse ist notwendig. Hinzufügen sollte ich an dieser Stelle noch, dass SocialBro noch über eine Möglichkeit verfügt, die jeweils aktuell online befindlichen Twitter-Follower zu bestimmen. Abgesehen davon, dass diese Methode nicht völlig valide ist und je nach den von den Followern genutzten Clients die Messung erfolgen kann oder nicht, wird an dieser Stelle die Grenze zwischen Social Media Analytics und Post Management überschritten.

Wie viele und welche Follower sind zum Zeitpunkt des Posts online?

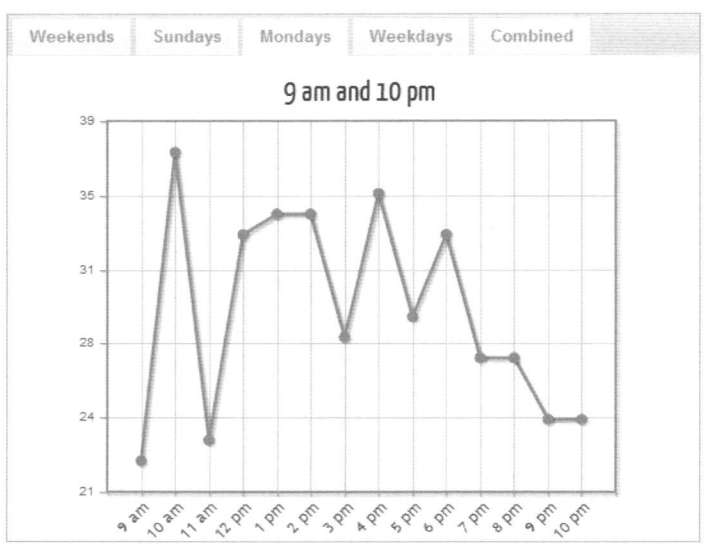

6.4   Ziele und Messgrößen

Was soll optimiert
werden?

Auch wenn man mit Tools wie SocialBro arbeitet, kommt man nicht umhin, sich die Frage nach den Zielen des Social-Media-Engagements zu stellen. Aus diesen Oberzielen für Social Media lassen sich Ziele für einzelne Plattformen und für dort stattfindende Aktionen ermitteln. Diese Ziele wurden schon bei der Herleitung der KPIs genauer analysiert. Nun befindet man sich eine Stufe tiefer. Es geht weniger um Aspekte des Steuerns, sondern mehr um konkrete Umsetzungsaspekte.

Ansatzpunkte

Optimiert werden sollen in den meisten Fällen Meldungen unterschiedlicher Form. Auch wenn finale Ziele wie Erhöhung von Kundenzufriedenheit, Steigerung der Kundenbindung und Umsatz im Vordergrund stehen, so müssen hierfür zunächst messbare Indikatoren gefunden werden. Dabei erfolgt die Datenerhebung in den meisten Fällen auf der Ebene von Postings bzw. sie wird Meldungen zugeordnet. Wie in den vorangegangenen Kapiteln erläutert wurde, lassen sich die Messgrößen in verschiedene Klassen einteilen. Diese wurden für die verschiedenen Plattformen in ein von Facebook entwickeltes Konzept eingepasst, und das Konzept wurde zudem um Kennzahlen, die durch Überleitungen auf die Zielwebsite entstehen, erweitert. Grundsätzlich geht es um folgende Klassen:

- Reichweite
- Engagement
- Talking About This
- Virality
- Referrals
- Bounces
- Conversions
- Sales

Neben diesen Ergebnisklassen gibt es noch Merkmale von Meldungen, die mit in die Analyse eingehen sollten. Bei Facebook sind das beispielsweise

Meldungstypen

- Link
- Photo
- Video
- App

Erfahrene Facebook-Redakteure werden an dieser Stelle gleich einwenden, dass Link nicht gleich Link ist, Foto nicht gleich Foto und natürlich auch nicht Video gleich Video. Dies gilt insbesondere dann, wenn die bediente Zielgruppe nicht homogen ist und verschiedene Cluster bedient werden.

Einteilung in Schubladen

Was ist also zu tun? – Ein generelles und einfaches Rezept existiert leider nicht. Es gibt allgemeine Erfahrungswerte, wie sie oben geschildert wurden. Möglicherweise hat man von Mitbewerbern etwas hinsichtlich Erfahrungen gehört, vielleicht auch aus Branchen mit einer ähnlichen Nutzerschaft. Auf Social Media spezialisierte Agenturen sind hier deutlich im Vorteil. Diese verfügen durch ihre Arbeit über einen breiteren Erfahrungsschatz. Dennoch bleibt nichts anderes übrig, als möglichst systematisch zu testen und die Ergebnisse zu dokumentieren.

Dienstleister im Vorteil

Zunächst müssen »Learnings« generiert werden, wie es neudeutsch so schön heißt. Es muss ein Aussendeplan erstellt werden, mit dessen Hilfe geprüft wird, wann welcher Typ von Meldung den größten Erfolg hat, um sich mit späteren Aktionen daran zu orientieren. Zudem gibt es auch noch Zielkonkurrenz beziehungsweise Nebenbedingungen, die in die Optimierung integriert werden sollten. So entscheidet beispielsweise bei Facebook der EdgeRank mit darüber, ob einem Nutzer eine Meldung angezeigt wird oder nicht. Deshalb erläutere ich hier zunächst kurz das Konzept des EdgeRank.

Lernen

6.5   Exkurs: Der Facebook EdgeRank

Algorithmus zur Bestimmung der Position einer Meldung im Feed

Der EdgeRank ist einer der großen Diskussionspunkte. Es handelt sich um den Algorithmus, mit dem Facebook die Position einer Nachricht im Feed bestimmt. Es geht dabei um die Einstellung des Feed auf »Hauptmeldungen« oder »Top-News«. Dies ist nach Aussage von Facebook die Einstellung von 95 Prozent der Nutzer. Es ist – glaubt man dieser Zahl – also ausgesprochen wichtig, sich mit diesem Wert auseinanderzusetzen: Mit einem hohen Wert erscheinen die Meldungen weiter oben als mit einem niedrigen Wert. Fragen danach, wie der Algorithmus funktioniert und wie man ihn beeinflussen kann, werden im Web heiß diskutiert. Dabei ist es eigentlich ganz ähnlich wie mit Googles Ranking-Mechanismen: Wäre die Funktionsweise völlig öffentlich, dann würde es womöglich zu unerwünschten Beeinflussungsversuchen kommen. Facebook selbst hat folgende Formel kommuniziert:

$$\sum_{edges} u_e w_e d_e$$

Einflussgrößen des EdgeRank

Dabei haben u, w und d die folgende Bedeutung:

- **u** – der Affinitäts-Score zwischen dem Ersteller einer Nachricht und dem Nutzer
- **w** – das Gewicht für den Edge-Typ (Likes, Comments, Tags etc.)
- **d** – ein Zeitfaktor dafür, wann die Meldung erstellt wurde

Möglich ist nun eine Analyse der Werte und der bestehenden Zusammenhänge. Völlig treffen wird man nicht. Wenn man sichergehen will, dass eine Meldung gesehen wird, muss man dafür bezahlen und diese als Werbung buchen. Der Zusammenhang ist folgender. Es gibt Objekte und Edges. Bei Objekten handelt es sich um Meldungen, einfach nur Statusmeldungen, Links, Bilder etc., die gepostet werden. Die Edges sind Eigenschaftswerte, die zur Gewichtung dieser Meldung herangezogen werden. Unter der Einstellung »Neuste Meldungen« bzw. »Most Recent« wird die jeweils ältere Meldung unter allen Meldungen der Freunde und Pages weiter unten als eine neuere Meldung angezeigt. Für die Hauptmeldungen wird der EdgeRank bestimmt. Je niedriger der EdgeRank, umso weiter unten im Feed wird eine Meldung angezeigt.

Affinität

Dabei entscheidend ist wohl, wie affin (u) ein Nutzer ist. Er ist dies beispielsweise dann, wenn er Meldungen einer Page schon öfter angeklickt hat, dieser Likes gegeben hat etc. Zusätzlich ist ein Nutzer affiner, wenn er auch noch Freunde hat, die diese Marke mögen. Bestimmte Medientypen (w) sind bei den Nutzern beliebter als andere.

So sind Foto meist beliebter als einfache Statusupdates in Textform. Fotos würden also einen höheren Edge-Wert bekommen. Neuere Meldungen sind auch in dem Konstrukt des EdgeRank mehr wert als ältere. Der Zeitfaktor (d) spielt also eine Rolle.

Der EdgeRank wird für jede Nachricht direkt in Relation zu einem bestimmten Nutzer ermittelt. Wenn in der Diskussion um den Edge-Rank Aussagen fallen wie beispielsweise »Es gibt keinen globalen EdgeRank!« und damit die Vermutung nahegelegt werden soll, dass Werkzeuge, die einen Wert für einen EdgeRank anzeigen, nicht korrekt arbeiten, dann sollte man einige Dinge in Betracht ziehen:

Der EdgeRank ist kein globaler Wert, aber …

- In der Formel gibt es ein Summenzeichen. Da wir die konkrete Konstruktion der Größe nicht kennen, sollten wir einfach davon ausgehen, dass es sich bei angezeigten Werten um so etwas wie einen Durchschnittswert handelt.
- Der Wert wird meist bezüglich eines konkreten Datums angezeigt. Da er i.d.R. von Meldung zu Meldung schwankt, handelt es sich um einen Tagesdurchschnittswert.
- Der Wert an sich – also die Tatsache, ob er 5, 50 oder 150 beträgt – ist völlig irrelevant. Es geht lediglich darum, den Effekt von Meldungen zu optimieren. Ob ein Netzwerk hier ein Konstrukt wie den EdgeRank nutzt, ist völlig zweitrangig. Sie müssen ohnehin entsprechend von Zielvorgaben optimieren.

Genau das passiert auch in Werkzeugen, die vorgeben, den EdgeRank zu ermitteln und damit zu arbeiten. So ist dies auch mit dem Edge-RankChecker. Dieser gibt aufgrund der Reichweite, Meldungsformate und den Interaktionswerten sowie des Grades an Viralität Empfehlungen hinsichtlich der Meldungshäufigkeit und des Meldungsformats.

Wenn Sie nun diese Ergebnisse mit denen von PageLever vergleichen, die im Abschnitt »*Facebook*«, S. 31 ff., besprochen wurden, dann werden Sie kaum Unterschiede entdecken. Lediglich die Posting-Häufigkeit kommt als Ergebnis hinzu. Die Datenaufbereitung ist etwas anders, auch das mag entzücken – mit einem wirklichen EdgeRank muss es nicht viel zu tun haben. Der EdgeRankChecker ist auf jeden Fall hilfreich, und die Kosten bewegen sich in einem überschaubaren Rahmen. Für Detailoptimierungen ist das Instrument allerdings zu grob. Wenn es Fragen hinsichtlich Inhalten von Fotos und deren Erfolg gibt oder komplexe Zielsysteme existieren, dann muss selbst Hand angelegt werden. Dies sind dann ja auch Fragen, die über die Optimierung des Posting-Zeitpunkts hinausgehen.

Hilfe, um größere Reichweite zu erzielen

Abb. 6–5
Posting-Empfehlungen
des EdgeRankChecker

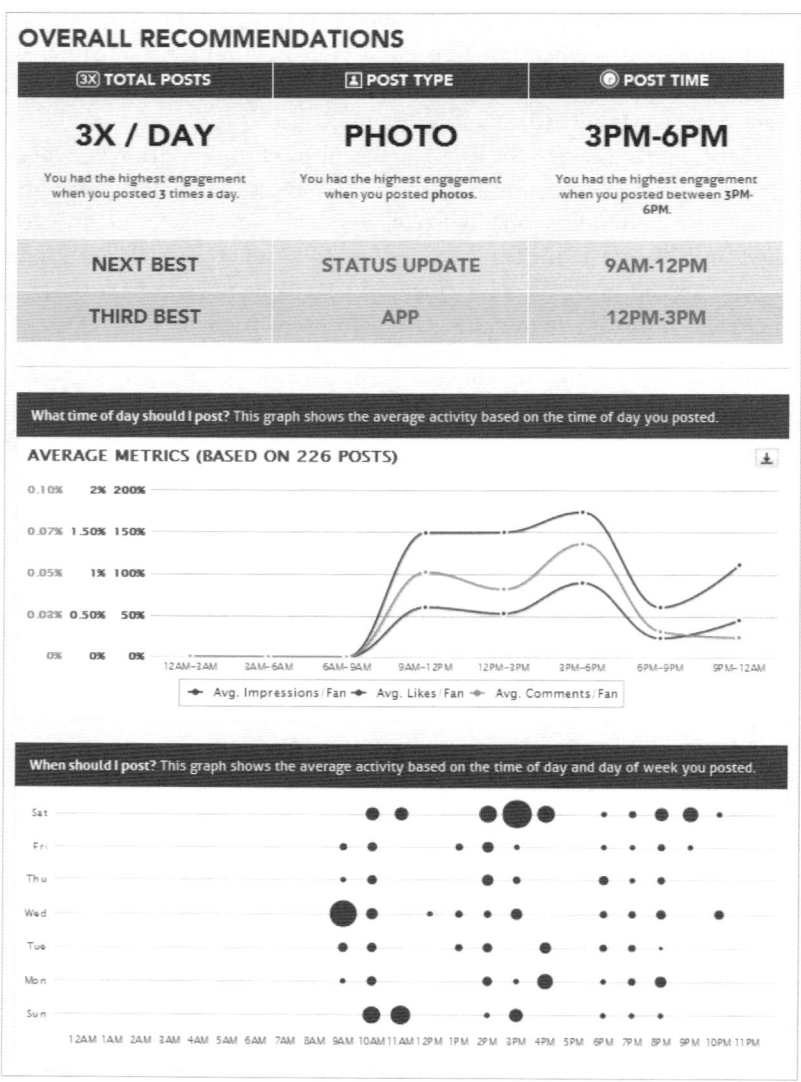

Grobe Hilfslinien   Allerdings gibt es keinen allgemeinen Optimierungsansatz. Wie auf den vorangegangenen Seiten deutlich geworden sein sollte, ist die Verfügbarkeit von Daten und Werkzeugen, aber auch die Art und Weise, wie Inhalte publiziert werden, verschieden. Zudem handelt es sich um operative Fragestellungen. Auch wenn ein Thema über verschiedene Plattformen hinweg von der gleichen Person betreut wird, so ist es auf dieser Detailebene doch ratsam, pro Plattform zu optimieren.

6.6 Facebook-Optimierung

Die folgende, bereits weiter oben erwähnte Gruppierung von Measures ist die Basis, auf deren Grundlage man optimieren muss: *Kriterien*

- Reichweite
- Engagement
- Talking About This
- Virality
- Referrals
- Bounces
- Conversions
- Sales

Zunächst muss man sich hinsichtlich der im zu optimierenden Fall maßgeblichen Ziele klar sein: *Ziele*

- Hinsichtlich welcher Größe möchte man optimieren?
- Möchte man die Measures gewichten und so ein allgemeines Optimum für die eigenen Posts erreichen?
- Sollen unterschiedliche Optima für verschiedene Typen von Postings erreicht werden? (z.B. Fotoalben, Interaktions-Aufforderungen, Produktmeldungen, Pressemeldungen etc.)

Meistens sind die mit dem Social-Media-Engagement verbundenen Ziele nicht über ein einziges Kriterium abbildbar. Häufig werden zwar »Fans« und »Follower« als KPI genannt. Abgesehen davon, dass Fans & Follower an sich einen sehr geringen Aussagegehalt hinsichtlich des Erfolgs haben, leitet sich der Erfolg i.d.R. aus einer Kombination von verschiedenen Aktionen und den hierfür relevanten Messgrößen ab. Im Kapitel »*Quantitative Daten optimieren – KPI & ROI*«, S. 131 ff., wird dies ausführlich behandelt.

6.6.1 Datenaufbereitung

An die Zahlen für die eigene Nutzerschaft kommt man, indem man Nachrichten ähnlichen Inhalts und jeweils gleicher Form zu unterschiedlichen Zeitpunkten testet und die Ergebnisse hinsichtlich der einzelnen Beiträge sauber dokumentiert. Dabei muss man beachten, dass die Daten der Facebook Insights auf der Website oder im API für die beitragsweise Auswertung sehr viel genauer sind als die downloadbaren Daten. Diese sind lediglich auf ein Datum bezogen, nicht auf den einzelnen Beitrag. *Datumsbezogene und beitragsbezogene Werte*

Man kann die Liste der Beiträge per Copy & Paste von der Website übernehmen. Hierbei geht einem allerdings der für die Auswertung *Datenquellen* überaus wichtige Sendezeitpunkt verloren. Dieser müsste nachgetragen werden. Viel einfacher ist es, die Daten über ein Tool wie PageLever zu beziehen. Die Daten sind dann in einem handhabbareren Format und leichter weiterzuverarbeiten. Zudem sind die Kosten gering, so dass dieses Vorgehen auf jeden Fall effizienter ist, als vollständig manuell zu arbeiten. Noch einfacher ist es selbstverständlich, wenn Systeme zur Verarbeitung dieser Daten vorhanden sind.

Aufgaben   Dann beginnt die Handarbeit. Die nun sauber vorliegenden Daten müssen noch mit weiteren Umfelddaten angereichert werden, um zu besseren Ergebnissen zu gelangen als mit PageLever oder EdgeRank-Checker direkt. Folgende Aufgaben sind zu absolvieren:

- Zusammenführen der Daten aus den Facebook Insights mit denen der Web-Analytics-Software der Zielwebsite
- Aufbereitung der Daten um automatisiert ermittelbare Werte
- inhaltsanalytische Bearbeitung der Meldungen
- Codierung von relevanten Umfelddaten wie Ersteller der Meldung, Wetter, Fernsehprogramm, Meldungsdichte auf Facebook etc.

Was für Pinterest schon in einem Standardwerkzeug gelöst wird (vgl. Abschnitt »*Pinterest*«, S. 71 ff.), kann für Facebook zu einer echten Herausforderung werden. Der aus meiner Sicht einfachste Weg besteht darin, Meldungen so mit Kampagnen-Parametern zu versehen, dass eine spätere Zuordnung mit der entsprechenden Meldung möglich ist. Wenn möglich, sollte dies auch noch automatisch erfolgen können, so dass so wenige Daten wie möglich manuell übertragen werden müssen.

Datenerfassung und   Sie sollten zudem dafür sorgen, dass es Spalten für die Aussende-
-zusammenführung   Stunde und den Aussende-Wochentag gibt und Sie sie auch leicht nach Wochenende und Wochentag gruppieren können. Diese Werte lassen sich beispielsweise in Excel automatisch berechnen. Wenn auf mehrsprachig gepflegten Pages Sprachzielgruppen getrennt bedient werden, sollte dies auch in einer oder mehreren Variablen erfasst werden. Nun kann man schon durch einfaches Sortieren und Aggregieren erkennen, wann die für die eigenen Nutzer relevanten Aussende-Zeiten sind.

Kategorisierung von   Wirklich aufwendig wird die nächste zu absolvierende Aufgabe: Es
Inhalten   ist mehr oder weniger eine Inhaltsanalyse notwendig, wie diese in der Kommunikationswissenschaft angewandt wird. Die Inhalte der Meldungen müssen in weiteren Variablen codiert werden. Facebook übergibt zwar das Meldungsformat mit, das auch in der PageLever-Datei enthalten ist. Die Herausforderung besteht nun darin, ein Codierungsschema für die publizierten Inhalte zu entwickeln. Da die Arbeiten manuell durchgeführt werden müssen und dies einen nicht zu unterschätzenden Aufwand bedeutet, wobei die zuständigen Mitarbeiter

diese Aufgabe meist als nicht besonders motivierend empfinden, sollte man sich auf die notwendigsten Variablen beschränken. Am einfachsten ist es letztlich, wenn der Bearbeiter beim Absetzen der Nachricht gleich die zugehörigen Daten erfasst oder diese automatisiert erfasst werden, wie beispielsweise die Textlänge einer Meldung. Bei Fotos kann man beispielsweise in Produktfotos pur, Produktfotos im Einsatz und EPIC unterscheiden.

Zusätzlich bestimmen noch weitere externe Faktoren den Erfolg einer Meldung: Auch wenn am Wochenende der Engagement-Anteil in vielen Fällen deutlich höher ist als an Wochentagen, so sieht das in absoluten Werten meist wieder anders aus. Am Wochenende sind je nach Wetterlage sehr viel weniger Nutzer online. Je nach Zielgruppe und Produkt kann das Wetter ein sehr wichtiger Faktor hinsichtlich des Erfolgs sein. Wenn dem so ist, sollte es einen Parameter hierfür geben. Gleiches gilt auch für das Fernsehprogramm und Branchenveranstaltungen. Etwas schwieriger fassbar ist die Meldungsdichte. Je mehr Meldungen für die Zielgruppe zu einem bestimmten Zeitpunkt verschickt werden, umso geringer ist die Chance auf Interaktionen. Diesem Zusammenhang sollte starke Beachtung geschenkt werden. Besonders in kompetitiven Märkten kann es zu den Spitzenzeiten zu einem starken Gedränge von Meldungen kommen, das sich negativ auf den Erfolg auswirkt.

6.6.2 Optimierung

Ist man damit zufrieden, dass eine Meldung in einen Stream geladen wurde, dann wird man hinsichtlich der Reichweite optimieren und Meldungen folglich dann aussenden, wenn möglichst viele der eigenen Nutzer online sind. Die Wirkung eines Inhalts ist zweifellos höher, wenn Fans auch noch damit interagieren und sogar Likes oder Comments abgeben. Leider sind solche Nutzer mitunter zu anderen Zeiten online als das Reichweiten-Maximum. Wie soll nun reagiert werden? – Es ist notwendig, Indexwerte aus den Facebook Insights zu generieren.

In Indexwerten wird die Relevanz einzelner Kriterien anteilsmäßig abgebildet. Man kann also der Reichweite beispielsweise ein Gewicht von 40 Prozent geben, Engaged Users 20 Prozent, Talking About This 20 Prozent und der Virality ebenfalls 20 Prozent. Dabei muss man beachten, dass der Ergebniswert standardisiert ist. Das heißt, dass durch eine Veränderung der gesamten Fanzahl kein Einfluss auf den Indexwert stattfinden darf. Dies kann man beispielsweise so erreichen:

Herleitung einer Optimierungsformel

```
(Reichweite / Fans)*0,4 + (Engaged Users / Fans)*0,2 + (Talking
about this / Fans)*0,2 + ((Virality*Reichweite)) / Fans)*0,2
```

Nun muss man nur noch die Indexwerte sortieren und nach den Aus-
sende-Zeitpunkten schauen. Gleichartige Nachrichten sollten dann in
der nächsten Periode zum ermittelten Zeitpunkt verschickt werden.
Die Formel kann entsprechend der weiteren Kriterien

- Referrals
- Bounces
- Conversions
- Sales

erweitert werden. Auch die Häufigkeit von Postings kann mit dieser
Methode überprüft werden. In diesem Fall sind Redaktionspläne für
verschiedene Zeitfolgen zu entwickeln und deren Ergebnisse zu bewerten.

Das Verfahren an sich sollte rollierend eingesetzt werden. Es handelt sich um einen fortlaufenden Optimierungsprozess.

6.7   Twitter-Optimierung

Das richtige Werkzeug finden
Für Twitter ist die Optimierung leider etwas aufwendiger, je nach
Abhängigkeit der benutzten Tools. Leider weisen viele der bekannten
Werkzeuge die benötigten Werte nach Datum und nicht bezogen auf
einzelne Meldungen aus. Sie müssen also zunächst schauen, ob die
Werkzeuge, die Sie bereits benutzen, auf Beiträge bezogene Werte aus-
weisen. Das ist die Basis. Natürlich sollte man eine vergleichbare
Dimensionierung der Measures vornehmen, um eine gewisse Vergleich-
barkeit der Bewertung zu ermöglichen. Im Abschnitt zu den Twitter-
Metriken hatte dich dies bereits gezeigt (vgl. »*Twitter*«, S. 57 ff.).

Twitter Analytics Activity
Für Kunden oder VIPs gibt es mittlerweile Statistiken für die Beiträge. Einen ersten Einblick gewährt Sascha Lobo. Das Twitter-Tool
weist nach Einschätzung von Sascha Lobo nicht vollständig valide
Werte aus. Es kommt zu Abweichungen gegenüber anderen Tools.
Dies sollte insgesamt jedoch nicht weiter stören. Die Relationen bleiben, soweit ich dies beurteilen kann, gewahrt. Da auch noch eine
Indexbildung stattfindet, sind die konkreten Werte ohnehin von nachrangiger Bedeutung.

Redirects messen
Man sollte sich auf ein Tool oder ein festes Set von Werkzeugen
konzentrieren und sicherstellen, dass es zu keiner Verwechslung hinsichtlich der Werte kommt. In einigen Tools werden beispielsweise die
Klicks auf Links mit Views übersetzt. Dabei handelt es sich um die von
Twitter selbst gemessenen Klicks. Meist werden diese mit Tools wie
bit.ly gemessen oder in Tools wie HootSuite (Ow.ly). Mitunter werden

auch Impression-Werte genannt, beispielsweise bei SproutSocial, die keine valide Grundlage haben.

Das Vorgehen entspricht nun komplett dem bei Facebook. Es muss getestet werden. Beachten sollte man dabei, dass es

Unterschiede zwischen Facebook & Twitter

- zwischen den Fans auf Facebook und den Followern auf Twitter Unterschiede geben kann,
- Posts, die auf Facebook zu einem bestimmten Zeitpunkt funktionieren, bei Twitter eine Bruchlandung erleiden können,
- ein entsprechend angepasster Testplan notwendig ist.

Die resultierenden Daten werden in eine Tabelle übertragen und angereichert sowie mit einer Typologie versehen. Die Auswertung erfolgt wie bei Facebook.

6.8   Crossposting-Effekte

Mit der hier vorgestellten Methode wird isoliert ausgewertet. Man optimiert Facebook. Man optimiert Twitter. Effekte hinsichtlich des Verschickens gleicher oder ähnlicher Inhalte zu gleichen oder unterschiedlichen Zeitpunkten wurden nicht untersucht. Hierfür wäre ein eigenes Testdesign zu entwickeln.

Tests notwendig

6.9   Messung von Referral-Effekten

Facebook und Twitter bieten Möglichkeiten, die Zahl von Referrals zu messen. Vielfach ist dies jedoch nicht ausreichend. Gerade bei Produkt-Postings gibt es zu Recht die Anforderung, nicht nur die Zahl zu ermitteln, sondern unter Umständen noch die resultierende durchschnittliche Visit-Länge in Impressions, möglicherweise sogar zurechenbaren Umsatz. Darauf hatte ich bereits im Rahmen der Erläuterungen zu den KPIs hingewiesen.

Referrals alleine sind zu wenig.

Hierfür muss die Web-Analytics-Applikation für die zu prüfende Website zum Einsatz kommen. Dies geschieht – soweit ich dies beurteilen kann – noch viel zu selten. Der Grund hierfür: Es sind oft unterschiedliche Dienstleister und Abteilungen, die sich um Social Media und die Websites kümmern, so dass es hier zu einer unzureichenden Nutzung von Optimierungspotenzialen kommt.

Google hat hier etwas vorgearbeitet und bietet einen Standard-Reportsatz an, mit dessen Hilfe einige Fragestellungen beantwortet werden können. Justin Cutroni hat die Einsatzmöglichkeiten ein wenig erläutert. Allerdings – und hier liegt die Einschränkung – werden die Auswertungen an dieser Stelle lediglich für die Netzwerke an sich

Google Social Reports

gemacht. In den Standardreports ist das Herunterbrechen auf einzelne Postings nicht vorgesehen, auch wenn eine Zuordnung von Landingpages möglich ist, was schon brauchbare Anhaltspunkte ergibt.

Bounces mit in die Analyse einbeziehen

Immerhin ist es ohne großen Aufwand möglich, Bounces herauszufiltern oder nur Besuche mit Conversions. Weitere Anpassungen verursachen etwas Aufwand. Allerdings ist es bei Google so, dass es nur zwei Nutzertypen für die Reports gibt und man vielleicht deshalb einer Social-Media-Agentur keinen Zugriff auf die vollständigen Daten gewähren möchte. Ein Ausweg könnte hier das regelmäßige Versenden des Reports per E-Mail sein.

Umsetzung mit anderen Tools auch möglich

Eine Umsetzung mit Webtrends oder Omniture ist ebenfalls möglich. Man kann beispielsweise die Referrer-Reports filtern. Leider gibt es meines Wissens bisher noch keine entsprechend vorbereiteten Standardreports, die für die Aufgabe genutzt werden können, gleichwohl können für diese Produkte die entsprechenden Reports konstruiert und angelegt werden. Der Aufwand hierfür kann leicht bei drei bis fünf Personentagen liegen.

Die so gewonnenen Werte müssen ebenfalls in die für Facebook und Twitter angelegten Tabellen übertragen werden. Die Indexwerte sind anzupassen und entsprechend zu konstruieren. Das Verfahren der Optimierung bleibt gleich. Man ist damit auch in der Lage, den Zeitpunkt für Meldungen hinsichtlich direkter Conversions zu optimieren. Dabei sollte man allerdings beachten, dass lediglich ein Teil der tatsächlich auf eine Aktion zurückzuführenden Konversionen mit diesem Verfahren gemessen wird, nämlich die, die im gleichen Visit erfolgen. Kommt ein Fan oder Follower später erneut zur Website, um ein in einem Post beworbenes Produkt zu kaufen, dann wird dies normalerweise nicht hinzugerechnet. An dieser Stelle sollte man sich genau über die Funktionsweise des eigenen Reportings informieren.

7 Quantitative Daten optimieren – KPI & ROI

In den vorigen Kapiteln ging es darum, was wie im Social-Media-Rahmen mittels Analytics-Werkzeugen mess- und auswertbar ist. Nach diesem Methoden- und Verfahrensüberblick geht es hier nun um die Bewertung der Ergebnisse – darum, was die Zahlen hinsichtlich verschiedener Ziele bedeuten können. Entsprechend müssen auch die Key-Performance-Indikatoren (KPIs) aufgebaut und der Einfluss auf den Return on Investment (ROI) antizipiert werden. Dabei sind die KPIs sozusagen die Spitze des Eisbergs – die wichtigsten Performance-Indikatoren für bestimmte Zielgruppen. Diese werden von weiteren Indikatoren untermauert.

Die Spitze des Eisbergs gestalten

Wir können hierfür mit dem von Facebook geprägten Ansatz weiterarbeiten. Dieser eignet sich – wie bereits geschildert – grundsätzlich für alle Plattformen und in leicht angepasster Form auch für Websites.

Orientierung an Facebook

Die vier von Facebook herausgearbeiteten Bereiche werden, wie aus den vorangegangenen Kapiteln ersichtlich, auch von den anderen Plattformen bedient, und entsprechende Metriken sind vorhanden (bzw. können konstruiert werden). Aus diesem Grund und durch die relativ leichte Handhabbarkeit ist es sinnvoll, sich daran zu orientieren.

Leichte Handhabbarkeit des Facebook-Konzepts

Ein Ziel-Workshop sollte eigentlich nicht mehr notwendig sein. Es wird schon lange genug Social Media gemacht, so dass die Ziele, die ein Unternehmen damit hat, bekannt und möglichst schriftlich niedergelegt sein sollten. Ob dies in einer Präsentation oder einem formalen

Ist ein Workshop notwendig?

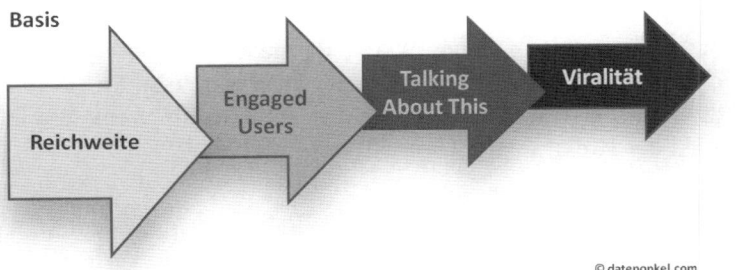

Abb. 7–1
Basiskonzept zur Bewertung

© datenonkel.com

Strategiedokument gemacht wurde ist gleich. Gibt es kein solches Dokument, dann stellt sich die Frage, ob das Social-Media-Engagement bisher vor einem strategischen Hintergrund betrieben wurde. Notwendig ist allerdings ein Workshop, in dem die Anforderungen an das zu generierende Zahlenwerk formuliert werden. Fragestellungen hinsichtlich der benötigten Werte und deren Aufbereitung sollten Gegenstand des Workshops sein.

Wie man einen Web-Analytics-Workshop mit diesen Fragestellungen angehen kann und auf was man achten sollte, hat der Kollege Marco Hassler in seinem Buch Web Analytics (2009, S. 297 ff.) unter Anwendung der Metaplantechnik verdeutlicht. Hier würde die Behandlung des Themas zu weit führen.

7.1   Der KPI-Begriff

Verwendung des KPI-Begriffs

Für mich ist der Umgang mit dem Begriff KPI (Key Performance Indicator) immer wieder überraschend. Auffällig ist aus meiner Sicht zunächst, was alles als KPI bezeichnet wird, es jedoch ganz sicher nicht sein kann. Dann aber auch Listen von KPIs, die als der Weisheit letzter Schluss verkauft werden, deren Werte zum Teil ganz sicher keine KPIs sind, weil der Performance-Charakter ungenügend abgedeckt wird oder der Nutzen der Werte zweifelhaft ist.

Definition KPI

Deshalb halte ich eine Begriffsklärung auch hinsichtlich der Entwicklung von KPIs aus den nutzbaren Social-Media-Analytics-Dimensionen und -Metriken für absolut notwendig. KPI setzt sich aus drei Worten mit eigener Bedeutung zusammen. Richtig verständlich wird der Begriff, wenn man ihn in umgekehrter Reihenfolge erläutert:

≋ **Indicator**
Bei dem Wert handelt es sich um einen Indikator für etwas. In den ersten Teilen des Guide wurde der Begriff Indicator recht oft benutzt. Ein Indikator steht immer für etwas, das man wissen möchte – nicht zwingend direkt, aber möglicherweise indirekt.

≋ **Performance**
Performance zeigt immer eine Veränderung an. Performance-Indikatoren sind also immer Werte, die eine Entwicklung verdeutlichen. Im Zusammenhang dieses Beitrags wäre also nicht die Zahl der Fans der Performance-Indikator, sondern die Veränderung der Zahl der Fans.

≋ **Key**
KPIs sind die wichtigen Performance-Indikatoren, die dem Management auf den ersten Blick zeigen sollten, wie die Performance in der jeweils beobachteten Periode war. Allgemein sollte man davon

ausgehen, dass es sich in diesem Zusammenhang nicht um mehr als fünf bis sieben Werte bzw. Wertebündel handeln kann. Beachten sollte man auch, dass Anwender – wie im realen Leben – mitunter auch verschiedene Schlüssel benötigen. Ein Social-Media-Redakteur benötigt andere Zahlen als der Leiter des Online-Marketings, als der Geschäftsführer etc.

Damit sollte auch schon klar geworden sein, dass in diesem Kapitel nicht »die« KPIs hergeleitet und genannt werden – zumal diese neben den Zielstrukturen auch noch auf die Anforderungen der verschiedenen Zielgruppen im Unternehmen abgestimmt werden müssten. Diese Aufgabe ist zu komplex, um sie umfassend im gegebenen Rahmen zu behandeln. Deshalb werden hier Leitlinien für die Entwicklung von KPIs formuliert. Sie sollen in die Lage versetzt werden, KPIs selbst zu entwickeln.

KPIs sind nicht allgemeingültig!

7.2   Der ROI-Begriff

Der ROI ist aus meiner Sicht ein Modewort in der Arbeit mit Social Media – genauso wie KPI. Dabei ist der Begriff des Return on Investment bereits ein recht alter in der Ökonomie – schon beinahe 100 Jahre wird damit gearbeitet. Umso erstaunlicher ist die vielfach fehlerhafte Verwendung im Zusammenhang mit Social Media, was möglicherweise auf die mangelnde Ausbildung der in diesem Bereich Tätigen in ökonomischen Zusammenhängen zurückzuführen ist.

Ein Begriff, der häufig falsch benutzt wird

Es handelt sich um ein Modell zur Messung der Rendite. Dabei werden ein Kapitaleinsatz zugrunde gelegt, der Nettoumsatz sowie der Gewinn:

Modell zur Messung der Rendite

```
ROI = Umsatzredite * Kapitalumschlag
```

Man muss den ROI an dieser Stelle nicht weiter definieren, um zu verstehen, dass seine alleinige Messung mit Methoden der Web Analytics nicht möglich ist. Es ist leider nicht viel anders als bei Fernseh-, Hörfunk oder Printwerbung. Man muss mit Annahmen arbeiten. Allerdings sind die Werkzeuge im Vergleich zur Werbung in Massenmedien sichtlich weiter ausdifferenziert, und das Zahlenwerk, mit dem man arbeiten kann, ist erheblich sicherer als die Werte der Medienforschung, obwohl – und das muss an dieser Stelle ganz klar betont werden – natürlich nur das gemessen und beurteilt werden kann, was sich tatsächlich innerhalb des Internet abspielt. Dabei ist der Kapitaleinsatz freilich auch immer etwas – sieht man von Online-Werbung und dabei insbesondere von AdWord-Werbung ab – das normalerweise nicht in Analytics-Systemen erfasst wird und auf Umwegen mit in die Kalkulation einbezogen werden muss. Inwieweit welche Kosten wie zurechenbar sind, ist eine Frage des Controllings. Es handelt sich um einen Berührungspunkt von Social Media Analytics und Controlling.[1]

Einfluss auf den ROI antizipieren

Das Vorgehen hinsichtlich der ROI-Effekte muss sich also darauf beschränken, den Einfluss auf den ROI zu antizipieren. In diesem Zuge geht es darum, Umsätze und Kosten zurechenbar zu machen. Es geht um Roherträge und Deckungsbeiträge, die Zurechnung von Aufwänden sowie die Bewertung von nicht direkt zurechenbarem Nutzen.

Kriterien können nicht direkt umgesetzt werden.

Häufig werden folgende Kriterien genannt, die in dieser Form noch nicht direkt umgesetzt werden können:

- Fans/Followers
- Steigerung des Website Traffics
- Nennungen im Social Web (Mentions)
- Generierte Leads
- Sales

Bewertung notwendig

Wie im nächsten Abschnitt ersichtlich wird, kann man diese Kriterien mit in die Bewertung einbeziehen. Insgesamt ist jedoch noch die individuelle Abstimmung der Werte auf die Anforderungen notwendig. Auch wenn man mit großer Anstrengung den Einfluss quantifizieren kann und die Resultate mitunter tatsächlich valide sind, beschränkt sich die getroffene Aussage häufig darauf, ob ein Vorgehen positiv oder negativ für den ROI ist. Zudem wird oft genug die Aufwandsseite unzureichend berücksichtigt und Umsatz mit Rohertrag verwechselt.

7.3   Zielstrukturen

Bewertung ermöglichen

Die wichtigste Prämisse bei der Entwicklung von KPIs sollte im Unternehmen darin bestehen, vergleichbare Werte für die Performance verschiedener Marketingaktivitäten zu generieren. Diese müssen bewertet und gewichtet werden, um die Vergleichbarkeit der Werte zu gewährleisten. In diesem Rahmen müssen Social Media mit den Einzelaktivitäten auf den verschiedenen Plattformen wie Facebook, Twitter, Google+ etc. auch eingeordnet werden. Deshalb können an dieser Stelle keine allgemeingültigen KPIs entwickelt werden, die immer gültig sind – wohl aber Vorschläge, Leitlinien für ein Vorgehen.

Vergleiche ermöglichen

Freilich ist es so, dass es für Social Media andere Kenngrößen gibt als für Fernsehen oder Zeitschriften. Warum sollte man aber die Leistung eines Postings nicht mit der Leistung eines E-Mail-Newsletters

---

1. Man kann die Web Analytics und damit die Social Media Analytics auch dem Controlling zuordnen – auch wenn dies bei Dienstleistern und im Unternehmen Angst verbreiten mag. Der Satz müsste dann etwas anders formuliert werden.

vergleichen? Die erzielbaren Resultate können ähnlich sein. Ein News-
letter wird an eine bestimmte Anzahl von Adressen verschickt. Diese
Zahl ist vergleichbar mit der Zahl der Fans. Nicht alle Empfänger des
Newsletters öffnen die Mail. Genauso ist es bei Social Networks:
Nicht alle Fans sehen eine Meldung. Schon in diesem kurzen Beispiel
hat man zwei Werte, die durchaus vergleichbar sind.

In den gesamten Marketingkontext integrieren

Aus dieser Situation heraus ist klar, dass es bestimmte Anforderun-
gen des allgemeinen Marketings, bzw. der Geschäftsleitung an die
Datenaufbereitung geben kann. Gleichzeitig gibt es natürlich auch
Anforderungen aus der ausführenden Abteilung bzw. vom Social-
Media-Team. Wie schon beschrieben, sollte ein Workshop durchge-
führt werden, wenn es noch keine Zieldefinition hinsichtlich der
Social-Media-Aktivitäten gibt und/oder die Anforderungen an die
Social Media Analytics und Monitoring nicht klar sind.

Zieldimensionen

Wenn man nun fragt, welche Ziele mit den Social-Media-Aktivitäten verbunden sind, dann wird nach einem anfänglichen Stocken meistens eine relativ umfassende Liste der Marketingziele kommuniziert.
Die Aufgabe besteht dann darin, die wichtigsten Ziele herauszuarbei-
ten, die sich in der Regel in folgendem Raum bewegen:

- Reichweite
- Image/Marke
- Kommunikationsqualität
- Kundenzufriedenheit
- Marktanteile (gleich welcher Art)
- Umsatz

7.4   Standard-KPIs oder Eigenentwicklung?

Soll man das Rad noch mal neu erfinden? – Sicher nicht. Nicht das
Rad. Aber vielleicht braucht man eine andere Größe, ein anderes Profil
oder insgesamt eine andere Beschaffenheit.

Wenn man mit Standards arbeitet, hat das eben Vor- und Nachteile: Standards braucht man nicht neu zu erfinden – es gibt sie einfach.
Zudem erlauben sie den Vergleich mit anderen Unternehmen, die mit
den gleichen Standards arbeiten. Man kann sich dann beispielsweise
auf Branchenebene miteinander vergleichen und die Leistungsfähigkeit
des eigenen Social-Media-Ansatzes und des investierten Aufwands bewerten. Hier hat beispielsweise das Web Excellence Forum (WebXF),
eine Initiative von Web- und Social-Media-Verantwortlichen aus DAX-
und anderen Großunternehmen, gemeinschaftlich Kennzahlen und
Verfahren entwickelt, um den Erfolg im Social Web messen, ver-

WEBXF RANKING: FANPAGE DIALOGLEISTUNG

RANG-PLATZ	UNTERNEHMEN	FANPAGE	WEBXF INDEX DIALOGLEISTUNG	REAKTIONS-QUOTE	REAKTIONSZEIT (T:STD:MIN)	ANZAHL USER POSTS
1	Deutsche Post DHL	dhl	77,1	58%	0 02:05	2.213
2	UPS	ups	68,9	35%	0 00:20	5.804
3	Comdirect	comdirect	67,4	54%	0 14:09	< 100
4	Deutsche Telekom	telekomhilft	65,6	27%	0 00:51	7.808
5	L'Oreal	loreal.deutschland	62,0	93%	0 21:59	128
6	Schweizerische Post	swisspost	61,8	44%	0 13:30	116
7	AXA	AXA.startklar	61,6	31%	0 00:26	< 100
8	Swisscom	Swisscom	59,1	47%	0 20:09	601
9	SBB	sparbillette	56,7	24%	0 04:17	< 100
10	o2	o2de	56,6	19%	0 02:23	3.849

BASIS: 79.941 USER POSTS AUF 66 FANPAGES IM 1. HALBJAHR 2012
Quelle: Web Excellence Forum (WebXF), www.webxf.org

gleichen und verbessern zu können. Die Unternehmen gehen dabei dyadisch vor: Es gibt sowohl Kennzahlen, die sie gemeinschaftlich für die Plattformen Facebook, Twitter und YouTube festlegen, als auch Kennzahlen, die an die spezifischen Erfordernisse im eigenen Unternehmen angepasst sind.

Genau so sollte man auch vorgehen. Man kann sich auf der einen Seite vergleichen und auf der anderen Seite Kennzahlen für die Erfordernisse der eigenen Strategie nutzen. Insgesamt dürfte der Zusatzaufwand durch den erzielten Nutzen vertretbar sein. Ob man sich dabei nun auf die Kennzahlen des WebFX einlässt, ob sie von einem anderen Verband stammen – beispielsweise auf Branchenebene –, ist nicht entscheidend.

7.5   Aufbereitung der KPIs

KPIs stehen nicht als Zahlen im luftleeren Raum. Es sind die wichtigsten Werte eines Dashboards und werden entsprechend prominent präsentiert. Es geht also nicht nur um eine Zahl an sich, sondern auch um deren mögliche visuelle Aufbereitung. Eines der bekanntesten Dashboards hat Facebook für seine Insights kreiert, auf das ich hier als Beispiel zurückgreifen möchte. Darin werden gute Vorschläge hinsichtlich der als relevant erachteten Kennzahlen und deren Aufbereitung gemacht. In Abbildung 7–3 stehen diese am Kopf, die konkreten Werte sind ausgegraut.

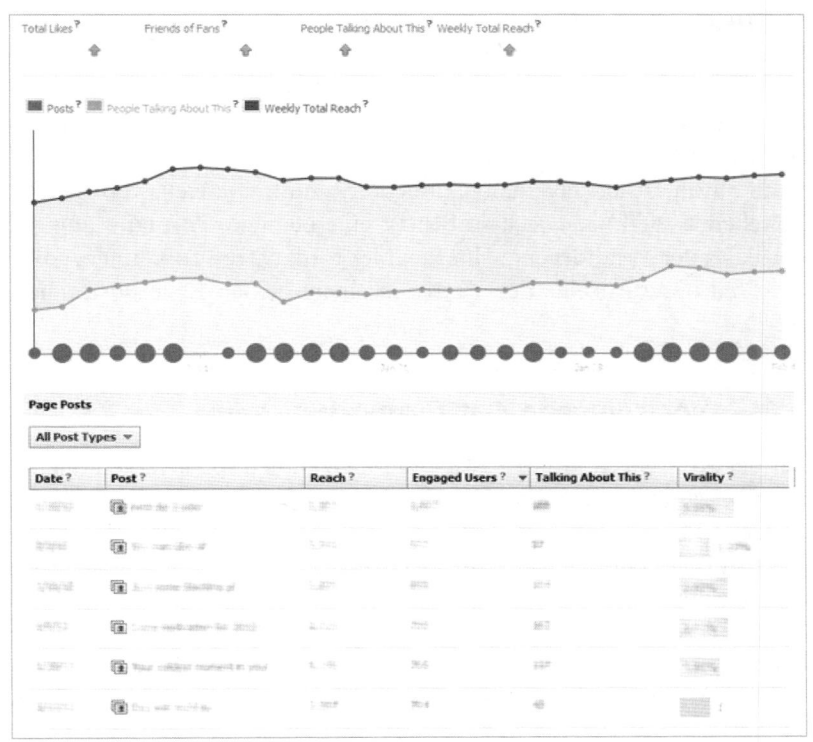

Abb. 7–3

Facebook Insights Dashboard

Facebook schlägt als KPI also folgende Werte vor:

- Total likes – Summe der Freunde
- Friends of Friends – Summe der Freunde von Freunden
- People Talking About This – Leute, die darüber reden
- Weekly Total Reach – Wochenreichweite

Der Facebook-Vorschlag

Es fällt auf, dass kein Wert genannt wird, der sich direkt auf die Zahl der Fans bezieht. Dazu weiter unten mehr.

In der Abbildung 7–4 wird die visuelle Aufbereitung und deren inhaltlicher Zusammenhang deutlicher. Im linken Bereich der Abbildung ist die Umsetzung von Facebook zu sehen.

Die visuelle Aufbereitung

Abb. 7–4

KPI »Total Likes«/ »Gefällt mir« aus den Facebook Insights

Genannt wird ein absoluter Wert – »45.340« – ein visueller Hinweis auf die Entwicklung (der grüne Pfeil) und die prozentuale Veränderung im Analysezeitraum, die wiederum auch durch eine farbliche Akzentuierung hervorgehoben wird. Entsprechendes kann man – wie im rechten Teil der Abbildung ersichtlich – mit Excel realisieren. In Excel kann automatisiert eine ganz ähnliche Anmutung erzielt werden. Der zu sehende Pfeil nach rechts oben ist eine bedingte Formatierung auf der Basis der Veränderung. Um flexibler formatieren zu können, sollte der Pfeil ohne Anzeige des Wertes in einer eigenen Zelle positioniert werden.

7.6   Verschiedene Plattformen beachten

Bei der Konstruktion der KPIs sollte – eigentlich selbstverständlich – auch beachtet werden, dass die KPIs einen Performance-Vergleich mit anderen Plattformen erlauben. Das soll nicht heißen, dass es keine KPIs zu Besonderheiten einzelner Plattformen geben soll. Eine isolierte Betrachtung von Facebook alleine ist nicht sinnvoll – auch wenn dies aufgrund seines Gewichts und des Grades an Ausdifferenzierung der Insights einige Vorgaben machen darf.

Der Aufbau der KPIs kann also – wenn man dies grob hierarchisch sieht – so erfolgen, dass KPIs pro Plattform entwickelt werden. Diese müssen zumindest zum Teil miteinander vergleichbar sein. Beispielsweise können Indikatoren im Zusammenhang mit Fans auf Facebook und Followern auf Twitter stehen.

7.7   Herleitung von KPIs

In diesem Abschnitt geht es darum, aus gegebenen Measures KPIs zu konfigurieren. Dabei sind vorwiegend die Ziele des Social-Media-Engagements, die Anforderungen und inhaltlichen Rahmenbedingungen der Durchführung maßgeblich. Damit ist beispielsweise gemeint, dass ein sehr hohes Engagement ein Ziel sein mag, für die Bespielung einer Facebook-Page aber – aus welchen Gründen auch immer – nicht ausreichend Fotomaterial zur Verfügung steht.

Was ist noch zu beachten? Mit bedacht werden muss neben der Aufbereitung der Werte noch

- wie die Daten in ein System kommen, das deren Verarbeitung zulässt,
- wo die Daten gespeichert werden und
- wie die konkrete Aufbereitung stattfindet.

Da aber zunächst der konkrete Datenbedarf für die Beantwortung dieser Fragen entscheidend ist, werden diese hier zunächst beantwortet. In einem abschließenden Kapitel über Datenaufbereitung und -verteilung werden diese eher funktional technischen Punkte behandelt.

7.7.1   Reichweite

Die Reichweite ist ein Wert, der für viele Unternehmen sehr wichtig ist. Verstanden wird sie meistens als Zahl von Personen, die innerhalb eines bestimmten Zeitraums erreicht werden. Tatsächlich benutzt werden in diesem Zusammenhang jedoch häufig Fan- oder Follower-Zahlen. Dieser recht statische Wert hat zwei entscheidende Nachteile:

- Der Wert an sich ist statisch und sagt nichts über tatsächlich erzielte Kontakte aus. Es kann jemand Fan werden und bis zur Elimination seines Accounts nie wieder in die entsprechende Plattform schauen.
- Fans und Follower an sich haben einen recht unterschiedlichen Wert für ein Unternehmen. Insbesondere dann, wenn Fans gekauft werden, beispielsweise um Vorgaben einzuhalten, hat dies einen deutlich negativen Einfluss auf das Gesamtergebnis.

Dynamik verdeutlichen

Wenn man sich noch mal Abbildung 7–3 anschaut, ist sogar anzunehmen, dass Facebook am Kopf seines zentralen Insights-Dashboards mit Bedacht auf den Fan-KPI verzichtet hat. Fans sind eben nicht gleich Fans, und der Zuwachs an dieser Stelle bedeutet – wie dargestellt – grundsätzlich nicht viel. Man sollte den Wert, um auf die Printmedien-Welt zurückzukommen, etwa mit der gedruckten Auflage einer Zeitung vergleichen. Diese wird für einen Inserenten auch erst dann sinnvoll, wenn das gedruckte Exemplar von einem Leser in die Hand genommen wird und er möglichst auch noch die Seite aufschlägt, auf der sich die Anzeige befindet.

Vergleich Print-Welt

Aus dieser Perspektive sind natürlich die Reichweite der Postings und die daraus resultierenden Interaktivitätswerte erheblich spannender. Schaut man allerdings auf Twitter und Pinterest, so wird das mit der Reichweite von Kommunikaten – beispielsweise Meldungen oder Pins – nichts. Entsprechende Werte werden nicht erhoben bzw. können aufgrund der technischen Struktur nicht bestimmt werden. Allerdings wäre die Reichweite einer Nachricht mit anderen Werten aus dem Online-Marketing recht gut vergleichbar: beispielsweise mit den geöffneten E-Mails einer Newsletter-Versendung oder den Impressions eines Blog-Posts.

Nicht für jedes Netzwerk messbar

*Doch mit Fans &
Followern arbeiten?*

Die nachfolgend konstruierten Konzepte legen Fans und Follower zugrunde und bauen aufeinander auf. Man kann einen oder mehrere davon verwenden. Es handelt sich um Vorschläge bzw. Beispiele. Natürlich können und sollen Sie die KPIs entsprechend spezifischer Anforderungen anpassen. Dies ist insbesondere auch dann notwendig, wenn die von dem Netzwerk zur Verfügung gestellten Werte verändert werden, wenn Erweiterungen oder Umstellungen der Measures stattfinden.

7.7.1.1   Der einfache »Auflagen«-KPI: Fans, Follower etc.

Messbar

Auch wenn Facebook offensichtlich keinen KPI direkt in sein Dashboard einbaut, so ist es dennoch notwendig, einen zu konstruieren. Ob dieser alleine aus der Zahl der Fans und der Veränderung derselben aufgebaut werden müsste, sei dahingestellt. Ein Basiswert kann ausreichend sein – zumal dieser einfach zu kommunizieren ist und weitere Informationen durch zusätzliche KPIs ausgedrückt werden können. Der visuelle Aufbau kann erfolgen wie in Abbildung 7–4 für die »Gefällt mir«-Angaben. Also einfach die Summe der Fans, ein Icon, das den Grad der Veränderung anzeigt und zusätzlich den Prozentwert der Veränderung. Alternativ könnte auch die Summe der im Vergleichszeitraum gewonnenen Fans genannt werden.

7.7.1.2   Der gewichtete »Auflagen«-KPI

Scores integrieren

Zusätzlich stellt sich die Frage, ob die Werte der verschiedenen Netzwerke einfach zu addieren sind oder ob man etwa eine Gewichtung vornimmt und einen Indexwert ermittelt. Man könnte beispielsweise noch die Zahl der Freunde von Fans und Followern integrieren. Facebook nennt diesen Wert ja als wichtige Kennzahl. Durch ihn wird die potenzielle Möglichkeit zur Verbreitung einer Nachricht angedeutet. Wenn auch dies nicht ausreichend oder als zu ungenau erscheint, besteht die Möglichkeit, als weiteres Kriterium noch die Bewertung mittels Scores – wie Klout, Kred oder PeerIndex – hinzuzunehmen (vgl. Kapitel 5). Damit wären wir bei einem anderen wichtigen Thema hinsichtlich des ROI: dem Wert der Fans.

7.7.1.3   Der Fan-Wert KPI

*Der Wert von Online-
Plattformen wird auch
über die Nutzerzahl
bestimmt.*

Es gibt unendlich viele Diskussionen über das Thema, was ein Fan denn nun wert ist und ob man einen solchen Wert messen kann. Zunächst ist es eine Frage der Perspektive. Natürlich wird einem Fan ein Wert zugeschrieben. Ohne einen solchen wäre kein ökonomisches Handeln auf der Basis von Fanzahlen möglich. Wenn man einen KPI hierfür bestimmen könnte, dann wird das Handeln im Social-Media-Raum beträchtlich vereinfacht!

Als Herr Zuckerberg im Begriff war, Instagram zu kaufen, wird er natürlich darüber nachgedacht haben, wie viel ihm die 30 Millionen Fans des Bildchendienstes wert sind. Bei vielen anderen Übernahmen auf dem Online-Markt wurde ähnlich kalkuliert. Die Grundlage ist die Einnahmeerwartung, die man durch die Fans einer Plattform hat. Wichtig ist dabei v.a. die Zeit, die man antizipiert, um den angenommenen Wert zu realisieren. Ganz klar ist in diesem Zusammenhang auch, dass Vermutungen hinsichtlich der Entwicklung der Nutzerzahlen angestellt werden. Der Wert an sich wird dann in vielen Fällen auf der Basis dessen, was zu verkaufen ist, kalkuliert. Im Fall von Facebook ist das weitgehend Werbung. In Ihrem Fall kann das Umsatz sein oder auch eine Bewertung hinsichtlich möglicher Kostenreduktionseffekte.

Ein üblicher primärer Ansatz zur Kalkulation des Wertes eines Fans findet auf der Kostenseite statt. Diese Kalkulation ist auch absolut notwendig. Warum? Nur wenn es weniger kostet, einen Fan zu gewinnen und ihn zu behalten, als der Fan für ein Unternehmen wert ist, lohnt sich die Aktivität. Dieser Zusammenhang gilt natürlich auch für den negativen Fall: Wenn es ein Unternehmen mehr kostet, einen Fan oder Follower nicht zu haben, dann lohnt sich die Aktivität. Ein Beispiel hierfür sind Serviceangebote wie »Telekom hilft«.

Ermittlung der Kosten notwendig

Wenn ein Unternehmen Fans für eine Page bei Facebook gewinnt und Kosten für den Betrieb der Page hat, kann es den durchschnittlichen Wert seiner Fans kostenseitig definieren. Auf diesem Weg ist der Wert der Fans also recht einfach zu ermitteln – auch wenn ein Buchhalter an dieser Stelle vielleicht widersprechen mag.

Bisher habe ich hier nur auf der Basis von Durchschnittswerten argumentiert. Aber natürlich ist nicht jeder Fan gleich viel wert. Die Wahrscheinlichkeit ist hoch, dass Fans mit vielen Freunden mehr wert sind, wenn sie positiv über ein Unternehmen kommunizieren, als Fans mit wenigen Freunden.

Wertklassen von Fans

Wenn Sie beispielsweise ein Werkzeug wie SocialBro zur Analyse und zum Management Ihrer Twitter-Accounts nutzen, dann kennen Sie diese Unterscheidung. Im Tool werden die Nutzer in verschiedene Klassen eingeteilt:

- Neulinge (deren Account jünger als 3 Monate ist)
- einflussreiche Follower (solche, die viel mehr Folger haben, als sie selbst verfolgen)
- berühmte Follower (solche mit »Verified Account«)
- inaktive Follower (mehr als 3 Monate kein Tweet)
- Follower, die mehr Accounts verfolgen, als sie Follower haben

Auch wenn diese Klassen von Followern mitunter einer angepassten Behandlung bedürfen, so lohnt eine individuelle Wertzuweisung kaum. Man würde nur etwas Licht in eine Black Box bringen, bei der lediglich der Output wirklich interessiert.

Andersherum argumentiert: Natürlich hat auch ein Fan, der sehr wenig bei einem Unternehmen kauft, aber enorm zur Verbreitung positiver Botschaften beiträgt, einen hohen Wert. Diesen Wert sollte man allerdings als Reduktion der Aufwände verstehen und entsprechend kalkulieren. Und noch mal eine Kehrtwende: Ohne diese Fans wären die Kosten noch höher ausgefallen. Ökonomisch heißt das jedoch, dass man sie in der Wertkalkulation nicht berücksichtigen muss.

Den Output-Wert messen!

Wie kommt man nun vom Fan zum Output, zu Einnahmen? – Soll man an dieser Stelle alle Käufe messen, bei denen Facebook einen Referral lieferte? – Liegt man dann falsch, weil die Besucher von Facebook ja nicht zwingend Fans der eigenen Page sein müssen? – Wäre es richtiger, hier Käufe zu bewerten, die von Fans der eigenen Facebook-Page getätigt wurden? – Ist das eigentlich alles, was man messen muss? Fragen über Fragen!

Hat ein Fan gekauft?

Hier eine Antwort am Beispiel von Facebook: Zunächst empfehle ich, das Merkmal »ist mal über Facebook auf unsere Website gelangt« als ein Parameter im First Party Cookie des Web-Analytics-Systems zu speichern. Zudem sollte in einem weiteren Parameter gespeichert werden, ob es sich bei einem Käufer um einen Facebook-Fan handelt oder nicht – zumindest wenn dies die Technik von Website und Web-Analytics-System mit vertretbarem Aufwand zulassen. Dabei handelt es sich um die größere Herausforderung für die Web Analytics.

Nun hat man prinzipiell zwei Parameter, über die man Umsätze kreuztabellieren kann:

▦ Umsätze von Personen, die einmal über Facebook auf die eigene Website gelangten
▦ Umsätze von Facebook-Fans

Wie viel kaufen Facebook-Fans im Vergleich zu sonstigen Käufern?

Sicher – man kann nicht all diese Umsätze Facebook zurechnen. Der Kontakt mit dem Netzwerk kann schließlich auch schon länger zurückliegen. Um die Zahlen etwas zu verfestigen, sollte man ein weiteres Kriterium hinzuziehen: Web-Analytics-Systeme speichern normalerweise noch den letzten Referrer vor einem Kauf.

Auf diesem Weg gelangt man zu einem Datenbestand, der die Beurteilung von Umsätzen über eine Social-Media-Plattform erlaubt. Der gesamte erzielte Umsatz und der daraus folgende Gewinn werden den Fans bzw. Followern zugerechnet.

Sollten im Cookie die Referrer mehrerer Netzwerke gespeichert sein und beim Abschluss die Eigenschaft eines Fans, Followers etc. auf mehreren Netzwerken festgestellt werden, dann ist dies aus der Sicht der Web Analytics kein anderes Problem, als der Kontakt eines Nutzers mit mehreren Affiliate-Netzwerken, die entsprechend ihrer Performance bezahlt werden.

Weitere Netzwerke in Cookies speichern?

Während diese Methode für reine Online-Unternehmen schon sehr brauchbare Ergebnisse bringt, muss die Wertermittlung für Unternehmen, die auch über den stationären Handel vertreiben, noch erweitert werden. Man ist wieder bei einem schrecklichen Dilemma angelangt: Weil man für das Internet vieles messen kann, soll das aus der Sicht so mancher Unternehmen belegt werden, was für Werbung in Offline-Medien in einer solchen Genauigkeit nicht möglich ist.

7.7.1.4   Mögliche weitere Anreicherungen eines Reichweiten-KPI

Wenn man nicht mit der Fan- oder Follower-Zahl arbeiten möchte oder soll, dann ist es notwendig, die Kennzahl so aufbauen, dass der Einfluss der Summe der Fans möglichst begrenzt wird.

Die Reichweite für ein Profil – also die Zahl der Accounts, die mit einem Profil in Kontakt gekommen sind – wäre eine validere Größe. Dabei würde es schon ausreichen, wenn mindestens eine Nachricht oder ein Pin im Stream des Nutzers auftaucht. Für Facebook gibt es diesen Wert, für Google+ wird es womöglich bald etwas Vergleichbares geben, für Twitter ist ein entsprechender Wert illusorisch. Ob Pinterest selbst messen wird – nun ja, denkbar wäre eine solche Größe schon. Die Frage ist eben, ob sie tatsächlich realisiert wird.

Werden Nachrichten gesehen?

Dies soll natürlich nicht heißen, dass die Reichweitenwerte für Facebook-Meldungen völlig unter den Tisch fallen. Diese spielen beispielsweise bei der Optimierung der Posting-Zeitpunkte eine sehr wichtige Rolle.

Allerdings ist unter diesen Gesamtbedingungen die Konstruktion des KPI abhängig von den genutzten Netzwerken und davon, ob es eine Anforderung hinsichtlich der Vergleichbarkeit der Netzwerke gibt. Spielt Twitter in der Social-Media-Strategie keine Rolle, dann sollte man die tatsächlich erzielte Reichweite – sofern diese zugänglich ist – zugrunde legen. Im anderen Fall sollte man mit zusätzlichen Indikatoren arbeiten, um die Qualität der Reichweite zu beurteilen.

KPI-Konstruktion auf Netzwerkebene

Insbesondere wenn auch noch ein starkes Reichweitenwachstum angestrebt wird, sollte man die Kennzahl möglicherweise besser als Indexwert aufbauen und Aspekte der Viralität integrieren.

7.7.2   Marke/Image

Hier werden Aktionen von Nutzern auf den Social Networks gezählt.

Wenn es den Unternehmen um den Markenaufbau und ihr Image geht, können wir in diesem tendenziell quantitativen Teil nur erste Hinweise geben. Hier werden nur Aktionen von Nutzern auf den Social Networks gezählt und ausgewertet – alles, was mit einem Klick geht. Inhalte, die ja sehr wichtig für Marke und Image sind, werden nicht bewertet. Es bleibt also unbekannt, ob Äußerungen positiv oder negativ waren. Die Auswertung des Sentiments, die in dieser weiteren Stufe des analytischen Prozesses außerordentlich wichtig ist, kann bei diesem Verfahren nicht stattfinden. Dabei handelt es sich um eine Aufgabe des Monitorings und wird im Kapitel »*Social Media Monitoring –Funktionen & Auswahl von Werkzeugen*«, S. 161 ff., behandelt.

7.7.2.1   Der Interaktions-KPI: Engagement Rate

Es geht um Nutzer, die mit einer Marke interagieren und sich als Fan einer Marke outen.

Interaktionswerte gibt es für alle Plattformen – auch wenn Facebook hier den komplexesten Ansatz hat. Ein KPI hinsichtlich der »Engaged Users« kann und sollte entwickelt werden. Der Tool-Anbieter Social Bakers macht hier einen recht brauchbaren Vorschlag für die Bestimmung der »Engagement Rate«. Diese Kennzahl ist hinsichtlich der Markenbildung ausgesprochen wichtig. Es geht um Nutzer, die mit einer Marke interagieren und sich als Fan einer Marke outen. Ob man die Engagement Rate nun auf Tagesbasis bestimmt oder andere Zeit-

Abb. 7–5
Die Engagement Rate der SocialBakers

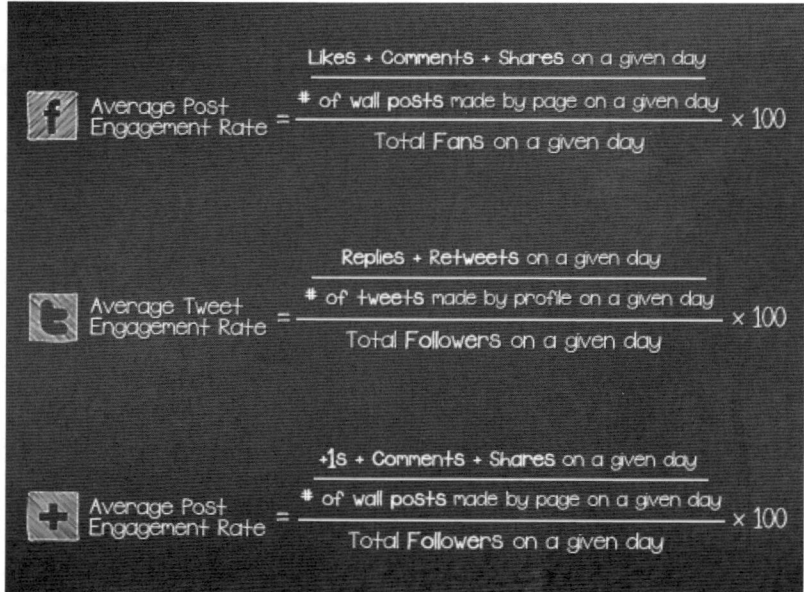

räume zur Analyse nutzt, kommt auf den Verwendungszweck an. Man kann die Rate – wenn es die Anwendung erfordert – auch auf der Ebene einzelner Meldungen bestimmen. Einen Nachteil haben die Formeln der Social Bakers allerdings: Die Interaktionswerte gehen ungewichtet in die Formel ein. Likes und Reshares haben in diesen Formeln also das gleiche Gewicht. Hier sollte entsprechend der spezifischen Anforderungen nachjustiert werden. Damit hier kein falscher Eindruck aufkommt: Die Social Bakers müssen das ja auch in dieser Weise machen. Die Formeln müssen schließlich in genau dieser Form für all ihre Kunden funktionieren und erlauben so auch den Vergleich des Engagements für verschiedene Pages etc.

Der »EdgeRank« ist ein Instrument dafür, welche Beiträge im Stream angezeigt werden und welche nicht.

Während man für die eigenen Ziele mehr oder weniger inhaltliche Anforderungen hat, gibt es auch Mechanismen von Plattformen, die zur Verbreitung von Nachrichten beitragen, die auf solche Petitessen keine Rücksicht nehmen. Der »EdgeRank« von Facebook ist hierfür ein Beispiel. Es ist ein Instrument dafür, welche Beiträge im Stream angezeigt werden und welche nicht. Dabei wird der Wert individuell für einzelne Nutzer und potenziell in ihrem Stream erscheinende Beiträge berechnet. Nach meiner Einschätzung findet für den EdgeRank keine Gewichtung der Werte statt. Im Kapitel zur Bestimmung des idealen Posting-Zeitpunkts wird der Facebook EdgeRank etwas näher erläutert.

Relevant zur Bestimmung der optimalen Posting-Zeitpunkte

Gerade bei der Bestimmung der optimalen Posting-Zeitpunkte spielen der EdgeRank und die Engagement Rate eine wichtige Rolle. Wenn es um den Vergleich mit den anderen Plattformen geht, muss die Engagement Rate entsprechend angepasst werden.

Der KPI kann als Indexwert hinsichtlich des Erfolgs einer Meldung beispielsweise so aufgebaut werden:

```
(Reichweite / Fans)* 0,4 + (Engaged Users / Fans)* 0,2 +
(Talking about this / Fans)* 0,2 +
((Virality*Reichweite)) / Fans)* 0,2
```

Als KPI, der in ein Reporting eingeht, das mit anderen Plattformen verglichen werden sollte, könnte er beispielsweise wie folgt definiert werden:

```
(Talking about this / Fans)* 0,2 + (Virality/Fans)* 0,2
```

7.7.2.2 Qualitative Elemente

Die Frage danach, ob Kunden, Fans ein Unternehmen und seine Produkte gut finden und dies sogar empfehlen würden, lässt sich nur bedingt an der Auszählung von Aktionen und der Auswertung derselben festmachen. Grundsätzlich gibt es zwei Wege, die eingeschlagen werden können:

1. Auswertung und Analyse von Inhalten der Kommunikate
2. Befragung von Fans

Dabei ist die Analyse von Kommunikaten eine inhaltsanalytische Aufgabe, die zum großen Teil von Monitoring-Lösungen übernommen werden kann bzw. könnte. Das wurde bereits angesprochen. Den weiteren Bereich – die Befragung von Fans – sollte man, sofern es sich um geschlossene Fragen handelt, dem quantitativen Vorgehen zuschlagen. Neben den individuell entwickelten Instrumenten wird hier häufiger über den Net Promoter Score diskutiert. Dafür muss eine repräsentative Stichprobe von Kunden eines Unternehmens befragt werden, inwieweit sie das Unternehmen bzw. seine Produkte weiterempfehlen würden: »Wie wahrscheinlich ist es, dass Sie Unternehmen/Marke X einem Freund oder Kollegen weiterempfehlen werden?« Dabei findet eine Bewertung auf einer Skala von 0 für unwahrscheinlich bis 10 für äußerst wahrscheinlich statt. Meist werden Personen, die mit 10 und 9 antworten, als Promotoren bezeichnet, solche, die mit 8 und 7 antworten, als indifferent und solche mit einem geringeren Wert als »Detaktoren«.

Das Instrument an sich ist einfach und erlaubt den Vergleich mit Wettbewerbern. Leider ist das Antwortverhalten hinsichtlich Empfehlungen international unterschiedlich. In den USA ist beispielsweise die Neigung, mit 10 oder 9 zu antworten, viel höher als in Deutschland.

... ist der Einsatz kaum
valide möglich.
Der entscheidende Nachteil bei der Anwendung des Instruments auf die Fans bei Facebook, Twitter & Co. besteht jedoch darin, dass diese online nur begrenzt repräsentativ befragt werden können und telefonische Studien für die regelmäßige Durchführung meist zu teuer sind. Repräsentative Online-Befragungen der Fans einer Page oder der Follower eines Accounts sind derzeit nicht wirklich möglich. Selbst wenn entsprechende Methoden von den Anbietern der Befragungswerkzeuge offeriert werden, ist Vorsicht geboten. Bisher ist keine Methode bekannt, mit der repräsentative Stichproben für die Fans einer Page gezogen werden können. Ein Intercept gibt es noch nicht. Möglich sind auf Facebook allenfalls Platzierungen von Meldungen für einen Teil der Population. Bei diesem Verfahren ist der Effekt der Selbstselektion zu groß. Bei Twitter müsste man die Bitte zur Teilnahme öffentlich posten – das ist methodisch völlig inakzeptabel. Allenfalls bei einem Blog könnte man mit Intercept arbeiten und so valide Ergebnisse erzielen (vgl. auch Welker/Werner/Scholz, Online Research, 2005).

Telefonische Befragung?
Aus diesen Gründen bleibt nur die telefonische Befragung für die Datenerhebung übrig. Dabei müsste dann noch herausgefunden werden, inwieweit die Promotoren welcher Plattform zuzurechnen sind und wie sich diese Werte von denen der Wettbewerber unterscheiden.

Ein Telefonverzeichnis der Fans etc. gibt es aus verständlichen Gründen auch nicht. Um diese in einer Stichprobe bei akzeptablen Kosten befragen zu können, muss ein Account schon sehr viele Fans etc. haben. Dies ist – sieht man von den Accounts von Online-Zeitungen, -Magazinen etc. ab – fast ausschließlich im Bereich der Fast Moving Consumer Goods (FMCG), der Automobil- oder Telekommunikationsindustrie der Fall.

Andersherum: Den NPS würde man dann benutzen und in die Analyse einbeziehen, wenn das Unternehmen diesen ohnehin benutzt oder dies in der Branche üblich ist und sich das Unternehmen auch aus anderen Gründen dazu entschließt, das von Satmetrix Systems, Bain & Company und Fred Reichheld entwickelte Verfahren zu nutzen.

Aus meiner Sicht ist der für das Management sehr einfach zu handhabende Wert nur bedingt eindeutig auf Aktionen in Social Media zurückzuführen. Bisher sind mir keine validen Verfahren diesbezüglich bekannt.

7.7.3 Kommunikationsqualität

Bei der Bestimmung der Kommunikationsqualität geht es nicht um die Bestimmung des Sentiments oder die Bestimmung qualitativ besonders hochwertiger Meldungen. Das fällt in den Bereich des Monitorings oder es wäre eine entsprechende Inhaltsanalyse notwendig. Es geht einerseits darum, welche Arten von Meldungen verschickt wurden, das was Facebook mit Media Type umschreibt. Also die Frage danach, ob nur ein Text, ein Link oder Fotos etc. kommuniziert wurden. Andererseits geht es um etwas, das man möglicherweise besser mit dem Begriff »Interaktionsqualität« umschreiben sollte. Es geht auch um die Bearbeitung von Serviceanfragen.

Die Art der verschickten Meldung: Media Type

7.7.3.1 Der Medientyp-KPI

Medientyp-KPIs sind – selbst wenn man Entwicklungen verdeutlicht – typische relationale KPIs. Das heißt, dass sich ihre Bedeutung erst im Zusammenhang mit anderen Werten erschließt. Die Aussage der KPIs besteht im Fall von Facebook oder Google+ darin, dass sie Informationen darüber geben, wie sich die Verteilung der Medientypen für einen Account verändert hat. Ein Vorgesetzter kann so beispielsweise überprüfen, ob ein angestrebter Fotoanteil von 80 Prozent der Meldungen erreicht wurde oder ob tatsächlich 15 Videos innerhalb eines Monats gepostet wurden.

Wurden Ziele hinsichtlich Medientyp erreicht?

Diese Zielerreichung, die für einen Vorgesetzten wirklich spannend ist, auch um die Leistung seines Teams zu messen, ist jedoch nur

Media Type & Engagement Rate

ein Teil des Aussagegehalts der Werte. Die publizierten Inhalte und deren auf Medientypen reduzierten qualitativen Eigenschaften haben großen Einfluss auf die Engagement Rate etc. Es ist also durchaus lohnend, dies einer gesonderten Analyse zu unterziehen – auch wenn die Konstruktion der Werte hier eher banal erfolgen kann. Es ist ratsam, die absolute und relative Zahl pro Medientyp und Zeiteinheit zu erfassen und auszuwerten.

Ob diese Werte dann nur punktuell – für einen begrenzten Zeitraum – analysiert werden und dann erst wieder, wenn der Bedarf hierfür erkannt wird, oder ob eine entsprechende Aufbereitung in einem Dashboard tabellarisch oder mit einer Anteilsgrafik erfolgt, muss hinsichtlich der Anforderungen entschieden werden. Grundsätzlich ist aus meiner Sicht eine entsprechende Aufbereitung empfehlenswert.

7.7.3.2   Interaktionsqualität

Relevant für Serviceangebote

Die Interaktionsqualität ist etwas, das insbesondere für Serviceangebote mit einem KPI versehen werden sollte. Aber auch bei anderen Angeboten sollten auf Fragen und Anregungen Reaktionen folgen. Es handelt sich dabei um etwas, das mit der Reaktionsquote des WebFX vergleichbar ist. Dabei ist durchaus spannend, wie die Reaktionsquote gemessen werden soll.

Zunächst muss festgelegt werden, auf welche Kommunikate eine Reaktion erfolgen müsste, um darauf folgend zu identifizieren, worauf dann eine Reaktion des Accounts erfolgte. In diesem Rahmen ist es erforderlich zu entscheiden, ob

- auf alle externen Kommunikate eine Reaktion erfolgen muss,
- nur auf initial auf einen Account gepostete Meldungen oder
- auf eine spezifische Konfiguration auf den beiden vorgenannten Punkten.

Auszählen, ob reagiert wurde

Wenn man alle Kommunikate als Grundlage nimmt, muss einfach nur ausgezählt werden. Das kann eine Software übernehmen – auch wenn dies eine Funktion ist, die i.d.R. in einer Social-Media-Management-Software abgebildet werden muss. Dies kann ebenso auch bei den initial von externen auf einen Account geposteten Kommunikaten erfolgen. Dieser Vorgang unterscheidet sich lediglich in der Konfiguration. Dabei wird einfach ausgezählt, inwieweit auf Äußerungen von externen Accounts Reaktionen erfolgten.

Mitunter Codierung im Prozess notwendig

Erheblich schwieriger wird die Sache, wenn man – was inhaltlich treffend ist – nur solche Postings mit in die Analyse einbezieht, die eine Äußerung erfordern. Dies kann a priori nicht ohne manuellen Eingriff bewerkstelligt werden. Eine Codierung der Inhalte ist notwendig. Das soll nicht heißen, dass hier ein externes Monitoring aufgesetzt werden muss. Aus meiner Sicht sollte dieser Vorgang in einem Social-Media-Monitoring-Werkzeug abgebildet werden. Dies impliziert, dass sich ein Werkzeug der Enterprise-Klasse im Einsatz befindet, bei dem eine entsprechende Funktion im Bearbeitungsprozess der Meldungen abbildbar ist.

Die so generierten Werte machen Aussagen darüber möglich, wie hoch das Kommunikationsbedürfnis der Social-Media-Nutzer mit einem Account ist und inwieweit dieses Kommunikationsbedürfnis befriedigt wurde. Auch wenn dies natürlich für kleinere und mittlere Unternehmen eine wertvolle Information wäre, so ist der Aufwand – sowohl für die Anpassung eines Werkzeugs als auch für die Bearbeitung und Klassifizierung der Meldungen – nicht unerheblich. So wird dieses Vorgehen weitgehend Großunternehmen vorbehalten bleiben, die eine Enterprise-Lösung im Einsatz haben und über ein Social-Media-Team mit mehreren Mitarbeitern verfügen bzw. Entsprechendes über einen Dienstleister abbilden lassen.

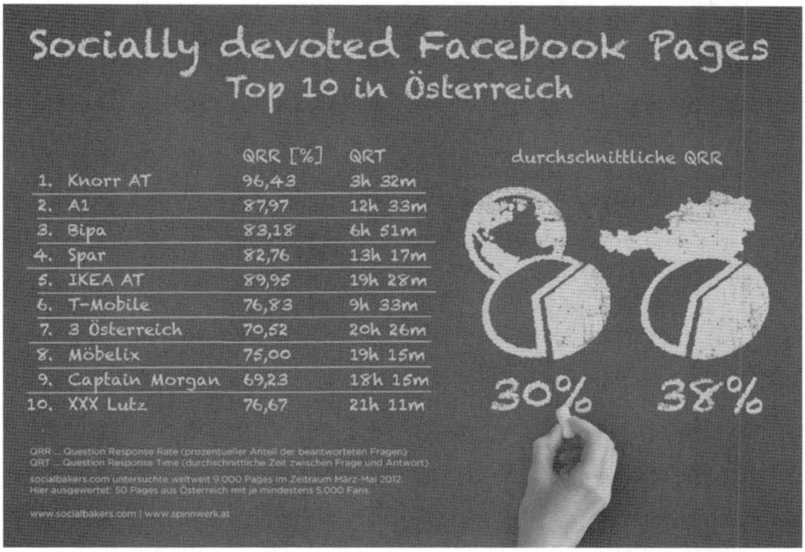

Aufwendig – schwierig für KMU

Abb. 7–6
Question Response Rate & Question Response Time gemessen mit Social-bakers Analytics Pro und aufbereitet von Spinn-werk (Quelle: Spinnwerk.at)

Wenn man sich nun daranmacht, dies in einer Managementlösung abzubilden, sollten aus meiner Sicht folgende Sachverhalte codiert werden:

Zu codierende Sachverhalte

▪ Handelt es sich um ein Kommunikat, das eine Reaktion erfordert? (Dies sollte in der Social-Media-Strategie definiert werden und dann auch, ob ein »Like« ausreichend ist oder ob einige Worte geschrieben werden müssen.)

- Erfolgte eine Reaktion?
- Wie lange wurde für die Reaktion benötigt?
  (Dies sollte automatisiert erfassbar sein.)
- War die Reaktion zufriedenstellend?
- Wurde eine Antwort gelobt?
- Wurde eine Antwort kritisiert?

Gerade die letzten beiden Punkt sollte nicht vom Bearbeiter der Antwort selbst codiert werden. Die Bearbeitung durch zwei oder mehr Personen im Bearbeitungsprozess ist ratsam. Es handelt sich um etwas Ähnliches wie ein Ticketingsystem – vielleicht kann man es auch direkt als Ticketmodul bezeichnen. Dabei gibt es eine Rolle, die Aufgaben verteilt, und es wird eine Rolle geben, die für die Bearbeitung zuständig ist. Der Rolle »Aufgabenverteilung« ist in diesem Fall wahrscheinlich wieder das Schließen des Tickets zugeordnet. Gleichzeitig muss von dieser Person die Qualität der Bearbeitung beurteilt werden.

Reaktionszeit   Wenn man nun die Abbildung 7–6 mit den Kennzahlen des WebFX und der Socialbakers vergleicht, so sieht man beide Male einen Wert für die Reaktionsquote und einen Wert für die durchschnittliche Reaktionszeit. Auch aus meiner Sicht sind dies die relevanten Basiskennzahlen. Allerdings beschreibt die Reaktionszeit lediglich, dass eine Reaktion stattgefunden hat, und gibt keinen Aufschluss darüber, inwieweit beispielsweise auf eine Frage eingegangen wurde und ob die Reaktion möglicherweise hilfreich für den Fragenden war.

Zahl & Art der   Die Erweiterung des WebFX hinsichtlich der Anzahl der zu bear-
Kommunikate beitenden Kommunikate ist ebenso hilfreich, um zu sehen, welche Zahl von Anfragen möglicherweise nicht durch den telefonischen Support beantwortet werden musste. Es geht also darum zu sparen. Die Effizienz des Social-Media-Supports soll also mit dem Telefon-Support verglichen werden. Genau dieser Sachverhalt muss bei der Konstruktion von Kennzahlen, KPIs und dem resultierenden Reporting entsprechend berücksichtigt werden. Wobei dies nicht ganz einfach ist. Ein Beispiel: Bei Netzausfällen von Mobilfunkanbietern kommt es normalerweise zu einer großen Zahl von Anrufen in den Call-Centern. Wenn die Nutzer nun aber, anstelle den Hörer in die Hand zu nehmen, die Facebook-Page des Anbieters aufrufen, dann ist die Frage womöglich schon beantwortet, ohne dass es zu einer Frage auf der Page kommt. Es ist also ratsam, die Entwicklungen auf den verschiedenen Support-Kanälen miteinander zu vergleichen. Aus dem Vergleich der Werte lässt sich der Einfluss auf den ROI antizipieren.

Kennzahlen – nicht zwingend KPIs – können sein:

- Zahl zu bearbeitender Kommunikate
- Zahl zu bearbeitender Kommunikate/Zahl der Fans etc.
- Question Response Rate = Zahl zu bearbeitender Kommunikate/ Zahl bearbeiteter Kommunikate
- Question Response Time = Durchschnittliche Zeit für die Beant- wortung einer Frage
- Aspiration Share = Anteil der als zufriedenstellend beurteilten Ant- worten
- Question Reponse Quality Indicator = Anteil Lob an den zu bear- beitenden Kommunikaten – Anteil Kritik an den zu bearbeitenden Kommunikaten

Der Question Response Quality Indicator ist ein ausgesprochen wich- tiger Wert, um die Zufriedenheit der Fans etc. mit einer Marke zu beurteilen. Leider kann ich an dieser Stelle keine Hinweise dafür geben, welche Werte gut und welche Werte schlecht sind. Leider unter- scheiden sich diese sehr stark je nach Branche und Produkt. Grund- sätzlich sollte man die Entwicklung der Werte sorgfältig beobachten und in Verlaufsgraphen besondere Ereignisse kennzeichnen.

7.7.4   Kundenzufriedenheit

Erhöhen der Kundenzufriedenheit ist ein typisches Motiv, das mit dem Engagement in Social Media von Unternehmen formuliert wird. Aller- dings ist die Messung des Beitrags, den Social Media hierzu leisten, ausgesprochen schwierig. Die bisher behandelten Methoden der Social Media Analytics sind ungeeignet, selbst wenn man die Beiträge auf der eigenen Page, Meldungen an Twitter-Accounts etc. manuell analysie- ren würde, wie weiter oben geschehen – es wäre zu aufwendig und wahrscheinlich auch nicht wirklich valide. Es handelt sich typischer- weise um eine Aufgabe der Monitoring-Lösungen, die im Kapitel »*Qualitative KPIs*«, S. 189 ff., behandelt werden. Es wird hierzu eine Sentiment-Kennzahl entwickelt werden. Darin wird die Stimmung gegenüber einem Unternehmen oder Produkten abgebildet.

7.7.5   Marktanteile (gleich welcher Art)

Unternehmen möchten gerne sehen, wie gut sie im Vergleich zu ihren Wettbewerbern sind. Für Websites lassen sich solche Zahlen nur be- dingt messen. Es können leider nur Werkzeuge zum Einsatz kommen, wie diese im Kapitel »*Bewertung neuer sozialer Netzwerke*«, S. 17 ff., besprochen wurden – Panels oder Tools wieder der AdPlanner von Google.

Für Social Networks lassen sich viele Werte auch ohne Admin-Account erfassen. Es ist über viele Netzwerke hinweg messbar,

▤ wie viele Fans ein Account hat,
▤ wie viele Postings erfolgen und
▤ Teile der Reaktion auf die Postings.

Man muss an dieser Stelle zwar mit den »einfachen Auflagen-KPIs« arbeiten – gerade etwas, das Vorgesetzten mitunter ausführlich erklärt werden muss, wenn ein Wettbewerber ein Vielfaches der eigenen Gefolgschaft hat.

Diskussionsgrundlage für Budgetverhandlungen

Man sollte diese Situation auch als Chance zur Erhöhung von Budgets verstehen. Sicher, man kann sagen, dass der Wettbewerber viele der Fans gekauft hat und ständig Verlosungen macht, um die Zahl der Fans nach oben zu treiben. Selbst macht man das alles sehr solide und benötigt dennoch Geld, um entsprechende Werbemaßnahmen einzuleiten. Zudem – und das ist sicher das wichtigste Argument, wenn die Zahlen entsprechend sind – sind die Engagement-Raten ja sehr viel höher, und das heißt, dass der Wettbewerber tatsächlich sehr viele wertlose Fans hat.

Was ist spannend für die Nachfrager der Werte?

Grundsätzlich sind es nicht wirklich spezielle KPIs, die hierfür definiert werden müssen. Die zu vollbringende Leistung besteht in erster Linie darin, das Set an Wettbewerbern und deren Accounts zu definieren, die analysiert werden sollen. Fragen Sie an dieser Stelle insbesondere bei Großunternehmen nach, ob auch die Accounts der Personalabteilungen mit in die Analyse eingehen sollen. Diese werden leicht vergessen – sorgen in diesem Fall mitunter jedoch für großen Unmut in Projekten.

Nun müssen Sie nur noch die Summen bilden, Anteile berechnen und die Daten entsprechend aufbereiten, wie in Kapitel »*Quantitative Daten optimieren – KPI & ROI*«, S. 131 ff., dargestellt.

7.7.6   Umsatz

Eine Vollerhebung, die nicht wirklich genau ist

Die Erhöhung des Umsatzes ist natürlich etwas, das sich sehr viele Verantwortliche von Social Media erwarten. Ökonomisch geht es final eben immer nur um den schwer messbaren ROI – das Erhöhen von Erträgen oder die Einsparung von Kosten. In diesem Abschnitt geht es um die Erhöhung von Erträgen. Besonders wichtig ist dabei – und das kann man nicht oft genug sagen – dass es sich bei der Messumgebung um ein fragiles Gebilde handelt. Die erzielten Werte gaukeln die

Genauigkeit einer Vollerhebung vor. Da es aber technisch nicht möglich und ökonomisch kaum sinnvoll wäre, das Umfeld so genau zu erfassen, kann es immer wieder zu Fehlinterpretationen kommen. Das betrifft selbst Unternehmen, die ihre Einnahmen ausschließlich über das Netz erzielen.

7.7.6.1 Herausforderung Customer Journey

Der am stärksten relevante Zusammenhang betrifft die sogenannte »Customer Journey«. Dabei geht es grob darum, dass ein Kunde, bevor er final kauft, in der Regel mit einer ganzen Reihe von Maßnahmen des Unternehmens in Kontakt kommt. Diese Maßnahmen – Kommunikate – können ganz unterschiedlicher Natur sein. Es gibt Display-Kampagnen, die per TKP abgerechnet werden. Es gibt welche, bei denen der Werbeerfolg in Form von Klicks oder Verkäufen honoriert wird. Man arbeitet mittlerweile mit Retargeting und fängt dabei Besucher, die einmal eine Website besucht haben und sich ein Produkt angesehen haben, in den Weiten des Internet wieder ein. Man bringt sich mit Newslettern oder Direct-Mailings bei den Kunden in Erinnerung, macht Online-PR, vielleicht noch einige weitere Aktionen und dann noch Social Media mit seinen doch recht komplexen Zusammenhängen.

War Social Media ein »Touch Point«?

Insgesamt ist es nun abhängig davon, wie und mit welchen Werkzeugen die Web Analytics betrieben wird. Google Analytics hat einen sehr brauchbaren Ansatz dafür entwickelt, wie die Effekte von Social Media beurteilt werden können – auch wenn es sich (noch) um eine isolierte Betrachtung handelt (vgl. Kapitel »*Resultate mit Website-zentrischen Tools – Google Analytics & Co.*«, S. 89 ff.).

Nur wenige Standardwerkzeuge bilden dies ohne Anpassung ab.

Stellen Sie sich bitte folgenden Ablauf vor:

1. Ein Kunde hört von einem Produkt auf Facebook.
2. Der Kunde sieht eine erste Werbung, ein Banner für das Produkt.
3. Der Kunde sucht nach dem Produkt und klickt eine Keyword-Anzeige an.
4. Der erste Besuch des Kunden auf der Website findet statt.
5. Der Kunde sieht durch Retargeting-Maßnahmen mehrere Werbemittel für das Produkt.
6. Der Kunde sieht ein Posting auf Facebook – ein Freund hat das Produkt gekauft – klickt auf den Link und kauft.

Touch Points zum Kauf

Das ist schön für Facebook, man kann die Konversion messen und den Kauf Facebook zuschlagen. Wie sind die übrigen Maßnahmen bzw. Kontakte nun zu beurteilen? Einige davon kann man messen – andere, beispielsweise die erste, nicht. Ursächlich war das Unternehmen dann vielleicht auch noch selbst für den Post verantwortlich, weil ein Freund des Kunden diesen gleichzeitig mit dem Klick des Bestätigen-Buttons absetzte.

Etwas deutlicher wird dies, wenn man die Reihenfolge der Touch Points hin bis zum Kauf etwas anders wählt:

Touch Points zum Kauf

1. Der Kunde sieht eine erste Werbung, ein Banner für das Produkt.
2. Der Kunde sucht nach dem Produkt und klickt eine Keyword-Anzeige an.
3. Ein Kunde hört von einem Produkt auf Facebook.
4. Der Kunde sieht ein Posting auf Facebook – ein Freund hat das Produkt gekauft – und klickt auf den Link.
5. Der erste Besuch des Kunden auf der Website findet statt.
6. Der Kunde sieht durch Retargeting-Maßnahmen mehrere Werbemittel für das Produkt.
7. Der Kunde besucht eine Preisvergleichssuchmaschine, klickt und kauft.

Der Beurteilungsaufwand kann sehr groß werden.

Wie ist die Situation nun gelagert? Die Preisvergleichssuchmaschine hatte den letzten Besuch vor dem Kauf. Man muss bezahlen, wenn man einen Vertrag mit dem Preisvergleicher hat – Last Cookie Wins. Dennoch fand ein Besuch von Facebook auf der Website und dem Produkt statt. Vielleicht war der Kauf des Freundes sogar das ausschlaggebende Moment. Wie ist dies zu bewerten? – Einfaches Auszählen hilft in der Gesamtbetrachtung nicht mehr. Mit Google Analytics würde man an dieser Stelle mit den Advanced Segments arbeiten, um ein Gefühl dafür zu bekommen, welche Maßnahmenkombination den größten Erfolg verspricht. Möglicherweise ist auch der Einsatz eines Tag Management Systems (TMS) hilfreich – beispielsweise Tealium, Tagman, Ubertags oder Ensighten – um die Touch Points der Customer Journey besser erfassen zu können. Es muss ohnehin ein umfassender Ansatz entwickelt werden, der nicht mehr alleine den Layer Social Media betrifft. Hierfür ist hier nicht der Raum, obwohl die Fragestellung sehr spannend ist, der Einsatz von TMS in Großunternehmen mit ausgedehnten Internetaktivitäten eine möglicherweise lohnende Beschäftigung sein kann und eine Gewichtung der Touch Points sowie eine sauberere Beurteilung der Rolle von Social Media in diesem Prozess möglich sein könnte.

Für unseren isolierten Fall ist aus meiner Sicht die Arbeit mit Google Analytics und den damit möglichen Social Reports völlig ausreichend. Man kann den Traffic analysieren, der durch Social Media auf eine Website gelangt – die Referrer-Betrachtung. Das ist ein erster Schritt hin zum Verkauf. Man kann Konversionspunkte setzen, Umsätze erfassen und sogar messen, ob Social Media ein Touch Point der Customer Journey war. Weil die übrigen Systeme dies i.d.R. nicht in dieser Weise direkt abbilden, kann man den Umweg über den Cookie wählen – die Information darüber, ob ein Kunde einmal über Social Media auf eine Website gelangte, wird darin gespeichert und muss dann an einen entsprechenden Parameter übergeben werden.

7.7.6.2   Referral-KPI oder Engaged-Users-KPI

Die Summe der Referrals als KPI zu nutzen ist besonders bei der Geschäftsleitung von E-Commerce-Unternehmen beliebt. Es handelt sich dabei um die Zahl der Überleitungen aus den Social Networks auf eine Website oder ein Blog. Eine besondere Rolle kommt Kennzahlen aus diesem Bereich bei der Optimierung der Postings und der Posting-Zeitpunkte zu (vgl. Kapitel *Die Bestimmung der idealen Posting-Zeitpunkte*, S. 115 ff.). Für serviceorientierte Angebote ist die Kennzahl i.d.R. weniger spannend. An dieser Stelle geht es ganz allgemein um die Entwicklung eines Referral-KPI. Es ist ein auf dem Weg zur Umsatzerzielung vorgelagertes Kriterium – eine notwendige Bedingung, wenn Umsatz der Leistung eines Social Networks zugerechnet werden soll.

Aus den Facebook Insights ist diese Kennzahl nicht ablesbar. Andere Netzwerke liefern die Kennzahl meist auch nicht. Es geht darum, wie viele Referrals eine Social-Media-Plattform der damit kommunikativ unterstützten Website liefert, sowie um deren Entwicklung. Dies könnten die Netzwerke auch nur als Klicks auf Links messen. Ob die Nutzer sich dann tiefer in die Website hineinklicken, könnte so nicht belegt werden. Beachten sollte man nämlich, dass Referrals an sich letztlich keinen Wert haben, wenn die Nutzer nicht tiefer in das Angebot klicken. Gemessen werden sollten die Grundlagenwerte zur Bildung des KPI deshalb mit Web-Analytics-Systemen wie Google Analytics, Webtrends oder Adobes Omniture. Man kann damit – zumindest mit etwas Anstrengung – die notwendigen Measures so aufbauen, dass nur die Engaged Users in die Zählung eingehen.

Web Analytics-Werkzeuge notwendig

Gezählt werden in diesem Fall nur Besuche mit einer definierten Mindestzahl von Page Impressions – also beispielsweise nur Visits, die länger als zwei Page Impressions sind. Wenn man als Engaged Users solche bezeichnet, die bei ihrem Visit mindestens zwei Page Impressions haben, ist der Wert einfach zu berechnen. Es ist 100 Prozent minus dem Anteil der klassischen Bounces. Wenn es im Sinne der zu analysierenden Website relevant ist, dass die Nutzer mehr Seiten aufrufen, muss in der Regel ein gesonderter Filter hierfür angelegt oder dies auf einem anderen Weg realisiert werden.

Bastelaufgaben

Wenn Sie dieses Vorgehen nicht ohnehin schon für Referrals anderer Kommunikationsaktivitäten anwenden, sollten Sie die Möglichkeiten Ihrer Web-Analytics-Software in diesem Zusammenhang testen. So funktionieren Google Analytics und Webtrends hierfür höchst unterschiedlich. So gibt es eine aus meiner Sicht eigenartige Behandlung von Referrern, die Kampagnen-Parameter enthalten. Nutzer von Webtrends werden verstehen, wenn ich den Begriff Reanalyse an dieser Stelle schreibe, was ich als hinderlich empfinde, wenn man mehrere Stufen von Engagement in komplexen Zusammenhängen messen und abbilden möchte. Sie sollten also planen.

Alternativ kann man auch mit der Unterscheidung arbeiten, die ich in Kapitel »*Resultate mit Website-zentrischen Tools – Google Analytics & Co.*«, S. 89 ff., vorschlage: Bounce Rate 1 und Bounce Rate 2. Dabei wird in Bounces von unbekannten Nutzern (1) und Bounces von bekannten Nutzern (2) unterschieden.

Verschiedene Möglichkeiten

Sie haben also folgende Möglichkeiten, die Sie auch miteinander kombinieren können:

- der klassische Referral-KPI
- Bounce Rate 1 und Bounce Rate 2
- Engaged Users in verschiedenen Graden

Mit welchen Werten Sie letztlich konkret arbeiten, bleibt Ihnen überlassen. Es ist auch stark von der Fragestellung abhängig. Da in den Dashboards Werte mit zunehmender Höhe normalerweise eine Verbesserung kennzeichnen, bevorzuge ich auch positive Definitionen gegenüber negativen – ich würde also die Rate der Engaged Users der Bounce Rate vorziehen. Ähnliches lässt sich auch aus Bounce Rate 1 & 2 konstruieren.

7.7.6.3 Umsatz-KPI?

Für den Umsatz unterliegt man der identischen Problematik wie auch bei den KPIs hinsichtlich Referrals, Bounces oder Engaged Users. Die Überleitungen von den Social Networks auf eine oder mehrere Websites müssen gemessen und mit resultierenden Umsätzen korreliert werden.

Welche Kontakte finden statt und was kcnn gemessen werden?

Es wurde auch schon darauf hingewiesen, dass nicht alles gemessen werden kann. Selbst bei Assisted Conversions, wie sie Google Analytics ausweist, oder ähnlichen Werten, die mit anderen Web-Analytics-Systemen konstruiert werden, ist es lediglich möglich, Interaktionen, Klicks, die in der Website münden, zu messen. Das Beispiel von oben wird hierfür noch etwas erweitert:

1. Der Kunde sieht eine erste Werbung, ein Banner für das Produkt. (Dieser Kontakt ist messbar, aber oft nicht zuordenbar.)
2. Der Kunde sucht nach dem Produkt und klickt eine Keyword-Anzeige an. (messbar)
3. Ein Kunde hört von einem Produkt auf Facebook. (nicht messbar)
4. Der Kunde sieht ein Posting auf Facebook – ein Freund hat das Produkt gekauft – und klickt auf den Link. (messbar)
5. Der erste Besuch des Kunden auf der Website findet statt. (messbar)
6. Der Kunde sieht durch Retargeting-Maßnahmen mehrere Werbemittel für das Produkt. (messbar)
7. Der Kunde besucht eine Preisvergleichssuchmaschine, klickt und kauft. (messbar)

Entscheidend für die Zuordnung ist eben, was messbar ist und was gemessen werden soll. Ist es eine konkrete Werbebotschaft, die auf einer Facebook-Page, einem Tweet, einem Pin oder einem Google+-Post angeklickt werden soll, der mit Kampagnen-Parametern gemessen werden soll, oder soll die Rolle von Social Media bei der Umsatzerzielung an sich gemessen werden? Oder geht es darum, herauszufinden, welcher Anteil des Umsatzes von Kunden ausgeht, die mit der Website in Social Media in Kontakt gekommen sind? Gibt es hierfür Zeitspannen, die als relevant erachtet werden?

Entscheiden, was gemessen werden soll

Man hat also einiges zu tun, bei den Vorarbeiten der Messung und der Konstruktion des Umsatz-KPI. Die Web-Analytics-Systeme lassen glücklicherweise die Beantwortung vieler Fragestellungen zu – auch wenn es natürlich so ist, dass die Funktionalitäten nicht gleich verteilt sind und mitunter Cookies gesetzt werden müssen oder TMS notwendig wären.

Spannend kann es auch sein, den Anteil der kampagneninduzierten Bestellungen an den gesamten Social Media Assisted Sales zu bestimmen, um die Leistungsfähigkeit von Kampagnen im Gesamtkontext zu beurteilen. Es sind also vielfältig ausgerichtete KPIs hinsichtlich Umsatz denkbar und möglich. Nun geht es darum, den entsprechenden auszuwählen. Und wieder: Man sollte die Menge der Kennzahlen begrenzen. Es dürfen nicht zu viele werden. Es gibt eben nicht nur den Umsatz, sondern noch eine Reihe weiterer Bereiche, die abgebildet werden müssen. Es spricht ja auch nichts dagegen, ein Dashboard anzulegen, in dem es ausschließlich um Umsatzfragestellungen geht, und dieser Prozess etwas genauer analysiert wird. KPIs können in diesem Zusammenhang die folgenden Bereiche tangieren:

Generell: Die Rolle der Social Networks bestimmen

- kampagneninduzierter Umsatz Social Networks – auch aufgegliedert nach Netzwerk
- Social Network Sales (letzter externer Referrer eines Social Networks) – auch aufgegliedert nach Netzwerk
- Social Media Assisted Sales – auch aufgegliedert nach Netzwerk

7.8   Datenspeicherung nicht nur für Dashboards

Eine Frage, die auch beantwortet werden sollte: Wie werden die KPIs aufbereitet und wo sind diese zu finden? Die Frage der Aufbereitung wird in einem gesonderten Kapitel bearbeitet (vgl. »*Datenspeicherung & -aufbereitung*«, S. 197 ff.). An dieser Stelle ist noch relevant, wie mit den Daten an sich umgegangen wird – wie diese organisiert und gespeichert werden können. Während spezialisierte Werkzeuge wie Pinerly die API von Google Analytics nutzen, um Daten entsprechend aufzubereiten, ist es für die Erlangung eines Gesamtbilds wichtig, die Daten in einen Topf zu befördern, um diese in einem relativ rohen Zustand zu speichern. Ein Konzept der Datenhaltung ist notwendig. Die jeweilige Ansprache der APIs zur alleinigen Aktualisierung von Kennzahlen ist nicht ratsam, da es so zu Datenbrüchen kommen kann. Die Schnittstellen werden recht oft angepasst – angereichert oder beschnitten. Daten sind nur über begrenzte Zeiträume verfügbar. Wenn man nun gerne im Nachhinein mit einer veränderten Konstruktion von Kennzahlen arbeiten möchte, ist dies ohne eigene Datenhaltung je nach Netzwerk nur für den zurückliegenden Zeitraum von sechs Wochen oder einem halben Jahr möglich. Auch wenn dies bei Google Analytics anders ist, so muss doch nach Lösungen für eine dauerhafte Speicherung gesucht werden.

Dauerhafte Datenspeicherung

Es gibt Werkzeuge wie allfacebookstats.com, die gegen Bezahlung länger Daten speichern als Facebook selbst – allerdings auch nur für Facebook. Arbeitet man breiter, mit mehreren Plattformen, dann ist es sinnvoller, die Daten gleich systematisiert in einem Tool abzulegen. Mit Metricly und Unilizer gibt es Dienstleister, die eine solche Aufgabe übernehmen und es gleichzeitig ermöglichen, ein aggregiertes Dashboard aufzubauen. Das kann ein Ansatz sein – die Datenhaltung wird in diesem Fall also durch das zur Datenaufbereitung genutzte Werkzeug definiert.

Ob Tools wie Metricly oder Unilizer den Ansprüchen genügen,   *Excel oft bevorzugt*
muss im Unternehmen selbst beurteilt werden. Häufig ist es zwar so,
dass die für Social Media oder Online allgemein Zuständigen durchaus
mit den Tools zufrieden sind. Marketing-Verantwortliche in größeren
Unternehmen wünschen sich dagegen oft eine andere Darstellung bzw.
Funktionsweise. Selbst wenn Werkzeuge wie Crystal Reports im Einsatz sind, soll das »Online-Reporting« oft genug in Excel erfolgen. Die
Vorteile liegen auf der Hand: Das Programm ist auf allen Rechnern im
Unternehmen installiert, die Dateien lassen sich leicht verbreiten und
die Mitarbeiter können damit umgehen.

In diesem Fall müsste also eine eigene Datenbank angelegt werden,
um die Social-Media-Werte zu speichern. Dennoch bleibt eine Frage
offen: Sollen die APIs alle selbst bedient werden oder gibt es Dienstleister, die solches übernehmen?

7.9   Quellen

Ein empfehlenswertes Buch im Zusammenhang mit KPIs ist das von
Parameter (2010); auch wenn es ganz allgemein um die Herleitung von
Performance-Indikatoren geht, so werden doch die ökonomischen
Zusammenhange deutlich, vor deren Hintergrund gearbeitet werden
muss.

8 Social Media Monitoring – Funktionen & Auswahl von Werkzeugen

Was Social Media Monitoring ist, wurde bereits in der Einführung erläutert. Eine Wiederholung ist an dieser Stelle nicht notwendig. Wichtig erscheint mir lediglich der nochmalige Hinweis darauf, dass im Rahmen der Beobachtung und Analyse ausschließlich öffentliche Postings analysiert werden können und Inhalte, für die man selbst einen Account besitzt. In diesem Kapitel geht es nun darum, wie Social-Media-Monitoring-Werkzeuge aufgebaut sind und was sie leisten (können), sowie darum, welche Kriterien man zur Beurteilung dieser Werkzeuge heranziehen kann. Danach sollte Ihnen die Diskussion mit Anbietern leichter fallen.

Ausschließlich die Analyse öffentlicher Postings

8.1 Funktionen von Social-Media-Monitoring-Werkzeugen

Die Funktionen von Social-Media-Monitoring-Werkzeugen lassen sich in drei Bereiche einteilen:

Inhaltsanalyse & Reaktion

1. Datenerfassung/-erhebung
2. Datenanalyse/-aufbereitung
3. Interaktion

Im Grunde handelt es sich bei den ersten beiden Stufen um eine Inhaltsanalyse, wie sie aus der Kommunikationswissenschaft bekannt ist. Es findet dabei eine kontinuierliche Datenerhebung und -auswertung statt.

8.1.1 Datenerfassung/-erhebung

Zunächst stellt sich die Frage, was analysiert werden soll. Dabei werden von den Monitoring-Tools meist verschiedene Klassen unterschieden – beispielsweise:

- Blogs
- Microblogs (z.B. Twitter)
- Communities
- Network-Plattformen
- E-Commerce-/Produktbewertungsplattformen
- klassische Medieninhalte (Print, Hörfunk, TV etc.)

Auch Bezahlinhalte werden zum Teil bewertet. Natürlich werten die Tools bei dieser Gelegenheit auch die Website von Online-Zeitungen und -Zeitschriften sowie Rundfunkunternehmen aus. Alles was öffentlich zugänglich ist, kommt in die Auswertung – auch die Diskussionen hinsichtlich von Artikeln. Ein Detail: Einige Anbieter werten auch Bezahlinhalte und gedruckte Inhalte aus. Es sollte also beurteilt werden, ob das notwendig ist oder nicht. Je nach Größe des Unternehmens sollte in der PR-Abteilung geprüft werden, ob schon ein entsprechender Dienst abonniert ist und wie man vorhandene Aufgaben kombinieren kann.

Produktbewertungen und Preisvergleichsplattformen nicht vergessen! Die Bewertungen auf E-Commerce-Plattformen werden im Zusammenhang mit Social Media gerne vergessen, aber natürlich gehören sie dazu – es handelt sich um nutzergenerierte Inhalte, eben nur auf Produktbewertungs-, Preisvergleichs- oder E-Commerce-Plattformen. Selbst wenn man diese aus dem Komplex Social Media heraus definieren würde, so ist der Bearbeitungszusammenhang der gleiche: Es finden öffentliche Äußerungen statt, die Wirkungen haben können und möglicherweise eine Reaktion erfordern. Auch das Aufspüren solcher Kommunikate ist Aufgabe des Social Media Monitoring, auch wenn dies funktional vielleich an einer anderen Stelle im Unternehmen bearbeitet wird und die Kommunikationsstruktur hinsichtlich der Verteilung der identifizierten Meldungen komplex sein kann.

Was ist mit chinesischen und russischen Plattformen? Dass Facebook, Google+, LinkedIn und XING dazugehören, sofern die kommunizierten Inhalte öffentlich sind, ist klar. Was ist jedoch mit den Plattformen in Russland und China? Es muss schlichtweg überprüft werden, ob die relevanten Netzwerke für die Zielregionen eines Unternehmens erfasst werden. Es ist natürlich wichtig, dass alle relevanten Kommunikate mit Meinungsäußerungen erfasst werden. Es sind nicht nur die Plattformen, auf denen ein Unternehmen selbst aktiv ist, sondern alle Plattformen, auf denen potenziell Äußerungen zum Unternehmen, seinen Produkten und bearbeiteten Themen stattfinden (können).

Datentiefe Dabei ist nicht nur die vollständige Erfassung eines aktuellen Standes wichtig – also die Berücksichtigung aller relevanten Plattformen zu einem bestimmten Zeitpunkt. Wichtig ist auch, dass neue Plattformen zeitnah in die Erfassung eingehen. Hierbei hört man von den Anbietern mitunter ein beschwichtigendes »Kein Problem – wenn mal ein

Blog nicht erfasst wird, dann geben Sie uns einfach die Adresse und – schwupps – wird es mit ausgewertet«. Das sollte jedoch nur die Mindestanforderung des Kunden sein. Wirklich hilfreich wäre es für den Kunden, wenn er automatisch und zeitnah solche neuen Plattformen mit Hilfe der Tools identifizieren könnte.

Gerade für Blogs, die nicht wie dieses hier bei einem der großen Anbieter direkt liegen, sondern auf eigenen Servern, ist die Identifikation nicht einfach. Die Tools können nicht den Datenbestand einer großen allgemeinen Suchmaschine wie Google, Bing oder den vergleichbarer Unternehmen aus Russland oder China haben. Die Anforderungen an die Tools sind andere:

Testen:
Sind für Sie relevante
Blogs in der Erfassung?

8.1.1.1   Vollständigkeit

Möglichst alle Äußerungen zu einem Thema, Unternehmen, Produkt etc. sollen erfasst werden. Das wäre bei einer allgemeinen Suchmaschine ganz ähnlich. Allerdings sucht diese mitunter nicht so tief. Je nach Markt und Sprache können Lücken in der Datenbasis bestehen. Ob es akzeptabel ist, dass diese erst im Rahmen eines Kundenprojekts gefüllt werden, hängt von der Frage- bzw. Aufgabenstellung ab.

8.1.1.2   Granularität

Die Kommunikate müssen strukturierter erfasst werden, als dies bei einer allgemeinen Suchmaschine der Fall ist. Der Absender/Kommunikator muss beispielsweise identifiziert werden. Es sollte festgestellt werden können, ob es sich um einen »Erstpost« – einen vielleicht längeren Text mit Bewertungen – handelt, ob es sich um einen Kommentar zu einem Erstpost handelt, eine Weiterleitung etc. Gerade bei E-Commerce-Websites kommt es hierbei immer wieder zu Verwirrung.

8.1.1.3   Aktualität

Die Daten sollen möglichst zeitnah zur Verfügung stehen. Das heißt beispielsweise, dass bestimmte Plattformen quasi in Realtime (z.B. Twitter, Facebook oder Google+), andere in Zeitschnitten unter zwei Stunden erfasst werden können müssen. Mitunter reicht es, wenn die Abfrage ein- bis viermal täglich erfolgt. Das können nicht alle Tools gewährleisten – sie müssen es auch nicht zwingend. Wenn das Management von Facebook-Pages und Twitter-Accounts über Tools wie Bottlenose oder Hootsuite erfolgt, gibt es diesen Druck nicht. Es ist lediglich notwendig, in einer vertretbaren Zeit kritische Äußerungen zu identifizieren, um darauf zu reagieren – abgesehen davon, dass meistens Twitter wie ein Fieberthermometer funktioniert und zu iden-

Welche Aktualität ist
tatsächlich notwendig?

tifizierende Kommunikate schnell einer Bearbeitung zuführt, hat man für Äußerungen in Blogs, Communities oder E-Commerce-Websites bedeutend mehr Zeit. Das Tool muss die Inhalte nur erfassen, damit sie in die Auswertung eingehen können. Dabei kommt es auf die spezifischen Anforderungen eines Unternehmens an. Tests der Leistungsfähigkeit sind letztlich relativ einfach durchführbar: Man setzt Kommunikate in den als relevant erachteten Netzwerken ab und stoppt die Zeit, bis diese in den Tools auftauchen.

8.1.1.4   Stabilität

Absicherung durch Aggregatoren

Die Datenerfassung muss stabil und kontinuierlich erfolgen – es dürfen keine längeren Down-Zeiten entstehen. Dies betrifft insbesondere die zeitsensitiven Bereiche. Die Erfassung der Daten kann aufgrund der Anforderungen nicht auf einem Weg erfolgen.

Es wird also nicht eine einzelne Technik – beispielsweise ein Crawler – eingesetzt, um die Daten zu erheben, sondern eine Vielzahl unterschiedlicher Techniken. So können beispielsweise Facebook oder Twitter mittels API abgefragt werden. Allerdings werden diese APIs häufig verändert/angepasst. Aus diesem Grund wird von den Tool-Anbietern auch auf Aggregatoren zurückgegriffen, die APIs bündeln und pflegen. Es gibt spezialisierte Dienstleister, die crawlen, etc. So kann es passieren, dass mehrere Toolanbieter auf einen relativ ähnlichen Datenbestand zurückgreifen. Der Unterschied der Tools besteht dann in der Auswertung der Daten, in deren Aufbereitung und in den Möglichkeiten, die zur Interaktion mit den Kommunikatoren geboten werden. Auf der Startseite von Gnip[1] sind viele bekannte Marktteilnehmer zu finden. Das Unternehmen versorgt nach eigenen Angaben acht der neun größten Social-Media-Monitoring-Unternehmen.

8.1.2   Datenanalyse & -aufbereitung

Selbst wenn die Daten – unabhängig von der Fragestellung eines Kunden – sehr gut erfasst werden, so ist hierdurch zwar eine gute Basis geschaffen. Die Auswertung an sich und die Aufbereitung der Daten stellen aber erhebliche Anforderungen, die nicht für jedes Unternehmen oder Produkt in der gleichen Weise erfüllbar sind. Das Kriterium ist an dieser Stelle die Identifizierbarkeit.

---

1.   *http://gnip.com/*

8.1.2.1   Identifizierbarkeit

Die erhobenen Daten müssen in eine bestimmte Struktur gebracht werden – beispielsweise Treffer für Unternehmen. An einem Beispiel aus
dem Outdoor-Markt wird das sehr deutlich. Während für Unternehmen wie VAUDE oder Salewa relativ leicht Kommunikate, die diese
betreffen, identifizierbar sind, ist dies für Mammut oder The North
Face sehr viel schwieriger. Es gibt eben gleichzeitig Kommunikate zu
dem Urzeit-Rüsseltier und der Nordwand, die aus der Ergebnismenge
ausgeschlossen werden müssen, ohne diese zu stark einzugrenzen. Hier
ist der Dienstleister gefordert, entsprechende Lösungen anzubieten
(z.B. elaborierte Bool'sche Ausdrücke zu entwickeln). An dieser Stelle
kann man die Leistungsfähigkeit der Produkte und von Dienstleistern
sehr gut prüfen.

*Hier ist der Dienstleister
gefordert.*

8.1.2.2   Verfügbarkeit der Sprache

Letztlich ist es eigenartig, darauf hinweisen zu müssen, und es ist nicht
nur aus Gründen der Vollständigkeit so: Sie müssen überprüfen, ob
das Tool Sprachen richtig auswertet und dabei auch trennscharf genug
ist. Dabei verwirren die Verkaufsunterlagen der Unternehmen mitunter ein wenig. Und nur nebenbei: Das betrifft selbst deren Verkaufsper-
sonal. Es gibt hierbei eine Unterscheidung in die Tool-Sprache und die
Erkennung der Sprachen der analysierten Kommunikate. Ob die
Bedienung eines Tools in Deutsch möglich ist, wenn es Deutsch als
Sprache nicht erkennt, will ich nicht beurteilen. Für Unternehmen in
Deutschland ist es jedoch in den allermeisten Fällen erforderlich, dass
Deutsch als Sprache erkannt wird. Zudem ist es hilfreich zu wissen, wo
sich ein Kommunikator befindet. Ohne diese Möglichkeit sind interna-
tional vergleichende Analysen nur mit großem Aufwand möglich.
Zudem braucht man nach einer akkuraten Bewertung des Sentiments
nicht mehr zu fragen.

*Prüfen Sie genau, ob für
Sie relevante Sprachen
richtig erkannt werden.*

Diese Schwachstelle vieler Anbieter wird sicher bald verschwin-
den. Prüfen sollte man dennoch.

8.1.2.3   Akkurate Bewertung

Für Unternehmen ist natürlich sehr interessant, ob über sie gesprochen
wird. Noch spannender ist es, ob die Äußerungen positiv oder negativ
sind – das Sentiment. Diese Bewertung soll möglichst automatisch mit
einer möglichst hohen Güte erfolgen. In der Praxis hört man immer
wieder von Trefferwahrscheinlichkeiten von 90 Prozent. Aus meiner
Sicht kann man mit automatisch erzielten 80 Prozent schon sehr
zufrieden sein. Wenn der Verkäufer einer Lösung davon spricht, sollte

man – wie oben angesprochen – natürlich fragen, ob das auch bei
Deutsch so ist. Selbst einige große und v.a. teure Lösungen können das
nur für Englisch und Spanisch. Hier sehe ich übrigens eine kleine
Schwäche in der Bewertung der Tools durch Goldbach Interactive (vgl.
Abbildung 8–1). Viele scheiden einfach aus, weil die Sentiment-Ana-
lyse auf Deutsch nicht möglich ist

Abb. 8–1

*Die 12 besten Tools des
Goldbach Interactive
Social Media Monitoring
Tool Report 2012
(Quelle: http://www.
goldbachinteractive.com)*

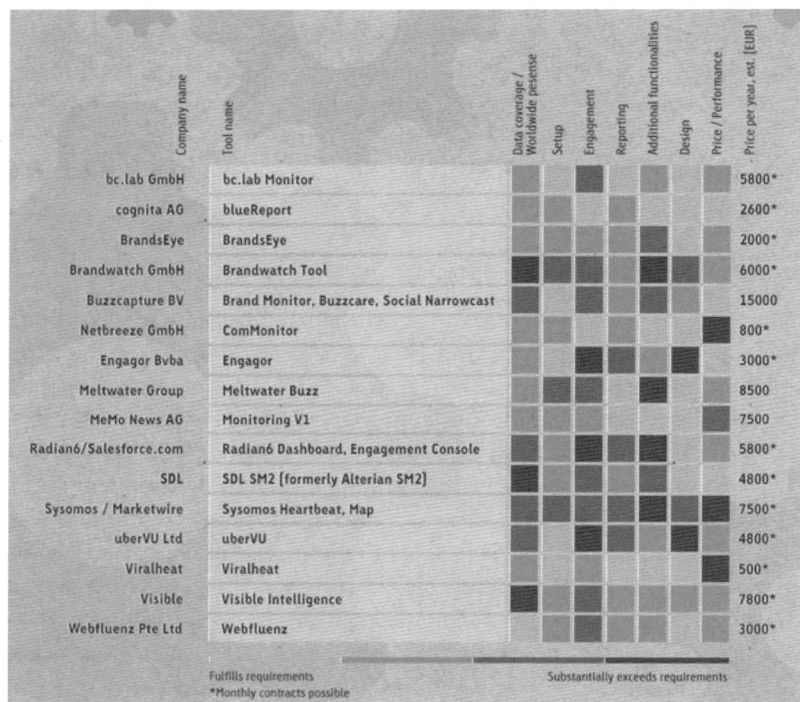

Die Aufgabe an sich ist auch nicht einfach. In einem Kommunikat –
also beispielsweise einem Text von 1.000 Zeichen – können sich nicht
nur eine, sondern gleich mehrere Bewertungen verstecken. Diese müssen sich nicht auf ein einzelnes Produkt oder Unternehmen beziehen –
es können auch mehrere sein. Mit Bool'schen Verknüpfungen kommt
man hier nicht zu einem vollständig treffsicheren Ergebnis.

Die benutzten Verfahren sind sehr unterschiedlich. Von vollständig
manueller Codierung bis zum Einsatz von Verfahren künstlicher Intel-
ligenz kann man die verschiedensten Methoden finden. Abgesehen
davon, dass die vollständig manuelle Codierung sich höchstens für Ex-
post-Betrachtungen eignet und für den Wunsch nach Interaktion mit
dem Kunden viel zu langsam ist, erscheint das Verfahren gerade bei
größeren Kommunikationsaufkommen als zu aufwendig.

Mir sind Verfahren am sympathischsten, die den Großteil ihrer Arbeit automatisch machen und bei Zweifelsfällen manuelles Eingreifen erfordern. Sprich: Die Verfahren geben zu ihren Ergebnissen gleich noch an, wie hoch ihre Trefferwahrscheinlichkeit auf der Ebene des einzelnen Kommunikats ist. Wenn die Verfahren dann durch die manuelle Codierung/Bewertung auch noch lernen und im Laufe der Zeit immer seltener ein manuelles Eingreifen erforderlich wird, ist das umso besser.

Hybride Ansätze

Letztlich kommt man an dieser Stelle nicht um einen Test herum. Man muss ausprobieren, ob das Produkt den eigenen Ansprüchen genügt und man damit arbeiten kann. Für reine Ex-post-Betrachtungen und den Vergleich mit Wettbewerbern können Trefferwahrscheinlichkeiten von 75 Prozent ausreichend sein – auch beobachtete Wettbewerber sind vom gleichen Fehler betroffen. Die aus der Sozial- und Marktforschung bekannten statistischen Verfahren können genutzt werden, um die Sinnhaftigkeit zu überprüfen.

8.1.2.4   Identifikation von »Influencern«

Was sich viele Unternehmen erhoffen, ist die Identifikation von Influencern – also solchen Personen, die häufig ihre Meinung zu Unternehmen und Produkten des relevanten Marktes äußern und gleichzeitig viele Fans bzw. Follower haben.

Diesen Punkt hört man immer wieder von Kunden und auch bei Agenturen. Man möchte wichtige Kommunikatoren identifizieren, erreichen und sie möglichst im eigenen Sinne beeinflussen. Ich möchte nicht bewerten, inwieweit das gut oder schlecht ist. Es handelt sich auf jeden Fall um eine Aufgabe, die bei vielen Tools gelingt.

Persönlich finde ich einen Nebeneffekt ausgesprochen spannend: Immer wenn Kommunikatoren relativ rasch zu einem hohen Kommunikationsaufkommen zu einem bestimmten Thema bzw. Produkt neigen, handelt es sich aus meiner Sicht häufig um bezahlte Leistungen. So kann man natürlich sehen, wie stark sich Mitbewerber engagieren. Dienstleister empfehlen hier mittlerweile schon den langsameren »Aufbau« von Kommunikatoren.

Auch bezahlte Kommunikatoren erkennbar

Inwieweit dieses Spiel »below the line« von Nutzern akzeptiert wird, kann ich nicht einschätzen. Ich halte es für gefährlich, da es bei Identifikation dieser Kommunikatoren zu »Shitstorms« kommen kann – und sei es, dass diese von Konkurrenten angezettelt werden.

8.1.2.5   Datenaufbereitung

Hinsichtlich der Datenaufbereitung wird zwar auch mit verschiedenen Ansätzen gearbeitet – dennoch sind hierbei die Unterschiede hinsichtlich der Qualität geringer als bei den übrigen bisher genannten Punkten. Es lohnt sich einfach, die Interfaces der Produkte anzuschauen, um diese nach persönlichem Geschmack und Arbeitsweise auszuwählen. Diese spielen dabei schließlich eine wichtige Rolle.

8.1.3   Interaktion

Viele Fans machen viel Arbeit

Je mehr Kunden ein Unternehmen hat, umso emotionaler die Beziehung der Kunden zu den Produkten; je teurer die Produkte sind, umso aufwendiger wird die Kommunikation über soziale Medien mit den Kunden. Am Beispiel von Facebook und Facebook-Fans wird dies deutlicher. Wenn man 100 Fans hat, mit denen man kommuniziert, dann ist das weit weniger aufwendig als bei 100.000 Fans. Wenn sich ein Marketing-Leiter oder ein Geschäftsführer also viele Fans wünscht und in Werbung investiert, muss er hinterher auch noch Geld für die Betreuung dieser Fans in die Hand nehmen.

Da er dann mit größter Wahrscheinlichkeit nicht nur eine Page auf Facebook hat, sondern noch etwas bei Twitter & Co. macht, wird die Aufgabe hinsichtlich der Beantwortung von Anfragen, Beschwerden etc. sehr schnell komplex. Der Grad an Komplexität steigt, wenn das Unternehmen auch noch sehr viele Produkte hat. Es wird ein Werkzeug benötigt, mit dem die Aufgaben verteilt und die Bearbeitung der Aufgaben beobachtet werden können.

8.1.3.1   Umgang mit Kommunikaten

In einer ersten Stufe sollten Kommunikate aus dem Tool heraus vollständig angezeigt werden können, damit man diese beantworten kann, ohne die jeweilige Stelle im Web manuell suchen zu müssen. In einer weiteren Stufe ist es möglich, Kommunikate zu beantworten und zu kommentieren.

8.1.3.2   Workflows

In den Tools können Kommunikate meist – wenn zumindest eine Grundfunktionalität vorhanden ist – Bearbeitern zugewiesen werden. Hilfreicher ist es, wenn auch Gruppen angelegt oder gleich Schnittstellen zu CRM-Systemen bedient werden können oder die Zuweisung zu Bearbeitern automatisiert erfolgt. Zudem – und das ist ausgesprochen wichtig – sollte es möglich sein, den Stand der Bearbeitung von Aufgaben zu beobachten.

8.1.3.3   Erweiterte Kommunikationsmöglichkeiten

Die Frage, ob dann Funktionalitäten wie beispielsweise das Anlegen von Fotoalben gegeben sein müssen, ist eigentlich ein Randthema. Vielleicht ist es ein Feature, das Tools einmal haben werden. Mir ist derzeit noch keines bekannt. Ich nenne das Kriterium auch nur der Vollständigkeit halber und weil es mitunter als ein »Kritikpunkt« an reinen One Stop Social Media Management Tools wie HootSuite oder TweetDeck aufgeführt wird.

Wie geschrieben – die Anforderungen sind hierbei stark vom Kommunikationsaufkommen abhängig. Für geringere Kommunikationsaufkommen erscheint es mir völlig ausreichend, wenn die entsprechenden Kommunikate aus dem Tool heraus aufgerufen und beantwortet werden können.

8.1.4   Aus welchen Bereichen kommen die Anbieter?

Wenn es viele Produkte für einen Anwendungsbereich gibt, dann haben die Anbieter häufig einen völlig unterschiedlichen Hintergrund. Das schlägt sich auf die technische Spezifikation der Produkte selbst nieder und auf die Konzepte, wie die Produkte angeboten werden.

Hier zunächst zwei Links zu Verzeichnissen der Produkte:

Viele verschiedene Ursprünge

- Medien bewachen: *http://medienbewachen.de*
- A Wiki of Social Media Monitoring Solutions: *http://medienbewachen.de*

Grob unterscheiden kann man in

- Unternehmen, die lediglich eine technische Dienstleistung anbieten – also die Software,
- Dienstleister, die eine Software haben (nicht zwingend eine Eigenentwicklung), die diese auch noch einrichten (z.B. Topics definieren, Dashboards einrichten) und
- Dienstleister, die neben der Software und deren Einrichtung auch noch Aufgaben im Bereich Social Media übernehmen.

Alexander Plum hat zudem noch in Technologie-Know-how und Methoden-Know-how unterschieden.[2]

---

2.   *http://www.big-social-media.de/downloads/further_material/*
     web-monitoring_anbieter-vergleich.pdf

Nach meiner Einschätzung bezieht sich diese Dimensionierung auf den Hintergrund des Dienstleisters und ist zudem durchaus eine Beachtung wert.

Zwischen klassischer
Medienanalyse und
Social-Media-Dienstleister

Es gibt Dienstleister, die einen Schwerpunkt in der klassischen Medienanalyse haben. Für diese ist es natürlich mehr als naheliegend, die Analysegegenstände auszuweiten. Genauso ist es bei Web-Analytics-Dienstleistern. Social-Media-Dienstleister benötigen natürlich Tools, um ihre Arbeit effizient zu gestalten. Bei diesen liegt naturgemäß ein stärkerer Schwerpunkt auf dem Interaktionsaspekt. Unternehmen wie beispielsweise Adobe benötigen ein entsprechendes Produkt zur Abrundung ihrer Marketing-Suite. Dann gibt es noch Unternehmen, die eher aus dem technischen Bereich kommen, bei denen Knowhow im Bereich Crawling, Textklassifikation oder KI vorlag.

Insgesamt möchte ich einfach nur darauf hinweisen, dass man diesen Aspekt bei der Entscheidung für oder gegen ein Produkt mit berücksichtigen sollte, weil der Bereich, aus dem die Unternehmen kommen, meist am stärksten ausgeprägt ist.

8.2   Vorgehen

Natürlich sollen Sie nicht sofort ein Werkzeug der Enterprise-Klasse anschaffen. Sie sollten sich zunächst in den Bereich einfinden und vor allem etwas üben. Das ist letztlich am wichtigsten. So bekommen Sie ein Gefühl dafür, wie die Tools arbeiten. Die ersten Schritte werden im nächsten Kapitel erläutert.

Zunächst mit kostenlosen
Werkzeugen üben

Beginnen Sie zunächst mit freien – kostenlosen – Werkzeugen, bevor Sie sich an den Test teurer Werkzeuge heranwagen. Das kostet viel Zeit, und selbst wenn kostenlose Tests möglich sind, so ist es wie bei allen Enterprise-Produkten: Der Softwarepreis meistens nur ein kleiner Teil der Projektsumme – ohne einen POC sollten Sie sich nicht entscheiden. Dazu kann man beispielsweise einen Teilbereich des Monitoring-Spektrums auswählen. Aus diesem Weg ist es mitunter auch möglich, mehrere Produkte gegeneinander zu testen. In einem der kommenden Kapitel gehe ich noch näher auf die Tools ein, so dass Sie – wenn nötig – auch einen einfachen Einstieg finden können.

Wenn Sie mehreren Unternehmen einen Fragebogen mit der Bitte um wahrheitsgetreue Beantwortung der Fragen zuschicken, werden Sie ein erstaunliches Spektrum an Variabilität der Antworten entdecken, wenn Sie selbst zur Prüfung schreiten.

Überlegen Sie also gut, was Sie tatsächlich an Funktionalitäten benötigen. Entwickeln Sie daraus einen Anforderungskatalog, gewichten Sie die Kriterien und bewerten Sie die Werkzeuge entsprechend. In diesem Zusammenhang sollten Sie die üblichen Kriterien einer SWOT-Analyse, die sich auf die Unternehmen an sich beziehen auch berücksichtigen. Das sind Kriterien wie die Größe des Unternehmens, die Mitarbeiterzahl, Anzahl von Kunden, Geschäftsentwicklung, die Erwartung an den Service etc.

Ich gehe davon aus, dass ich das genaue Vorgehen an dieser Stelle nicht mehr erläutern muss. Sollten Sie damit nicht vertraut sein, so vertrauen Sie ruhig dem Google-Orakel. Bei Wikipedia & Co. finden Sie brauchbare Erläuterungen – auch wenn diese hinsichtlich der Anwendung einer Tabellenkalkulation für diesen Zusammenhang wenig hergeben.

8.3 Quellen

Literatur zu kaufen gibt es zu dem Monitoring-Thema wenig. Die Abschlussarbeit von Stefanie Aßmann (2010) ist noch immer lesenswert. Auf ihrem Blog *http://social-media-monitoring.blogspot.de/* finden sich auch nützliche Hinweise.

Auf dem englischsprachigen Markt finde ich das Buch von Marshall Sponter (2011) als Vertiefung sehr empfehlenswert.

Darüber hinaus sollte man sich im Social Web umschauen. Auf Deutsch äußern sich neben Stefanie Aßmann noch Volker Meise und Mike Schwede öffentlich zu Monitoring-Themen.

Wer sich für den sozialwissenschaftlichen Unterbau interessiert, sollte auf die Bücher zur Inhaltsanalyse von Früh (2011) und Rössler (2010) zurückgreifen.

9 Monitoring: Einstieg und Vertiefung

Fragestellungen strukturieren

Natürlich wissen Sie, über welche Sachverhalte Sie Informationen haben möchten. Dennoch kann ein Raster ganz hilfreich sein – besonders wenn selbstständig ein Monitoring aufgebaut werden soll. Man läuft dann nicht Gefahr, ganze Bereiche zu vergessen, die ex post nicht mehr zu rekonstruieren sind. Es geht darum, zunächst zu testen, Erfahrungen zu sammeln und den Möglichkeitsraum abzustecken. Zum Einsatz kommen zunächst kostenlose oder kostengünstige Werkzeuge. Auch wenn man eigentlich vorhat, eine Enterprise-Lösung zu kaufen, sollte man auf diesem Weg beginnen, um Erfahrungen zu sammeln und Beurteilungskompetenz aufzubauen. Diesen Weg kann man auch gehen, wenn die großen Monitoring-Lösungen zu teuer sind oder keinen ausreichenden Zugewinn an Information versprechen.

Es sind in fast allen Fällen – auch bei Non-Profit-Organisationen – drei Bereiche, für die Kommunikation über dieselben beobachtet werden soll:

- das eigene Unternehmen, seine Produkte und seine Kunden
- der Markt bzw. die Märkte
- Mitbewerber

Was sind Ihre Anforderungen?

Natürlich ist die konkrete Herangehensweise an das Monitoring immer abhängig von den individuellen Anforderungen, doch für diese drei Bereiche, sollte die Kommunikation darüber beobachtet werden. Mit welcher Granularität man dann herangeht, ist dann eine Entscheidung, die im Projektverlauf getroffen werden sollte.

9.1 Monitoring-Bereiche

9.1.1 Unternehmen, Produkte & Kunden

Hinsichtlich des Unternehmens kann man – und das ist durchaus abhängig vom Kommunikationsaufkommen – ein- oder mehrdimensional vorgehen. Bei kleineren Unternehmen mit wenigen Produkten und einem zu erwartenden geringen Kommunikationsaufkommen empfiehlt sich zunächst einfach die Suche nach

Suchdimensionen

- Unternehmensname
- Produktname(n)
- Beurteilungsdimensionen (z.B. Produktqualität, Service, Preis)
- Slogans
- Namen von Geschäftsführern und bekannten Mitarbeitern

Kommunikations-
aufkommen

Auf diesem Weg verschafft man sich einen Überblick hinsichtlich des Kommunikationsaufkommens. Man sollte dabei prüfen, inwieweit die Suchen treffgenau sind. Dabei sollten Fehltreffer nach und nach ausgeschlossen werden. Das funktioniert entweder direkt mit der Eingabe in Bool'scher Logik oder in Suchfeldern, vergleichbar einer erweiterten Suche, bei der es Felder für Begriffe gibt, die nicht auftauchen dürfen.

Wie viele Daten benötigen
Sie tatsächlich?

Beachten Sie dabei bitte, dass die Daten anschließend auch interpretiert werden müssen und man auch nicht alles wissen oder dokumentieren muss. Es sollte ein sinnvolles Gleichgewicht zwischen dem Datenbedarf, dem Aufwand der Datenerhebung und -auswertung sowie der Nutzung der Ergebnisse geben. Um diesen Zusammenhang zu vereinfachen: Natürlich kann man vieles bis ins kleinste Detail auswerten. Sinnvoll sind solche Auswertungen nur dann, wenn diese im Anschluss zu Verbesserungen führen und gleichzeitig eine Erhöhung des ROI folgt.

9.1.2   Der Markt

Welche Themen könnten
relevant werden?

Im sozialen Web wird viel diskutiert. Natürlich sind in vielen Fällen auch Produkte oder Unternehmen Gegenstand einer Diskussion oder eines Blog-Beitrags. Allerdings werden auch oft genug Sachverhalte diskutiert und beschrieben, die für ein Unternehmen durchaus relevant sein können, ohne dass es selbst, seine Produkte oder Wettbewerber darin genannt werden. Genau darum geht es in diesem Bereich: die nicht von Unternehmen und Leistungen besetzte Unternehmensumwelt zu beobachten. Für einen Textilhersteller könnten dies beispielsweise Diskussionen über Produktionszusammenhänge sein – Kinderarbeit, niedrige Löhne, Schadstoffe etc. Selbst wenn man hier aus eigener Sicht eine hervorragende Position einnimmt, können sich – gerade aus diesem Bereich – gravierende Herausforderungen ergeben.

Sie sollten Chancen- und Risikobereiche monitoren und insbesondere auf starke Schwankungen in Themenkarrieren reagieren. Besonders die sogenannten Shitstorms der gravierenderen Natur kündigen sich über diesen Bereich an.

9.1.3 Mitbewerber

Bei den Mitbewerbern ist es wiederum recht einfach. Es handelt sich aus inhaltlicher Sicht um die gleichen Kriterien, die man auch für das eigene Unternehmen nutzt:

Benchmarking

- Unternehmensname
- Produktname(n)
- Beurteilungsdimensionen (z.B. Produktqualität, Service, Preis)
- Slogans
- Namen von Geschäftsführern und bekannten Mitarbeitern

Im Unterschied zum eigenen Unternehmen müssen die so gewonnenen Ergebnisse i.d.R. nicht der direkten Bearbeitung zugeführt werden. Ausnahmen sind hier natürlich möglich, wenn es sich beispielsweise um branchenrelevante Themen handelt. In der Regel findet lediglich eine Auswertung der gewonnenen Ergebnisse statt, um sich beispielsweise anhand der Beurteilungsdimensionen mit den Mitbewerbern zu vergleichen.

Bearbeitung der Ergebnisse nicht zwingend notwendig

9.2 Werkzeuge

Während der Text zur Auswahl von Werkzeugen sehr allgemein angelegt war und helfen sollte, zu verstehen, worauf es ankommen kann, geht es in diesem Abschnitt darum, welche Werkzeuge man für welche Fragestellungen einsetzen kann und wie die damit erzielbaren Ergebnisse beurteilt werden können. Dabei werden auch Darstellungsbeispiele gezeigt, die Ihnen bei der Umsetzung helfen sollen.

9.2.1 Einfache Werkzeuge

Wenn Sie mit dem Monitoren Ihrer Unternehmensumwelt anfangen, sollten Sie eines nicht machen – mit Produkten der Enterprise-Klasse starten. Das wäre etwa so, als wäre das erste Auto, das Sie sich gekauft haben, ein Mercedes der S-Klasse oder als würden Sie von Kindesbeinen nur in 3-Sterne-Restaurants essen. Wenn Sie mit Social Media Monitoring beginnen, sollten Sie zunächst etwas Erfahrung sammeln und mit einfacheren, kostengünstigen oder sogar kostenlosen Werkzeugen arbeiten. Es handelt sich dabei typischerweise auch um die Klasse von Tools, mit denen kleine und mittlere Unternehmen gerne arbeiten, bis es überhaupt nicht mehr anders geht und man doch mal mehr Geld als 500 oder 1.000 Euro im Jahr in die Hand nimmt.

Zuerst mit günstigen Produkten üben

Der erste Schritt des Monitoring sollte immer darin bestehen, die allgemeine Nachrichtenlage zu kontrollieren. Dafür kann man sicher auch kostenpflichtige Werkzeuge einsetzen. Anfangen sollte man indes immer mit den Google Alerts.

9.2.1.1   Google Alerts

Was wird in publizistischen Objekten geschrieben?

Mit Google können Sie auch »News« durchsuchen. Das sind publizistische Objekte, die Online-Versionen von Zeitungen, Zeitschriften etc. – aber auch Blogs finden sich darunter. Man kann beliebig viele Alerts anlegen. Diese kommen dann per Mail an die angegebene Adresse. Wie in allen anderen Fällen funktioniert das nur für Textdokumente – Video-, Hörfunkinhalte und auch Podcasts lassen sich so nicht untersuchen.

Alerts kommen per Mail.

Alerts lassen sich übrigens auch für recht komplexe Sachverhalte anlegen. In Abbildung 9–1 habe ich den Schweizer Outdoor-Ausrüster Mammut als Beispiel genommen. Wie oben schon erwähnt, ist es bei generischen Ausdrücken als Firmen- oder Produktnamen nicht ganz einfach. Das Rauschen ist groß – man bekommt viele Fehltreffer. Was habe ich also gemacht?

Abb. 9–1
Anlegen eines Suchprofils für einen Google Alert

Nachrichtenbeiträge suchen, die Folgendes enthalten:

alle folgenden Wörter:

mammut -eiszeit -rüsseltier -programm -park -elfenbein -"Ice

genau diese Wortgruppe:

mindestens eines der folgenden Wörter:

Outdoor berg jacke rucksack gurt

keines der folgenden Wörter:

knochen gebein freizeitpark

wobei im Text Folgendes vorkommt: irgendwo im Artikel

Hinzugefügt zu Google News am:
keine Zeitbegrenzung

zwischen   dd.MM.yy   und   dd.MM.yy

Quelle:
Z. B. FAZ, Süddeutsche Zeitung

Erscheinungsort:
Z. B. Kalifornien, Indien

1. Zunächst habe ich »Mammut« in die News-Suche eingegeben und mir die Treffermenge anzeigen lassen.

2. Die erweiterte Suche (am Seitenende) aufrufen und zunächst versuchen, mit Negativ-Ausdrücken die Suche einzuschränken.

3. Wenn die ausschließenden Ausdrücke zu gefährlich werden, weil hierdurch möglicherweise auch korrekte Treffer ausgeschlossen werden, sollte man mit der Ochsentour beginnen und Positiv-Ausdrücke hinzufügen in das Feld »mindestens eines der folgenden Wörter«.

Ergebnismenge einschränken

Gerade durch die Positiv-Auswahl kann man die Ergebnismenge gut steuern und gegebenenfalls Alerts für verschiedene Zielgruppen anlegen. Das können je nach Ausrichtung und Organisation des Unternehmens unter anderem einige der folgenden Einheiten sein. Die Liste ist keinesfalls umfassend. Man sollte in sich gehen und versuchen, das zu gruppieren, was einen wirklich interessiert – grob beginnen und dann verfeinern:

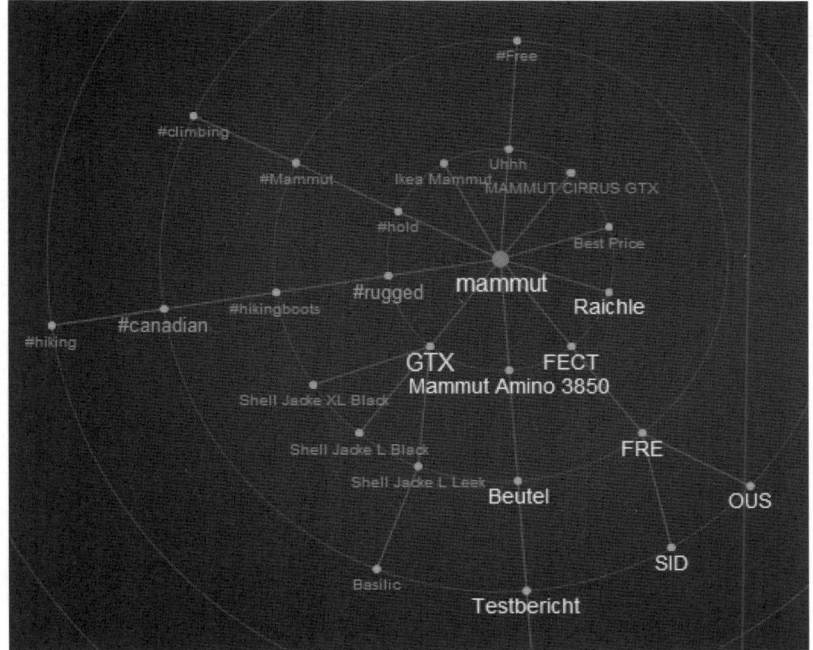

Abb. 9–2

Bottlenose Radar für den Suchbegriff »Mammut«

Ansatzpunkte
- Produktbereiche, für die es ein eigenes Managementteam gibt, z.B. Bekleidung, Rucksäcke, Zelte, Schuhe
- Marke und Image
- Service (das ist besonders bei Dienstleistern z.B. Banken, Versicherungen oder Telekommunikationsanbietern wichtig)
- Preis
- ökologische Orientierung/Verantwortung

Über eines muss man sich aber klar sein. Man bekommt nur Ergebnisse aus dem Datenbestand von Google. Dieser ist zwar schon recht groß, aber Tweets, Meldungen auf Facebook werden unzureichend abgedeckt. Blog-Beiträge kommen oft erst nach mehreren Tagen oder Wochen in den Index. Das betrifft auch Beiträge von Google+.

Nur Daten von Google
Aus diesem Grund ist es notwendig, gerade für die großen Netzwerke noch weitere Tools zu nutzen.[1]

9.2.1.2 Bottlenose

Themen folgen
Bottlenose könnte man frei mit Delphin-Nase übersetzen. Es handelt sich um ein Social Media Dashboard. Mit Bottlenose kann man vielen Themen auf sozialen Netzwerken folgen – also nicht einfach nur Personen. Man kann Suchstrings definieren und abspeichern. Diese Ergebnismengen werden dann für Twitter, Facebook und LinkedIn ständig aktualisiert. Daneben findet eine Bewertung der Kommunikate statt: Meldungen, die öfter kommuniziert werden – als ReTweets oder Reshares – werden höher bewertet und erscheinen weiter oben in den Ergebnislisten. Zudem verfügt das Werkzeug über eine Radarfunktion. In Abbildung 9–2 können Sie dies für den Suchbegriff »Mammut« sehen. Diese Gruppierungsfunktion der Tweets ist weitaus wertvoller als das, was mit einfachen Suchfunktionen möglich wäre. Derzeit ist das Werkzeug noch in der Beta-Phase, funktioniert für viele Belange jedoch schon vorzüglich. Eine Pro-Version mit weiteren Features ist bereits angekündigt. Sie können Themen verfolgen, und dies erheblich zeitnäher, als es mit Google Alerts möglich ist. Allerdings – und das ist wiederum ein Haken – ist das Monitoring auf die drei genannten Netzwerke beschränkt und darum mehr oder weniger eine komplementäre Lösung zu den Google Alerts. Wenn Sie Google Alerts benutzen, werden Sie zudem feststellen, dass Ihnen viele Beiträge zugeschickt werden, auf die Sie schon vorher durch einen Tweet oder eine Facebook-Meldung aufmerksam gemacht wurden, die durch den Einsatz von Bottlenose identifiziert wurde.

---

1. Bei Enterprise-Werkzeugen kann man auch Domains ausschließen. Wenn man beispielsweise auf eBay-Resultate keinen Wert legt, kann dies ganz hilfreich sein.

Es ist auf jeden Fall eines meiner Lieblingswerkzeuge und derzeit noch kostenlos. Ob das so bleiben wird, ist fraglich. Es ist ein ausgezeichnetes Werkzeug zur Arbeit mit Twitter. Da sich dort Nachrichten i.d.R. am schnellsten verbreiten, sollte man das Werkzeug auf jeden Fall zur Beobachtung nutzen.

9.2.1.3 Suchmaschinen

Ich hatte eben darauf hingewiesen, dass es auch Suchmaschinen für Tweets und Facebook-Nachrichten gibt. Die aus meiner Sicht hilfreichste ist TOPSY. Damit können Sie Kommunikate auf Twitter und Google+ durchsuchen. Dabei ist es möglich, nach Relevanz, Datum, Art des Kommunikats (alles, Fotos, Videos) einzugrenzen. Zusätzlich lassen sich Zeitschnitte auswählen:

- letzte Stunde
- letzter Tag
- letzte sieben Tage
- letzte 30 Tage

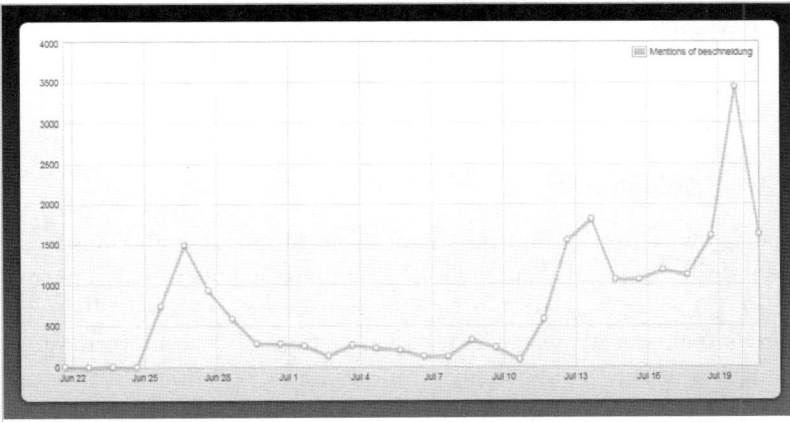

Abb. 9–3

TOPSY Analytics für den Begriff »Beschneidung« – Themenkarriere & einflussreiche Beiträge

Zusätzlich lässt sich die Themenkarriere – auch im Vergleich zu anderen Themen – abbilden und analysieren. In Abbildung 9–3 können Sie dies am Beispiel des im Sommer 2012 kontrovers diskutierten Themas »Beschneidung« sehen. Man sieht die Karriere des Themas im Zeitverlauf und mag sich im Nachhinein wundern, was zwischen dem Urteil im Juni und den nahezu diskussionslosen beiden Wochen bis zum Wiederaufflammen des Themas passiert ist. Zudem werden Kommunikate und deren Wichtigkeit gezeigt. Das hilft schon sehr, wenn man das Gewicht von Kommunikatoren hinsichtlich bestimmter Themen beurteilen möchte.

Themenkarrieren

Zusätzlich möchte ich hier nur der Vollständigkeit halber noch weitere Suchmaschinen nennen. Wirklich brauchbare Arbeitswerkzeuge sind es aus meiner Sicht nicht. Man kann damit eben mal schnell schauen, was sich zu einem Thema tut. Da allerdings jegliche Gewichtung und Ordnung fehlten, ist die Ergebnismenge immer nur ein Stream einzelner Kommunikate. Auch wenn ich mich mit solchen Bewertungen gerne zurückhalte: In diesem Fall würde ich TOPSY vorziehen. Hier die etwas bekannteren Werkzeuge inklusive TOPSY:

Weitere Werkzeuge

- Booshaka – *trends.booshaka.com*
- Kurrently – *www.kurrently.com*
- Quirk.li – *www.quirk.li*
- TOPSY – *www.topsy.com* & *analytics.topsy.com*

9.3   Sentiment

Die gewaltige Herausforderung

Vielfach wird im Zusammenhang mit dem Monitoring über das Sentiment diskutiert – darüber, ob die Tonalität von Kommunikaten positiv, neutral oder negativ ist. Im Kapitel zur Werkzeugauswahl habe ich bereits thematisiert, wie schwierig eine automatisierte Bewertung ist. Zudem ist diese sprachabhängig, und es gibt das Problem der Ironie. Freie Werkzeuge, die mit hoher Validität arbeiten, habe ich nicht wirklich finden können. Auf der anderen Seite des Atlantiks ist die Sicht der Dinge auch etwas anders. Dort wäre die Argumentation, dass man immerhin zwei Drittel Treffer habe, während man in Deutschland fragt, warum man keine Validität von mindestens 95 Prozent erreichen kann. Aus meiner Sicht ist es nicht lohnend, sich mit entsprechenden kostenlosen Werkzeugen zu beschäftigen. Selbst die Leistung von hochpreisigen Enterprise-Werkzeugen ist für die deutsche Sprache nur begrenzt einsetzbar.

In Abbildung 9–4 können Sie die Sentiment-Verteilung für vier Unternehmen in Sysomos Heartbeat sehen. Auffällig ist, dass der absolut größte Teil der Kommunikate der neutralen Kategorie zugeordnet

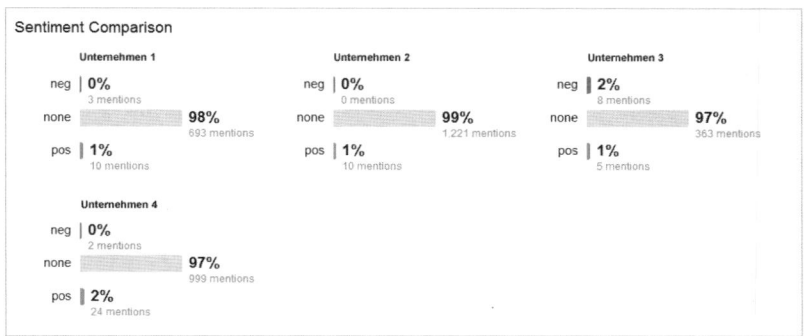

Abb. 9–4
Sentiment-Darstellung bei Sysomos

wird. Dabei ist Sysomos noch eines der Werkzeuge, das die Sentiment-Zuordnung mit einer recht hohen Zuverlässigkeit beherrschen sollte. Das zeigt zumindest eine Untersuchung von Fresh Networks. Dabei schnitt Sysomos 2011 am besten ab.[2] Bei eigenen Tests war die Treffgenauigkeit der Werkzeuge allerdings weitaus geringer als in der Studie herausgefunden. Viele kurze und eindeutig positive Kommunikate wurden nicht bewertet. Das mag lediglich eine Frage der Konfiguration sein, erzeugt jedoch kein valides Bild der Stimmung.

Insgesamt handelt es sich leider noch um keine wirklich ausgereifte Technologie, die mit den Tücken der Lebenswelt zu kämpfen hat. Nach meiner Einschätzung sollte man sich auch nicht beschweren, wenn ein Begriff wie »Fett« bei einem Lebensmittelhersteller mitunter falsch gruppiert wird – als Negativ, obwohl es sich nur um einen Produktbestandteil handelt. Dagegen wird der Begriff »fett« bei einem Bekleidungshersteller sehr viel häufiger tatsächlich negativen Inhalt haben – auch wenn dieser vielleicht nicht das Produkt, sondern vielmehr die Trägerin oder den Träger desselben betrifft.

Selbst Enterprise-Werkzeuge haben keine überwältigenden Trefferquoten.

Ob für ein Unternehmen, eine Marke oder ein Thema mit einer automatisierten Sentiment-Analyse gearbeitet werden kann, ist also auch ein wenig vom Thema und dem diesbezüglichen Sprachgebrauch abhängig. Es bleibt keine andere Möglichkeit, als zu testen – einen POC mit verschiedenen Tools durchzuführen. Wenn es tatsächlich wichtig ist und dadurch der entstehende Aufwand gerechtfertigt ist, sollte man sich für ein Werkzeug entscheiden, bei dem durch manuelles Nacharbeiten die Erfassung für die einen selbst betreffenden Kommunikate möglich ist. Wenn man zusätzlich noch den Vergleich zu Wettbewerbern wünscht, ist eine vollständige Codierung aus meiner Sicht zu aufwendig. Die Arbeit mit Stichproben ist hierfür der effizientere Weg.

Noch keine ausgereifte Technologie

2.   *http://www.freshnetworks.com/files/freshnetworks/*
     FINAL FreshNetworks version_0.pdf

9.4   Enterprise-Lösungen

Enterprise-Lösungen gibt es viele. Ich kann in der Tat nur raten, sich die Werkzeuge genau anzuschauen und hinsichtlich der eigenen Anforderungen zu analysieren. Anders als beispielsweise bei CRM-Lösungen ist es nicht so, dass die Funktionalitäten recht ähnlich sind und grob gesagt der für die Implementation zuständige Dienstleister den Hauptunterschied ausmacht. Einen derart hohen Reifegrad haben die Produkte noch nicht erreicht. Hier möchte ich Ihnen nur drei Ansätze skizzieren, damit Sie ein ungefähres Gefühl dafür bekommen, was auf Sie zukommt. Ich habe dafür Produkte gewählt, die deutschsprachige Texte als solche erkennen können. Schon beim Erkennen der Sprache scheitern einige recht teure Produkte. Wenn Sie für einen Kunden arbeiten und zwischen zehn und zwanzig Prozent der Kommunikate sind spanisch und nicht englisch, wie es eigentlich sein sollte, dann ist das schon mehr als nur einfach verwunderlich. Würden Sie einem solchen Produkt vertrauen? – Schließlich kommt im Prozess der Sentiment-Bewertung zunächst das Erkennen der Sprache und erst sehr viel später die Bewertung der Inhalte.

In meiner Auswahl gibt es mit Sysomos auch nur ein Werkzeug, das nicht im deutschsprachigen Raum entwickelt wurde. Daneben habe ich Netbreeze aus der Schweiz angeschaut und dann noch die Lösung der Business Intelligence Group (B.I.G.). Bei der Letzteren gibt es die Besonderheit, dass es als einziges der mir bekannten Werkzeuge neben der Analyse der Monitoring-Daten auch noch Social-Media-Analytics-Werte in Dashboards mit aufbereitet. Bei Sysomos ist es wenigstens so, dass man die APIs der Netzwerke damit verbinden kann und in eigenen Bereichen die Daten der Facebook Insights und solche von Twitter & Co aufbereitet werden.

9.4.1   Netbreeze

Netbreeze kommt aus der Schweiz. Das Tool hat eine sehr übersichtliche Aufbereitung von Kennzahlen. Schon im Start-Screen wird der Share of Voice entsprechend der eigenen Konfiguration gezeigt. Im oberen Teil von Abbildung 9–5 können Sie die Darstellung sehen. Die Kreise sind übrigens mit Zusatzinformationen versehen. Wenn man die Maus auf ein Segment bewegt, werden der Anteil in Prozent und die Zahl der Treffer angezeigt. Klickt man das Segment an, dann gelangt man zur Abbildung der Entwicklung des Anteils und der Treffer.

Das ist ganz wunderbar gelöst und die Funktionalität eines Dashboards, die man sich wünscht. Es ist ausgesprochen nützlich und ertragreicher als nur Zu- und Abnahmen im Periodenvergleich. Dabei

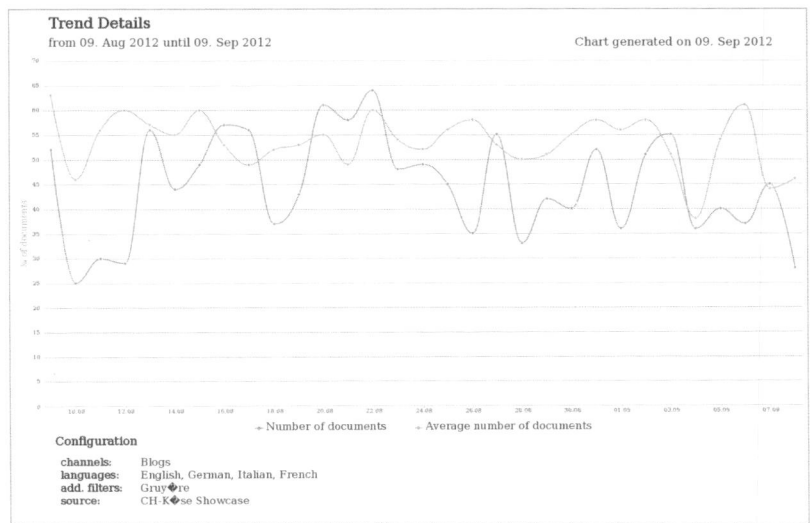

Abb. 9–5

Visualisierungsbeispiele
bei Netbreeze

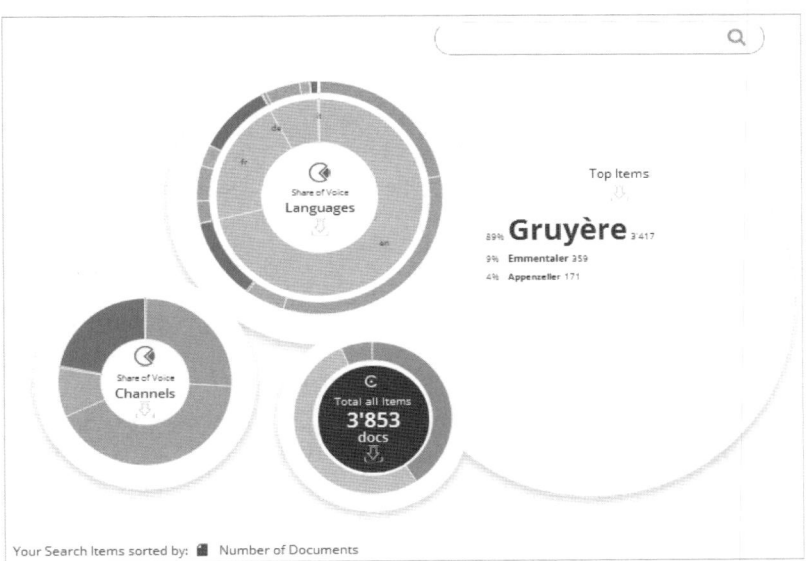

kann man sich auch auf einzelne Sprachen konzentrieren oder mehrere auf einmal analysieren. Es ist möglich, das Segment zu wechseln und wenn man etwas scrollt, die Entwicklung auf der Ebene von Blogs, Pages, Accounts und der daraus hervorgegangenen Postings zu analysieren. Ich muss gestehen, dass mir dieser Ansatz gefällt. Das Vorgehen des Starts auf der höchsten Aggregationsebene mit der Möglichkeit zum tieferen Hineinklicken in die interessierenden Zusammenhänge ist sehr geschmeidig gelöst. Netbreeze nennt diesen Teil seiner Lösung »Insights«. Einen kleinen Nachteil gibt es aufgrund der Darstellung freilich: Man klickt sich in eine Richtung und vertieft. So fallen einem die Effekte zwischen den einzelnen Plattformen nicht so sehr auf. Es ist eben wie immer: Man kann nicht alles haben. Um diese Informationen sauber analysieren zu können, sollte man in den Teil der Lösung wechseln, der als Dashboard bezeichnet wird.

Hineinklicken

Dort kann man in einer etwas traditionelleren Darstellungsweise beispielsweise ein chronologisches Listing der identifizierten Postings finden. Man kann verschiedene Kategorien vergleichen, es gibt die Möglichkeit historischer Vergleiche und im Reader kann man die ganze Datenbank durchsuchen. Man kann sich Tag Clouds beliebiger Themen generieren lassen und hat einen Sentiment Reader, mit dem man sich die Kommunikate auch nach deren Bewertung anschauen kann.

9.4.2   Sysomos

Sysomos Heatbeat ist ein Werkzeug, das professionellen Anspruch hat und diesem auch voll genügt. Neben den üblichen Analysen des Buzz kann man seine Accounts von Facebook, Twitter & Co. damit verknüpfen. Der Anfang hinsichtlich der Verbindung zwischen Monitoring-Resultaten und der Intra-Plattformanalyse ist also gemacht. Auch Google Analytics kann angebunden werden.

Inklusive Intra-Plattformanalyse

Gute Usability

Sysomos arbeitet mit einem übersichtlichen Dashboard. Schön ist dabei, dass man reinklicken kann. Es werden automatisch Filter aufgebaut und man erhält den dezidierten Blick auf die Kommunikate. In Abbildung 9–6 können Sie die Navigation des Measure-Bereichs sehen. Das ist wirklich alles sehr übersichtlich und klar strukturiert.

Hinsichtlich des Sentiments hatte ich das Produkt ja bereits weiter oben genannt. Wie alle anderen Produkte hat Sysomos dabei auch Schwächen, die mit der in Deutschland üblichen Anforderung an Genauigkeit und Validität grundsätzlich nicht vereinbar sind. Dennoch kann man den Vergleich mit seinen Wettbewerbern wagen – schließlich handelt es sich um den gleichen Marktbereich und alle sind von den gleichen Fehlern betroffen.[3] Erstaunlich ist, dass versucht wird, die Demografie der Sender der Kommunikate zu ermitteln. Das funktioniert eben nur für einen Bruchteil, und beim Alter kommt das Programm selbst bei gewaltigen Zahlen von Kommunikaten ins Schleudern. Wenn Sie sich dafür interessieren, bilden Sie sich am besten selbst einen Eindruck. Dagegen erscheint die Verteilung nach Sprache und Land recht valide und damit hilfreich zu sein. Man kann dadurch sehen, welche Position man im Vergleich zu Wettbewerbern

---

3.   Schwierig wird das allerdings, wenn aus der Sicht von Sysomos Unternehmens-oder Produktnamen wertgeladen sind.

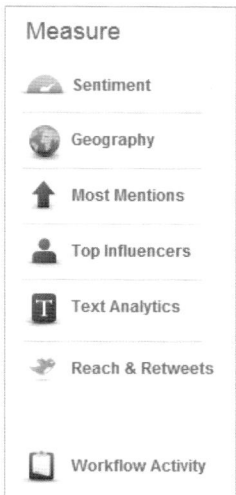

Abb. 9–6
*Das Sysomos Measure
Navigation*

hinsichtlich der angestrebten Zielmärkte hat. Ohne diese sprachliche oder regionale Zuordnung können mitunter falsche Interpretationen der Datenlage entstehen, wenn beispielsweise über einen Wettbewerber sehr viel mehr kommuniziert wird, dies jedoch vornehmlich auf dem nordamerikanischen Markt so ist und man selbst nur einen europäischen Zielmarkt hat.

Erheblich wichtiger ist das integrierte Workflow-Modul. Die Bearbeitung der Kommunikate kann also auch weitergereicht werden und die Bearbeiter haben eine Ansicht auf die noch abzuarbeitenden Tickets. Zudem gibt es eine Salesforce-Schnittstelle.

Versuch der Integration demografischer Daten

Sysomos ist auf dem deutschsprachigen Markt nicht direkt vertreten. Es gibt mit altares Mediamonitoring einen Agenturpartner, der behilflich sein kann. Das Unternehmen kommt aus dem klassischen Medienmonitoring, so dass auch Fragestellungen in dieser Hinsicht beantwortet werden können.

Workflow-Modul

9.4.3 B.I.G.

Der Ansatz von B.I.G. ist sehr breit angelegt. Das sieht man schon an den Kennzahlen, die der Anbieter potenziell für sein Dashboard vorsieht. Abbildung 9–7 können Sie das Konzept entnehmen.

Zusammenarbeit mit einem Dienstleister

Neben den groben Standard-KPIs des Monitoring werden die APIs der Plattformen angezapft, um die Corporate Channel KPIs in das Dashboard zu integrieren. Das ist etwas, das die Arbeit ungemein erleichtert. B.I.G. generiert auf diesem Weg einen Datentopf, in den auch noch weitere Business-relevante KPIs integriert werden können.

Abb. 9–7

Das B.I.G.-Konzept

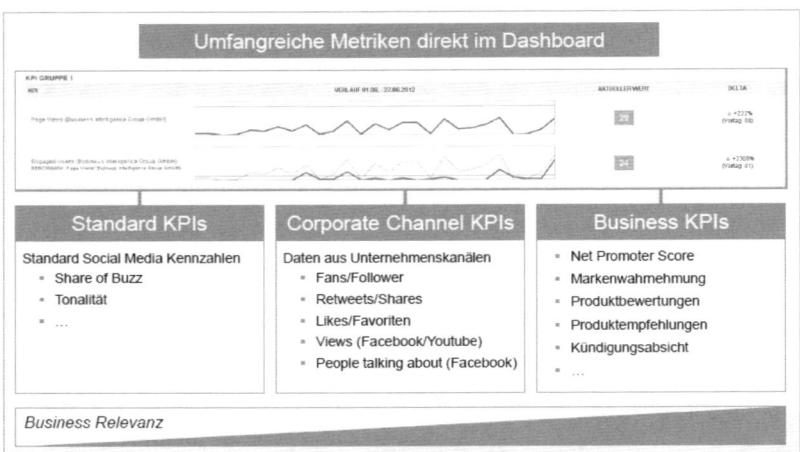

Ein Datentopf +
Intra-Plattformanalyse

Das Werkzeug bietet die Möglichkeit, eigene Metriken zu integrieren und Funnels abzubilden. Es ist also hinsichtlich der Analyse und Datenaufbereitung ein sehr flexibles Tool, in dem sich vieles, von dem, was ich in diesem Buch beschreibe, abbilden lässt. Besonders beeindruckend hinsichtlich der Datenaufbereitung ist die Trendanalyse. Dies ist durch eine Abbildung gestützt und zeigt in einer sehr übersichtlichen Aufbereitung nach verschiedenen Dimensionen den Vergleich von zwei Zeiträumen. Ebenso wichtig ist die rasche Übersicht über die Menge der Beiträge, deren Tonalität, Emotionalität etc. Man erfährt dadurch, wie viel gerade im Internet kommuniziert wird, und bekommt einen groben Eindruck davon, welche Qualität diese Kommunikation hat.

Abb. 9–8

B.I.G. Trendanalyse

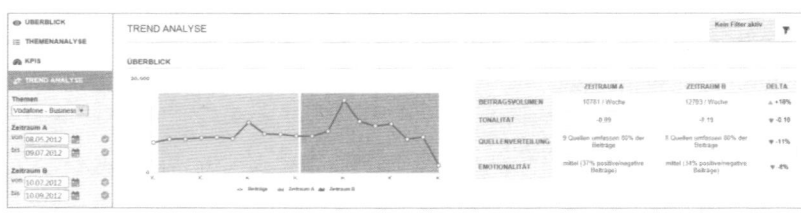

Abb. 9–9

B.I.G. Übersicht Themen
KPIs

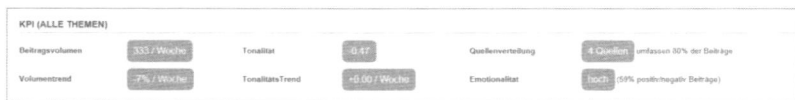

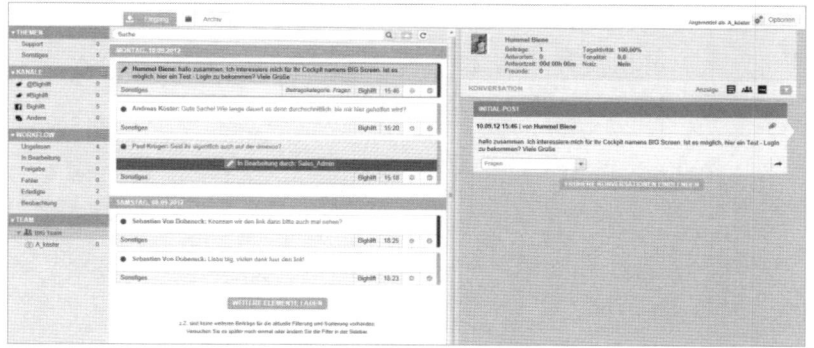

Abb. 9–10
B.I.G. Connect

Das neben der Integration von über API bezogenen Social-Media-Analytics-Daten wichtigste Element ist aus meiner Sicht B.I.G. Connect. Dabei handelt es sich um ein Workflow-Modul, mit dessen Hilfe die Bearbeitung von Anfragen oder die Reaktion auf Kommentare auf dafür zuständige Mitarbeiter verteilt werden kann. In Abbildung 9–10 können Sie einen Screenshot des entsprechenden Moduls sehen.

Trendanalysen

9.5 Abschließende Bemerkung

Monitoring ist kein einfaches Thema. Es verlangt Sorgfalt und gründliche Basisarbeit. Ohne diese haben Sie – drastisch ausgedrückt – nur Müll in Ihren Reports stehen. Arbeiten Sie sich langsam ein und kontrollieren Sie die Setups Ihrer Dienstleister ausführlich. Sicher, man kann mal schnell etwas für einen Themenbereich aufsetzen. Wenn ein System jedoch stabil und über einen längeren Zeitraum funktionieren soll, dann müssen Sie prüfen, prüfen und nochmals prüfen.

Workflow-Modul

Das soll nicht heißen, dass alles nach deutscher Manier völlig fehlerfrei mit einer Sicherheit von 99,98 Prozent funktionieren muss. Selbst wenn regelmäßig Kommunikate falsch gruppiert werden, dann ist das nicht tragisch, wenn sich dies in Grenzen hält und man weiß, warum dies der Fall ist. Zudem sollte man in den Prozess des Monitoring regelmäßige Optimierungszyklen einbauen. Es wird einfach teuer, wenn Sie wegen jeder Kleinigkeit bei einem Dienstleister anrufen. Günstiger ist es, wenn Sie eine Wunschliste führen und die gesammelten Punkte nach Relevanz bewerten. Anfangs kann man dann in einem wöchentlichen Call die Liste durchgehen und mit antizipierten Aufwänden bewerten. Die Zyklen der Calls sollten sich dann vergrößern und möglichst ausschleichen – sieht man einmal von besonderen projektbezogenen Anforderungen ab.

Prüfen, prüfen & prüfen

Optimieren

10 Qualitative KPIs

Darum, was quantitative oder qualitative Daten sind, gibt es viele Diskussionen und so manche Bücher. Hier erlaube ich mir das zu definieren. Den Begriff »quantitativ« benutze ich in diesem Buch, wenn ein Zahlwert bereits von einem Social Network übermittelt wird und lediglich auf dieser Basis eine weitere Kalkulation stattfindet. Sollten Daten ausgewertet werden, die keinen Zahlwert haben, so werden hier solche Auswertungen als quantitativ bezeichnet, in denen der vollständige alphanumerische Wert eines Parameters in die Kalkulation einging – also beispielsweise Auszählungen hinsichtlich dieses Wertes oder Zuordnungen von Aktionen bezüglich dieses Wertes stattfanden.

Quantitative Daten

Um »qualitative Daten« handelt es sich hier dann, wenn Kommunikate bewertet wurden und die Parameterbildung mit gesonderten Werkzeugen stattfindet. Dies ist beispielsweise der Fall, wenn zunächst festgestellt werden muss, ob ein Kommunikat zu der Klasse passt, die analysiert wird. In einem der vorigen Kapitel hatte ich das Beispiel des Outdoor-Herstellers Mammut erwähnt. Kommunikate, die das Unternehmen betreffen, müssen zunächst in einem sehr viel aufwendigeren Prozess als beispielsweise bei VAUDE oder Salewa – zwei Unternehmen, die ähnliche Produkte im Angebot haben.

Genau solche Daten sind es, die man als Ergebnis des Monitoring quantifizieren kann. Ohne jegliche Auszählung und quantitative Verarbeitung ist es kaum möglich, rationale Entscheidungen zu treffen und brauchbare Schlüsse abzuleiten. In diesem Kapitel geht es also darum, welche Kennzahlen man auf der Grundlage qualitativer Daten bilden kann und welches die wichtigsten dieser Kennzahlen sind.

Aufgabe: Quantifizieren qualitativer Daten

10.1 Der Share of Voice

Mit dem »Share of Voice« misst man den prozentualen Anteil der Zielgruppenkontakte eines Unternehmens, einer Marke oder beispielsweise auch eines Kommunikators. Die Basis für die Anteilsberechnung

Definition

sind im Fall des Monitoring und Social Media alle Kommunikate relevanten Themenumfelds – Produktklassen, deren Einsatzfelder, Wettbewerber etc. Der SoV setzt die eigene Kommunikationsleistung in Beziehung zu den gesamten als relevant erachteten Kommunikaten. Dieser Wert wird gleichzeitig für die erzielten Kontakte aller Wettbewerber ermittelt. Der SoV ist ein Maß für die Erreichung eines definierten Kommunikationsraums. Dabei gibt er SoV keine Wertung vor. Kommunikate können sowohl positiv als auch negativ sein.

Share of Advertising

Zunächst liegt nun der Schluss nahe, dass der Share of Voice ein Anteil am gesamten Kommunikationsaufkommen ist und man diesen als Kuchendiagramm visualisieren kann. Vielleicht ist die Ursache für den in diesem Zusammenhang oft begangenen Fehler das Zurückgehen des Wertes auf den »Share of Advertising«. Dafür wird die Werbung für einen Marktbereich bzw. eine Produktklasse ausgezählt. Der Umstand, dass Wettbewerber in einer Anzeige oder einem Spot auftauchen, ist erheblich geringer als in den Kommunikaten im Social-Media-Universum. Und selbst wenn – wie beispielsweise bei Sammelanzeigen von Händlern – dann ist der dadurch entstehende Fehler geringer als bei Blog-Berichten, Tweets oder Facebook-Kommentaren etc.

Herausforderung
Social Media SoV

Man muss also beachten, dass in Social-Media-Kommunikaten mehr als eine Marke oder Unternehmen genannt werden können. Die Auswertung erfolgt in der Regel zweistufig. Zunächst wird entschieden, ob ein Kommunikat in den Kreis der Auswertung eingeht. Das kann durch einen Treffer hinsichtlich der Nennung von Unternehmens- oder Markennamen entschieden werden oder auch ohne Nennung derselben, wenn ein relevantes Thema genannt wurde.

Korrekte Kalkulation
des Basiswerts

Eine korrekte Kalkulation kann also nur stattfinden, wenn Sie als Basiswert die Zahl der identifizierten Kommunikate heranziehen. Der Fehler, der sehr oft gemacht wird, besteht darin, die Treffer hinsichtlich der jeweils gewünschten Items zu identifizieren und die einzelnen Treffer zu summieren. Sobald Kommunikate mehrfach klassifiziert werden, ist dieses Vorgehen fehlerhaft.

Keine Tortengrafiken
verwenden

In der Visualisierung sollte man also möglichst eine Balkengrafik nutzen, in der beispielsweise für jede analysierte Marke der SoV bezogen auf das gesamte Kommunikationsaufkommen abgetragen wird, wie dies in Abbildung 10–1 gemacht wurde.

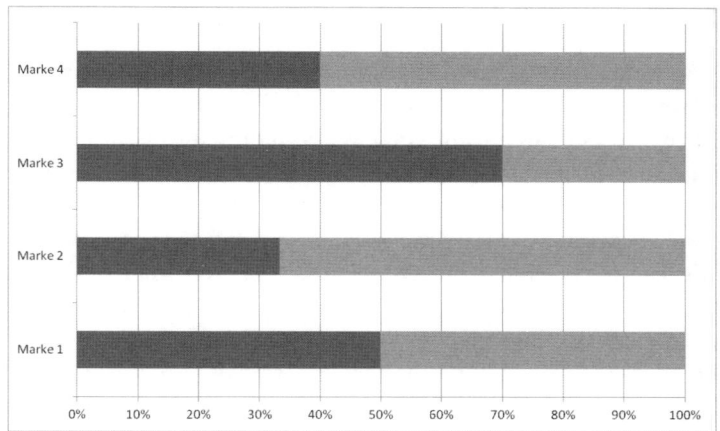

Abb. 10–1
Visualisierung des
Share of Voice

Letztlich muss man sich beim SoV für Social Media – anders als bei der klassischen Messung von Nielsen & Co. – entscheiden, was gemessen werden soll. Der Unterschied besteht darin, dass für die klassische Bestimmung des SoV die großen Institute Halter des Systems sind und das Raster hinsichtlich der Erhebung und Auswertung vorgeben. Beim Social Media Monitoring und dem daraus generierten SoV ist dies anders. Dabei geben Sie die genaue Konfiguration des zu beobachtenden Kommunikationsraums vor, Sie geben vor, wie die Kommunikate erfasst und bewertet werden.

Den Kommunikationsraum definieren

Sie können also auch ganz eigene Definitionen monitoren, indem Sie die Konfiguration anpassen (lassen). Für die grundsätzliche Bestimmung des SoV, der dann in Management-Dashboards erscheinen soll, ist es vorteilhaft, wenn man das gesamte Kommunikationsaufkommen grob einteilt. Die eigentliche Herausforderung besteht darin, die Reichweite der beobachteten Kommunikate mit in die Betrachtung einfließen zu lassen. Hier versagen viele Monitoring-Lösungen – meist ohne dass man ihnen einen wirklichen Vorwurf machen kann. Wie schon im Kapitel »*Quantitative Daten optimieren – KPI & ROI*«, S. 131 ff., deutlich geworden sein sollte, kann die Reichweite von vielen Kommunikaten aufgrund der spezifischen Eigenschaften von Netzwerken wie Twitter oder Pinterest nicht bestimmt werden – oder die Werte sind hochgradig ungenau. Was bleibt, ist die einfache Auszählung von Kommunikaten. Dies wird auch in absehbarer Zeit so bleiben. Der Aussagegehalt des SoV ist also ein anderer als der, den die Institute für Printmedien und Rundfunk ermitteln. Spannend ist der Wert dennoch, weil man sich zumindest bezüglich der Zahl von Kommunikaten mit Wettbewerbern vergleichen kann.

Reichweitenbestimmung beim SoV für Social Media nicht möglich

10.2   Sentiment-Kennzahlen

Beim Sentiment findet eine Bewertung der Kommunikate hinsichtlich der Tatsache, ob diese positiv, neutral oder negativ sind, statt. An dieser Stelle geht es nicht darum, ob dies überhaupt automatisiert möglich ist und mit welcher Sicherheit die Werte ermittelt werden können. Im Gegensatz zur Prozesszuführung von Kommunikaten, bei der v. a. das korrekte Erkennen von Mitteilungen negativer Tonalität eklatant wichtig ist, reicht eine geringere Validität für die Kennzahlenermittlung völlig aus. Es ist letztlich ähnlich wie bei der Marktforschung. Es gibt nun einmal Fehlerquellen, es gibt Abweichungen noch oben und solche nach unten. Auch Wettbewerber sind davon betroffen. Als Vergleichsmaßstab auf dieser Ebene sind die generierten Werte durchaus brauchbar.

Abb. 10–2

Visualisierung des Sentiments nach Themen

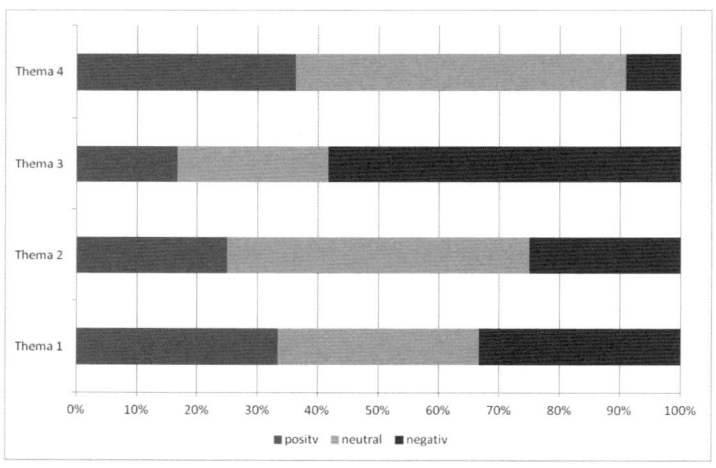

Bewertung der Kommunikate

Wie man die Werte konkret darstellt, ist nach meiner Einschätzung Geschmackssache. Ich bevorzuge eine Darstellung wie in Abbildung 10–2. Allerdings, und das werden Sie entweder bereits kennen oder noch feststellen, wenn Sie entsprechende Tools einsetzen, sind in der Regel die meisten Kommunikate in der neutralen Kategorie. Man mag sich fragen, warum das so ist. Es liegt zum einen daran, dass viele Meldungen neben positiven Wertungen auch negative enthalten et vice versa; Kommunikatoren sind um Ausgleich bemüht, und die Werkzeuge drücken sich teilweise auch vor einer eindeutigen Zuordnung. Dennoch hilft die Darstellung bei einem schnellen Verständnis hinsichtlich der Problembereiche. Man sieht auf den ersten Blick, was läuft und wo es hakt. Alternativ kann man in der Darstellung auch ein Thema nehmen und dies auf mehrere Unternehmen kontrastieren.

In der Darstellung ändert sich also nichts – lediglich die Dimension wird verändert. Es geht nun um ein Thema – etwa um Servicequalität. Dieses Thema wird dann für mehrere Unternehmen dargestellt.

Nun kann und soll man natürlich noch Veränderungen in diese Visualisierungen integrieren. Je nach den Möglichkeiten des Visualisierungssystems gibt es verschiedene Optionen für die Darstellung. Man kann die Veränderungsbereiche in den Balken markieren und den Wert der Veränderung in Prozent integrieren. Alternativ kann man die Balken auch gruppieren und so die Veränderungen darstellen. Wenn dies nicht möglich ist, kann man den Informationsgehalt der Abbildung reduzieren und mit einem Score arbeiten – also beispielsweise vom positiven Wert den negativen subtrahieren. Einzelne Balken für die Werte sind sicher auch möglich. Sie erlauben jedoch kein so schnelles Verständnis der Zusammenhänge. Prinzipiell könnte man auch auf die Darstellung in Kursdiagrammen ausweichen – auch wenn diese ursprünglich für andere Zusammenhänge entwickelt wurden und die Aufbereitung der Daten in Excel nicht ganz banal ist. Besonders anschauliche Visualisierungen sind mit IBMs Werkzeug Many Eyes möglich.

Herangehensweise, Visualisierung & Informationsgehalt

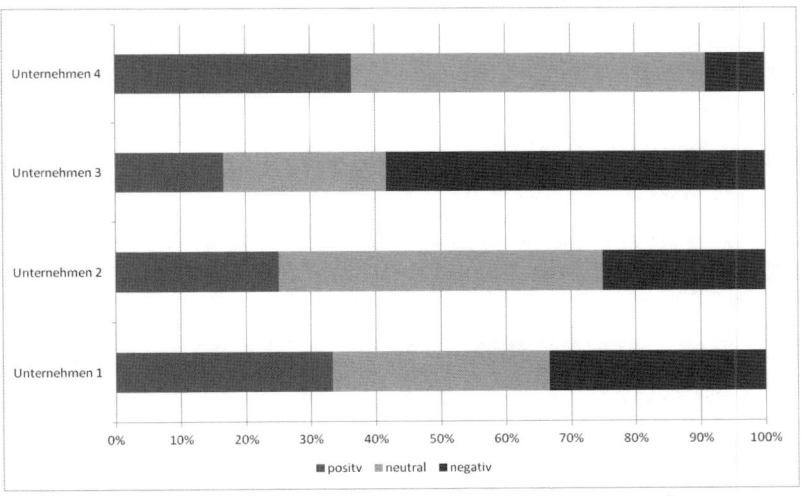

Abb. 10–3
Visualisierung Sentiment nach Unternehmen

10.3 Die Shitstorm-Skala

Über Shitstorms wird viel berichtet. Unternehmen suchen nach Werkzeugen, diese zu identifizieren, um rechtzeitig reagieren zu können. Die in der Schweiz lebenden Daniel Graf und Barbara Schwede haben hierfür eine Skala entwickelt, die sich mit Hilfe von Monitoring-Lösungen umsetzen bzw. operationalisieren lässt.[1]

Die Herausforderung besteht allerdings darin, die Grade für das jeweilige Unternehmen bzw. Produkt fassbar zu machen und natürlich auch hinsichtlich der Geschwindigkeit des Übergangs von einer zur nächsten Stufe. Letztlich – und das ist nach meiner Einschätzung die wichtigste Erkenntnis, die man aus dem Ansatz ziehen kann – heißt es »Beeilung«, sobald erste Anzeichen für ein Medienecho entstehen – es Blog-Beiträge o.Ä. gibt. Je nach Unternehmen und Produkt sind die Stufen 2 oder 3 der Normalzustand. Es ist schlichtweg nicht möglich, es allen Kunden recht zu machen – Meckerer oder lancierte Negativmeldungen gehören einfach dazu.

Aus diesem Grund sollte ein Gradmesser entwickelt werden, ab dem neben den ohnehin üblichen Maßnahmen der Eindämmung die Bemühungen intensiviert werden müssen oder Verhaltensänderungen erforderlich werden. Aus meiner Sicht sollte der entsprechende Wert – ganz gleich, ob er sich am geschilderten Ansatz orientiert oder eine Eigenentwicklung ist – auf täglicher Ebene ermittelt, kommuniziert und gespeichert werden. Die tatsächliche Ermittlung muss kontinuierlich erfolgen. Sobald jeweils definierte Grenzwerte durchbrochen werden, muss ein Alert abgesetzt werden.

Abb. 10–4
Die Shitstorm-Skala

SHITSTORM SKALA	WINDSTÄRKE	WELLENGANG	SOCIAL MEDIA	MEDIEN-ECHO
0	Windstille	völlig ruhige, glatte See	Kein kritischen Rückmeldungen.	Keine Medienberichte.
1	leiser Zug	ruhige, gekräuselte See	Vereinzelt Kritik von Einzelpersonen ohne Resonanz.	Keine Medienberichte.
2	schwache Brise	schwach bewegte See	Wiederholte Kritik von Einzelpersonen. Schwache Reaktionen der Community auf dem gleichen Kanal.	Keine Medienberichte.
3	frische Brise	mässig bewegte See	Andauernde Kritik von Einzelpersonen. Zunehmende Reaktionen der Community. Verbreitung auf weiteren Kanälen.	Interesse von Medienschaffenden geweckt. Erste Artikel in Blogs und Online-Medien.
4	starker Wind	grobe See	Herausbildung einer vernetzten Protestgruppe. Wachsendes, aktives Follower-Publikum auf allen Kanälen.	Zahlreiche Blogs und Berichte in Online Medien. Erste Artikel in Print-Medien.
5	Sturm	hohe See	Protest entwickelt sich zur Kampagne. Grosser Teil des wachsenden Publikums entscheidet sich fürs Mitmachen. Pauschale, stark emotionale Anschuldigungen, kanalübergreifende Kettenreaktion.	Ausführliche Blog-Beiträge. Follow-Up-Artikel in Online-Medien. Wachsende Zahl Artikel in klassischen Medien (Print, Radio, TV).
6	Orkan	schwere See	Ungebremster Schneeball-Effekt mit aufgepeitschtem Publikum. Tonfall mehrheitlich aggressiv, beleidigend, bedrohend.	Top-Thema in Online-Medien. Intensive Berichterstattung in allen Medien.

Shitstorm-Skala: Wetterbericht für Social Media von Daniel Graf und Barbara Schwede steht unter einer Creative Commons Namensnennung-Nicht-kommerziell-Weitergabe unter gleichen Bedingungen 3.0 Unported Lizenz.

1.   *http://www.feinheit.ch/blog/2012/04/24/shitstorm-skala/*

10.4   Weitere KPIs?

Weitere KPIs hinsichtlich Monitoring-Daten können zwar gebildet werden, ob diese jedoch gute Entscheidungshilfen sind, ist fraglich. Es muss sich immer um das Auszählen von Text-, Bild- oder Videoinformationen handeln. Gerade hinsichtlich der Formate und deren Inhalte mag es in der Zukunft noch spannende Entwicklungen geben, die besonders bei der Beurteilung der Markenbildung hilfreich sein werden. Bis es hierzu neue Entwicklungen gibt, besteht die Hauptarbeit in der Strukturierung von Textinformationen und deren Gewichtung. Es wird auch eine Aufgabe darin bestehen, die in diesem Bereich ausgewerteten qualitativen Daten mit den quantitativen Daten der Social Media Analytics zu verbinden, um so ein höheres Maß an Genauigkeit zu erzielen und zu sichereren Schlüssen zu kommen (vgl. Kap.7).

10.5   Quellen

Hier kann ich leider nur empfehlen, die Diskussionen im Social Web zu verfolgen und sich in Blogs zu informieren. Daneben entwickeln auch die Betrieber von Monitoring-Lösungen immer wieder KPI-Konzepte, die es zu analysieren lohnt (siehe auch Kap.7).

11 Datenspeicherung & -aufbereitung

Etwas zu messen, sollte kein Selbstzweck sein – nicht nur weil die Datenerfassung und -auswertung erheblichen Aufwand verursachen, der mitunter auch betrieblich gerechtfertigt werden muss. Die Nichtnutzung oder Missachtung der Daten hat leicht Demotivation an verschiedenen Stellen im Unternehmen zu Folge. Betroffen sind nicht nur die direkt Zuständigen. Die Daten sollen genutzt werden, und das möglichst auch so, dass durch die Nutzung der Daten innerhalb der Abteilungen kein Zusatzaufwand entsteht – sie sollen entlasten und bei Entscheidungen behilflich sein. Daneben ist es nun einmal so, dass die Daten aus verschiedensten Quellen kommen und an der Quelle über unterschiedlich lange Zeiträume gespeichert werden. Mitunter kann man nur vier Wochen in die Vergangenheit schauen. Deshalb ist zumindest eine ausgelagerte Datenhaltung sinnvoll – beispielsweise bei einem entsprechenden Service. Alternativ kann man natürlich auch den aufwendigeren Weg einer eigenen Datenhaltung gehen. Hinsichtlich der Datensicherheit mag dies der bessere Weg sein. Letztlich ist die Datenhaltung der Datenaufbereitung vorgelagert. Viele der Dienste, die Daten – beispielsweise der Facebook Insights – anbieten, verbinden ihr Angebot mit einer verlängerten Datenhaltung.

Ordnung sichern

11.1 Motivlagen

Die Ursache für diese durchaus missliche Unzufriedenheit ist oft genug in der unzureichenden Aufbereitung der Daten und in ihrer begrenzten Zugänglichkeit zu finden. Was nützt es, wenn die Daten vorhanden sind, jedoch nicht gefunden werden oder es aus der Sicht der antizipierten Nutzer zu aufwendig ist, die Daten in Learnings umzusetzen. Ich habe oft genug Aussagen wie »das steht im Intranet« oder »das steht doch in Dokument XY« gehört. Macht man sich auf die Suche nach den Dokumenten, dann dauert es viel zu lange, bis diese gefunden werden. Ob diese dann wirklich brauchbar sind, ist eine völlig andere Frage.

Daten leicht zugänglich machen

Wenn Login für den Datenzugriff notwendig, dann bitte nur eines.

Grundsätzlich ist es so, dass Plattformen, in die sich die Nutzer einloggen müssen – also einen Nutzernamen und ihr Passwort eingeben müssen – auf längere Sicht eine deutlich geringere Nutzung erfahren als Daten, die an Stellen zu finden sind, die ohnehin von den täglichen Nutzungsgewohnheiten der Nutzer tangiert werden – etwa eine Einbindung in ein Intranet oder ein CRM-Werkzeug, das regelmäßig genutzt werden muss. An dieser Stelle muss man allerdings differenzieren. Wenn sich die Nutzer nur einmal einloggen müssen, um die Daten aus verschiedenen Quellen zu nutzen, dann ist das deutlich anders zu bewerten als die Notwendigkeit zum Login auf einzelnen Plattformen.

Nutzerverwaltung – wer soll was sehen?

Zudem gibt es noch weitere Aspekte, die an dieser Stelle durchaus relevant sind. Die Tools der Werkzeuge haben keine ausreichende Nutzerverwaltung. Das ist derzeit auch noch ein großer Nachteil an Google Analytics. Darin und in vielen anderen Tools kann man die Daten nur sehr begrenzt für einzelne Zielgruppen aufbereiten, so dass eine Zielgruppe nur das sieht, was sie auch sehen soll. Es ist eben nicht nur schwierig, Kollegen zur Nutzung von Daten zu bewegen, mitunter schauen sie auch Reports an, die sie nicht sehen sollen, weil diese vielleicht zum genauen Verständnis noch einer weiteren Erläuterung bedürfen, es sich um Daten handelt, die intern oder extern noch nicht kommuniziert werden sollen, etc. Von diesen Problemen kann man sich befreien, indem man die Situation entkoppelt und die Daten in Dashboards aufbereitet, die keinen weiteren selbstständigen Datenzugang erlauben.

Diese Art des Datenzugangs ist insbesondere für kleine und mittlere Unternehmen spannend. Die Kosten zur Einrichtung sind überschaubar, und man hat die eben angesprochenen Vorteile – auch wenn vielleicht kein so hohes Maß an Individualisierung möglich ist, wie dies mit Tabellenkalkulations-Werkzeugen der Fall wäre. Hierfür ist der Aufwand der Einrichtung beträchtlich höher.

Der Vorteil von Excel etc. ist an dieser Stelle folgender: Je weniger die Zielgruppe, die die Daten rezipieren soll, involviert ist, umso aufdringlicher muss man sein. Es ist der Weg, der noch dazu viele weitere Vorteile hat. Die Arbeit mit Tabellenkalkulations-Programmen besteht darin, dass man Daten sehr anschaulich aufbereiten und diese per E-Mail an beliebige Adressaten verschicken kann. Sowohl die Generierung der Dateien als auch deren Versand lassen sich automatisieren. Die Daten landen einfach im Postfach. Alle Empfänger können die Dateien öffnen und weiterverarbeiten. Das steigert die Nutzung und vermeidet viel Frust – auch wenn die Einrichtung zunächst einen deutlich höheren Aufwand erfordert als die Verwendung von SaaS Dashboards.

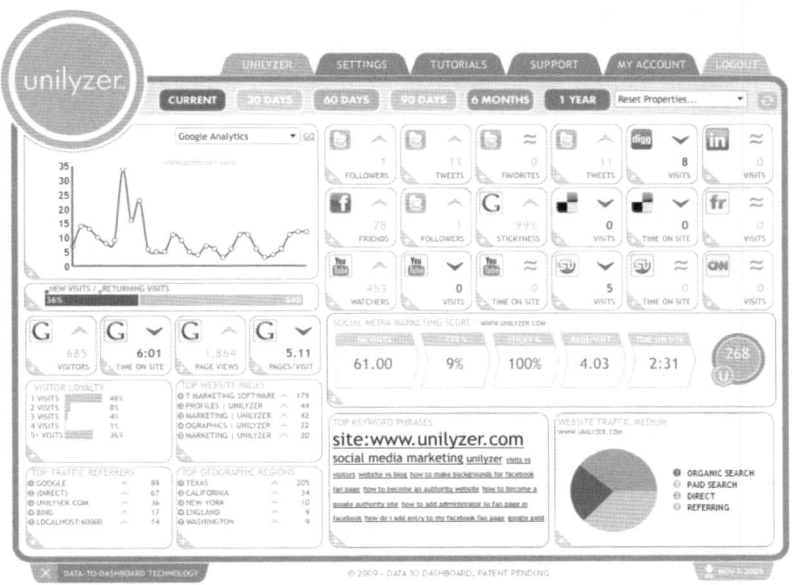

Abb. 11–1

Das unilizer Dashboard

Mitunter hört man auch das Argument, dass Excel nun wirklich nicht für solche Aufgaben geeignet sei. Man könne die Daten ja manipulieren. Deshalb sei PDF viel besser. Gut – aber erstens geht es in der Regel um den Versand der Daten in geschlossenen Gruppen, die ohnehin kein Interesse an einer Manipulation haben. Zweitens liegen die Daten in ihrer Quelle noch im Original vor, so dass entsprechende Prüfungen möglich wären. Daneben hat das PDF noch den Nachteil, dass man damit nicht rechnen kann und die Daten weitaus schwieriger kopierbar sind. Lassen Sie sich also nicht beirren und nutzen Sie Dateien Ihrer Tabellenkalkulation.

Vorteile von Tabellenkalkulationsprogrammen

11.2   Datenintegratoren und Browser-Dashboards

In habe in den vorigen Kapiteln bereits auf Tools hingewiesen, die eine oder mehrere Schnittstellen bedienen und mit deren Hilfe man Daten aufbereiten kann. Diese sehen ganz unterschiedlich hübsch aus, haben unterschiedliche Funktionalitäten und verschiedene Preise. Wirklich sehr teuer sind sie alle nicht. Es ist auch ein wenig Geschmackssache. TwentyFeet und die Lösung der Socialbakers hatte ich bereits genannt. Sie sollten sich diese auch noch anschauen. Meist gibt es eine kostenlose Testphase für eine oder wenige Plattformen. Nutzen Sie diese.

In Abbildung 11–1 können Sie den Ansatz von Unilizer sehen. Das Tool hat relativ viele Schnittstellen inklusive einer zu Google Ana-

Auf Gefallen testen

lytics. Allerdings werden die Daten recht knapp dargestellt. Für meinen Geschmack ist das ein wenig unübersichtlich. Allerdings bekommt man auf diesem Weg enorm viele Daten auf einer Seite unter. Das ist schon toll.

Abb. 11–2
Die Metricly-Darstellung

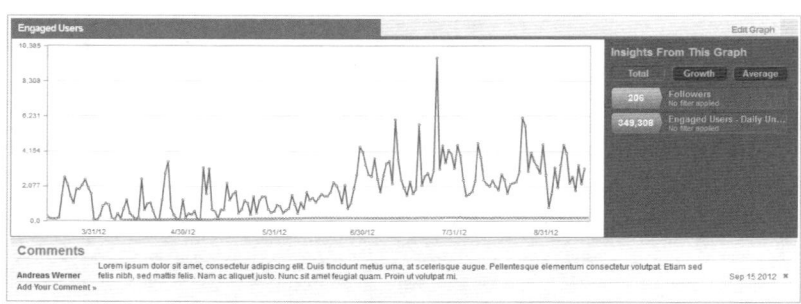

Metricly   Metricly fällt durch recht viele Schnittstellen auf. Allerdings laufen die Abbildungen in den Dashboards einfach untereinander weg. Aus meiner Sicht ist es deshalb kein richtiges Dashboard, auch wenn es über so manch anderen Vorteil verfügt. Besonders auffällig ist die Tatsache, dass man jegliche Metrik unabhängig von der Plattform in der gleichen Abbildung darstellen kann. Das ist schon sehr angenehm. Man kann die Metriken auch in Prozent darstellen. Auch das ist hilfreich. Allerdings kann man diese nicht selbst in Formeln überführen – also keine eigenen Berechnungen einfügen. Prinzipiell wäre auch das möglich, weil man auch eigene Datenbanken mit dem Werkzeug verknüpfen kann. Wie man in Abbildung 11–2 sieht, kann man auch eigene Kommentare einfügen – diese werden automatisch mit einem Datum versehen, sind jedoch nicht als Kommentar an eine Kurve anheftbar. Bei den Socialbakers findet man eine solche Funktionalität. In Abbildung 11–4 ist es zu sehen.

Mein persönlicher Liebling in diesem Bereich ist das erst recht kurz verfügbare TrakkBoard aus Deutschland. Sicher – das Produkt der ehemaligen Google-Mitarbeiter Timo Aden und Lennart Paulsen hat derzeit noch das ein oder andere Häkchen. Allerdings verfügt es – neben der Möglichkeit zur wirklich übersichtlichen Darstellung der Inhalte – über einige weitere Features, die insbesondere auch größere Unternehmen benötigen. In Abbildung 11–3 sehen Sie ein Board. Das Tool verfügt über viele Möglichkeiten zur Darstellung inklusive der völligen Anpassbarkeit der Farben in den Grafiken. Das ist ein nettes Spielzeug für CD-Befürworter. Wichtiger erscheinen mir die Tachodarstellung, die es erlaubt, den Grad der Zielerreichung abzubilden. Ebenso von

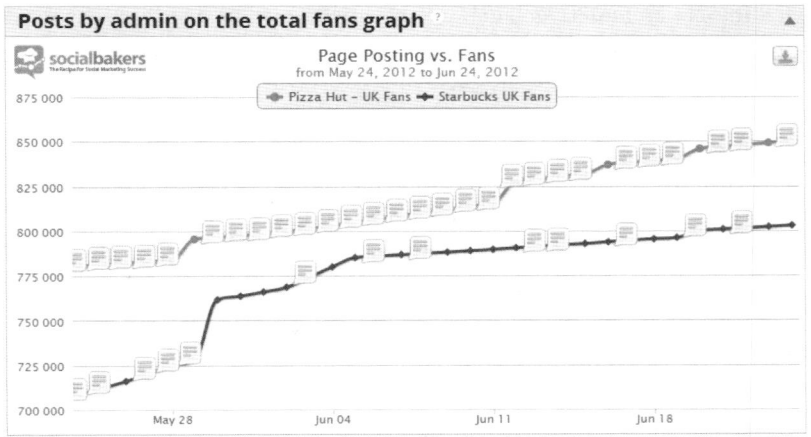

Abb. 11–3

Das TrakkBoard

Vorteil sind Darstellungen, wie Sie diese in Abbildung 11–3 sehen können. Der absolute Wert wird genannt und seine Entwicklung.

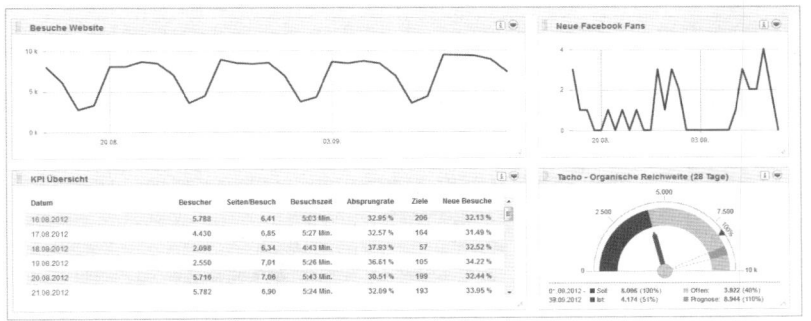

Abb. 11–4

Kommentierte Darstellung bei Socialbakers

Auch bei dem TrakkBoard ist es möglich, Daten verschiedener Quellen in einer Abbildung zu kombinieren. Der wirklich große Vorteil besteht in einer Rechteverwaltung, die man auch getrost als solche bezeichnen kann. Hilfreich dürfte auch die Tatsache sein, dass es sich um ein deutsches Werkzeug handelt und es leicht möglich ist, die Entwickler anzusprechen. In Deutschland sind die Ansprüche an Daten und deren Dar-

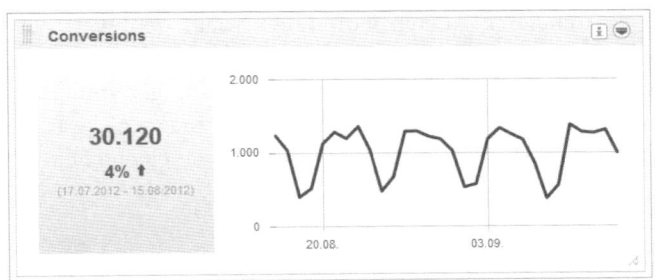

Abb. 11–5

Kennzahl inkl. deren Veränderung im TrakkBoard

stellung etwas anders gelagert als beispielsweise in den USA: Es wird eine größere Genauigkeit erwartet und ein höheres Maß an Individualisierung. Genau dies sollte sich mit dem TrakkBoard umsetzen lassen.[1]

Monitoring-Daten kaum integriert

Insgesamt ist es jedoch so, dass es noch vielfach eine Trennung von den Monitoring-Daten gibt. Lediglich Metricly verfügt derzeit über eine Schnittstelle zu einem Monitoring-Werkzeug. Hier besteht einiger Nachholbedarf. Nur nebenbei: Möglicherweise ist dies ja auch auf die traditionell scharfe Trennung von Marketing und PR zurückzuführen.

Abb. 11–6
Einstellung von Nutzer-rechten im TrakkBoard

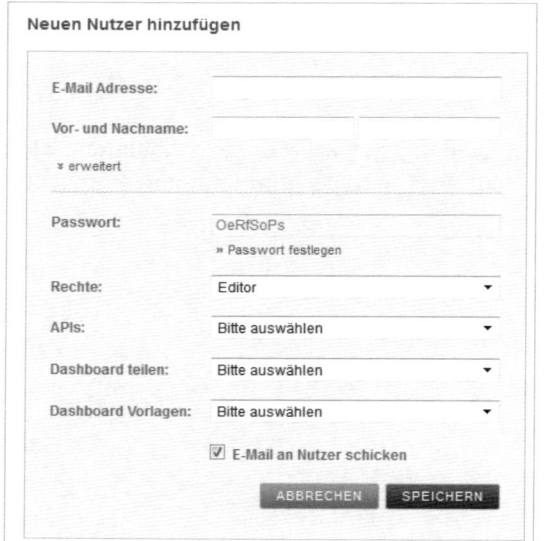

11.3 Die Arbeit mit Datenbanken & Tabellenkalkulation

Eigene Datenhaltung

Sicher, man kann auch hoch elaborierte Darstellungs-Engines wie IBM WebSphere® nutzen. Abgesehen davon, dass der Entwicklungsaufwand so hoch ist, dass sich dies nur Großunternehmen leisten können und die entstehenden Kosten womöglich sogar den Wert des Social-Media-Werbeeffekts übersteigen, rate ich dazu, zunächst eine eigene Datenhaltung aufzubauen. Dies macht unabhängiger von der mitunter eingeschränkten Verfügbarkeit der APIs. Das machen die Dashboard-Anbieter ganz ähnlich. Zudem können beliebige eigene Daten ergänzt werden – beispielsweise auch Kommentare.

---

1.   Ich arbeite nicht für Trakken, auch wenn der Eindruck vielleicht aufkommen mag.

Die Flexibilität besteht in der Tat darin, dass man sich völlig frei austoben kann und kaum Beschränkungen unterworfen ist. In Abbildung 11–7 sehen Sie ein Aufbereitungsbeispiel für KPIs, die für verschiedene Plattformen erhoben werden sollen. Man kann diese auch zusammenfassen und als Totalwert ausweisen. Dies ist beispielsweise etwas, das viele SaaS-Dashboards nicht in ihrem Funktionsumfang haben. Durch die eingefügte bedingte Formatierung – die Pfeile – kann man visuell sehr schnell erfassbar machen, wohin der Empfänger der Datei schauen soll. Im Kapitel »*Quantitative Daten optimieren – KPI & ROI*«, S. 131 ff., hatte ich schon Möglichkeiten zur Aufbereitung von KPIs gezeigt. Excel ist hierfür ein wirklich wunderbares Werkzeug – auch wenn man nicht alles haben kann. Tachodarstellungen wie im TrakkBoard sind nur mit Einschränkungen hinsichtlich des Layouts realisierbar. Das sollte allerdings verkraftbar sein.

Nutzen Sie bedingte Formatierungen.

Kennzahl	Total	Plattform 1	Plattform 2	Plattform 3	Plattform 4	Plattform 5
KPI 1	Total1 ⬆	Wert 1.1 ⬆	Wert 2.1 ⬆	Wert 3.1 ⬆	Wert 4.1 ⬆	Wert 5.1 ⬆
Veränderung KPI 1	div ⬆	div 1.1 ⬆	div 2.1 ⬆	div 3.1 ⬆	div 4.1 ⬆	div 5.1 ⬆
KPI 2	Total 2 ⬆	Wert1.2 ⬆	Wert 2.2 ⬆	Wert 3.2 ⬆	Wert 4.2 ⬆	Wert 5.2 ⬆
Veränderung KPI 2	div ⬆	div 1.2 ⬆	div 2.2 ⬆	div 3.2 ⬆	div 4.2 ⬆	div 5.2 ⬆

Abb. 11–7
Kennzahlaufbereitung mit Excel

Man kann mit Anteilsgrafiken arbeiten – im Idealfall sollten dies flache Kuchengrafiken sein. Durch 3D-Effekte entstehen Verzerrungen in der unterbewussten Rezeption der Anteile. Ebenso werden »Kuchenstücke« mit dunkler Farbe im Vergleich zu hellfarbigen als größer empfunden.

Farbgebung bei Grafiken beachten

Beachten sollte man in Anteilsdarstellungen allerdings immer, ob sich die Anteile auf 100 Prozent aufaddieren. Im Fall des Share of Voice ist es in der Regel so, dass in einem Teil der zu bewertenden Kommunikate zum Beispiel mehrere Unternehmen auftauchen können. In diesem Fall müsste ein Kuchendiagramm entsprechende Überschneidungsbereiche haben, wenn die Darstellung völlig korrekt sein sollte. Alternativ bietet sich eine Balkengrafik an, in der pro Balken jeweils der Anteil an 100 Prozent dargestellt wird. Auch die Ermittlung und die Bedeutung des Sentiments wurde in einem der vorigen Kapitel besprochen. Selbst wenn die Ermittlung schwierig und fehlerbehaftet ist, so kann die Darstellung doch wichtige Rückschlüsse hinsichtlich der grundsätzlichen Stimmung zulassen. Dabei sollte man lediglich große Unterschiede als wirklich relevant beurteilen.

Es gibt also eine Reihe von Daten, die sich als Tabellen oder Grafiken darstellen lassen. Genau das muss auch das Ziel Ihrer Dashboard-Entwicklung sein. Grundsätzlich sollte man sich in Beschränkung üben und nur die wirklich notwendigen Daten integrieren. So bleibt das

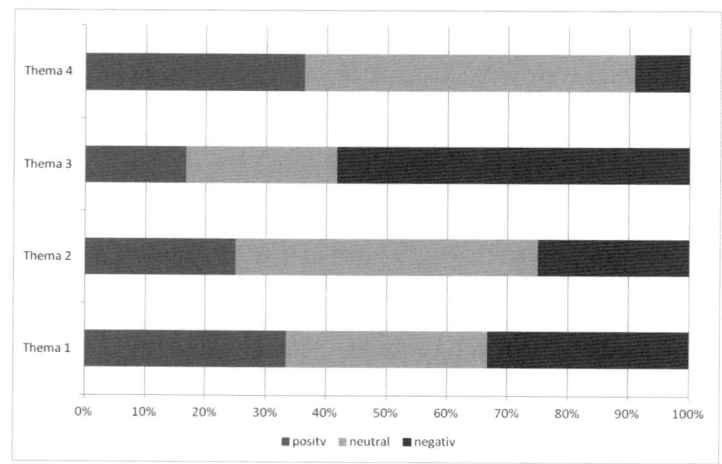

Dashboard übersichtlich. Zusätzlich sind visuelle Impulse in Form von Grafiken notwendig. Wenn Sie ein Dashboard erarbeiten, das nur aus einer Seite voller Zahlen besteht, dann können Sie es auch gleich lassen. Die Zielerreichung ist unwahrscheinlich, wenn der Empfänger der Daten nicht im Controlling sitzt.

Denken Sie bitte an das Dashboard der Facebook Insights. Das ist ein wirklich gutes Beispiel.

Tipps für ein gutes
Dashboard

- Platzieren Sie am Kopf des Dashboards vier bis fünf KPIs bzw. Indexwerte – groß, in einer auffälligen Darstellung.
- Platzieren Sie auf Ihrem Dashboard mindestens eine größere Abbildung, die etwas Raum einnimmt.
- Stützen Sie die Darstellung in Tabellen visuell, durch Markierung besonderer Ereignisse (z.B. bedingte Formatierung).
- Ergänzen Sie Tabellen ruhig durch kleinere grafische Darstellungen.
- Achten Sie darauf, dass man das Dashboard auf DIN A4 ausdrucken kann und das Dokument an keiner ungünstigen Stelle zerschnitten wird.
- Manchmal ist es günstiger, mehrere Tabellenblätter zu nutzen. Überlegen Sie hierfür eine verständliche Struktur.
- Wenn es aufgrund von Spaltenbreiten zu Freiflächen kommt, können Sie diese für Erläuterungen nutzen.
- Selbst wenn ein wöchentlich generiertes Dashboard automatisiert mit Zahlen befüllt wird, so kann man doch manuell nachformatieren und Erläuterungen einfügen (z.B. Was ist Besonderes passiert?).
- Auch besonders erfolgreiche Kommunikate können eingefügt werden. Diese erhöhen die Nutzung.

11.4   Quellen

Spezielle Literatur zur Gestaltung von Social Media Dashboards ist mir nicht bekannt. Schon hinsichtlich Web Analytics Dashboards gibt es kaum spezielle Literatur.

Zur Vertiefung sind allgemeine Bücher hinsichtlich der Gestaltung von Dashboards ratsam – wie beispielsweise das von Wheeler und Few (2006). Daneben können Bücher zur Visualisierung von Geschäftszahlen mit Excel eine große Hilfe sein. In diesen Bereich fällt das Buch von Schels (2012).

Literatur

Aden, Timo (2012) Google Analytics: Implementieren. Interpretieren. Profitieren. 3. Aufl. München: Hanser

Aßmann, Stefanie (2010) Instrumente des Social-Media-Monitoring. Eine kritische Bestandsaufnahme. *http://de.scribd.com/doc/37758351/Instrumente-des-Social-Media-Monitoring*

Blanchard, Oliver (2012) Social Media ROI: messen Sie den Erfolg Ihrer Marketing-Kampagne. München: Addison-Wesley

Früh, Werner (2011) Inhaltsanalyse. Theorie und Praxis. 7. Aufl. Konstanz: UVK

Hassler, Marco (2012) Web Analytics: Metriken auswerten, Besucherverhalten verstehen, Website optimieren. 3. Aufl. Heidelberg: mitp

Jodeleit, Bernhard (2013) Social Media Relations: Leitfaden für erfolgreiche PR-Strategien und Öffentlichkeitsarbeit im Web 2.0. 2. Aufl. Heidelberg: dpunkt.verlag

Kaushik, Aviansh (2010) Web analytics 2.0: the art of online accountability & science of customer centricity. Indianapolis, Ind.: Wiley

Meier, Andreas / Zumstein, Darius (2013) Web Analytics & Web Controlling. Webbasierte Business Intelligence zur Erfolgssicherung. Heidelberg: dpunkt.verlag

Paine, Katie Delahaye (2011) Measure what matters: online tools for understanding customers, social media, engagement, and key relationships. Hoboken, NJ: Wiley

Parameter, David (2010) Key Performance Indicators (KPI): Developing, Implementing, and Using Winning KPIs. 2. ed. Hoboken, NJ: Wiley

Rössler, Patrick Inhaltsanalyse, 2. Aufl. Stuttgart: UTB

Schels, Ignatz (2012) Geschäftszahlen visualisieren mit Excel 2010: Management-Charts für Controller, Projekt- und Personalleiter. München: Markt+Technik

Schwenke, Thomas (2012) Social Media Marketing und Recht. Köln: O'Reilly

Sponder, Marshall (2011) Social Media Analytics: Effective Tools for Building, Interpreting, and Using Metrics. New York, NY: McGraw-Hill

Welker, Martin / Werner, Andreas / Scholz, Joachim (2004) Online Research: Markt- und Sozialforschung mit dem Internet. Heidelberg: dpunkt.verlag

Wheeler, Colleen / Few, Stephen (2006) Information Dashboard Design: The Effective Visual Communication of Data. Sebastopol, CA: O'Reilly

Index

2., aktualisierte und erweiterte Auflage
2013, 320 Seiten, Broschur
€ 29,90 (D)
ISBN 978-3-86490-014-3

»Hier finden nicht nur Einsteiger, sondern auch erfahrene Profis wertvolle
Tipps.« (t3n, Nr. 31 (2013))

»Das gerade in zweiter Auflage erschienene Buch des PR- und Social-Media-
Experten Bernhard Jodeleit zeichnet
sich durch Vernunft aus und zeigt
gangbare Wege für Unternehmen
durch den Social-Media-Dschungel.«
(Mittelstandmagazin für Unternehmer »Die News«)

»(...) bietet die Neuauflage eine intensive, spürbar aus der eigenen Erfahrung schöpfende Einführung in die
Krisenkommunikation unter dem
Titel: Mit Social Media Krisen meistern.
Allein für diesen essentiellen Exkurs
lohnt sich der Kauf der 2. Auflage.«
(www.smo14.de, 02.01.13)

Bernhard Jodeleit

Social Media Relations

Leitfaden für erfolgreiche PR-Strategien und Öffentlichkeitsarbeit im Web 2.0

2., aktualisierte und erweiterte Auflage

Mit dem Werk erhalten Public-Relations-Entscheider und Praktiker in der
Öffentlichkeitsarbeit einen Überblick
über die neuen Kommunikationsinstrumente im Web.

Neu in dieser Auflage sind umfangreiche Einblicke in die Arbeit des Autoren
mit Unternehmen unterschiedlichster
Größenordnungen: Wie lassen sich
Social-Media-Krisen verhindern und
meistern? Wie kann die neue Kommunikation via Social Media in die Unternehmenskultur integriert werden? Der
Autor hat solche Veränderungsprozesse mehrfach begleitet und berichtet
von seinen Erfahrungen. Ein Handbuch
für alle PR-Profis und Berufseinsteiger!

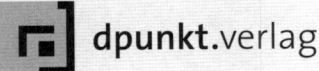 **dpunkt.**verlag

Ringstraße 19 B · 69115 Heidelberg
fon 0 62 21/14 83 40
fax 0 62 21/14 83 99
e-mail hallo@dpunkt.de
http://www.dpunkt.de

Andreas Meier
Darius Zumstein

Web Analytics & Web Controlling

Webbasierte Business Intelligence zur Erfolgssicherung

Das Controlling der digitalen Wertschöpfungskette gewinnt in der Informations- und Wissensgesellschaft an Bedeutung. Geeignete Instrumente der Business Intelligence helfen, die webbasierten Geschäftsziele zeitgerecht und in der geforderten Qualität zu erfüllen. Das Buch erläutert die wichtigsten Methoden für Web Analytics und Web Controlling. Es beschreibt konkrete Metriken und Kennzahlen für die Inhaltsnutzung und das Besucherverhalten. Der Leser erhält wertvolle Hilfestellung bei der Optimierung von Webplattformen, beim Onlinemarketing, Kundenbeziehungsmanagement sowie Web Controlling.

2013, 294 Seiten, gebunden
€ 59,90 (D)
ISBN 978-3-89864-835-6

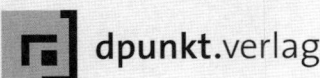

dpunkt.verlag

Ringstraße 19 B · 69115 Heidelberg
fon 0 62 21/14 83 40
fax 0 62 21/14 83 99
e-mail hallo@dpunkt.de
http://www.dpunkt.de